高职化工类

模块化系列教材

化工装置检维修作业

刘德志　主编

李浩　刘倩　副主编

化学工业出版社

·北京·

内容简介

本书基于化工装置检维修作业过程，精选检修中盲板抽堵作业、临时用电作业、受限空间作业、高处作业、动火作业等特殊作业，以及吹扫置换作业作为典型工作任务进行介绍，同时涵盖了计划性检修和计划外检修两大方面。本书借鉴德国双元制职业教学模式，按照信息搜集、计划、决定、实施、检查、评估的教学流程编写，注重学生职业素质的养成，体现出以学生为主体、以教师为主导，“教、学、做”一体化。

本书可作为高职院校化工类、石化类、生化类、安全与环保类等专业的教材，也可作为化工类企业在职人员的培训用参考书。

图书在版编目（CIP）数据

化工装置检维修作业/刘德志主编；李浩，刘倩副主编. —北京：化学工业出版社，2022.5

ISBN 978-7-122-41054-2

Ⅰ.①化… Ⅱ.①刘… ②李… ③刘… Ⅲ.①化工设备-维修 Ⅳ.①TQ050.7

中国版本图书馆 CIP 数据核字（2022）第 048193 号

责任编辑：张双进 提 岩　　文字编辑：崔婷婷 陈小滔

责任校对：刘曦阳　　装帧设计：王晓宇

出版发行：化学工业出版社（北京市东城区青年湖南街 13 号 邮政编码 100011）

印　　装：河北鑫兆源印刷有限公司

787mm×1092mm 1/16 印张 14 字数 334 千字 2022 年 8 月北京第 1 版第 1 次印刷

购书咨询：010-64518888　　售后服务：010-64518899

网　　址：http://www.cip.com.cn

凡购买本书，如有缺损质量问题，本社销售中心负责调换。

定　　价：45.00 元

高职化工类专业模块化系列教材

编 审 委 员 会 名 单

序

目前，我国高等职业教育已进入高质量发展的时期，《国家职业教育改革实施方案》明确提出了“三教”（教师、教材、教法）改革的任务。三者之间，教师是根本，教材是基础，教法是途径。东营职业学院石油化工技术专业群在实施“双高计划”建设过程中，结合“三教”改革进行了一系列思考与实践，具体包括以下几方面：

1. 进行模块化课程体系改造

坚持立德树人，基于国家专业教学标准和职业标准，围绕提升教学质量和师资综合能力，以学生综合职业能力提升、职业岗位胜任力培养为前提，持续提高学生可持续发展和全面发展能力。将德国化工工艺员职业标准进行本土化落地，根据职业岗位工作过程的特征和要求整合课程要素，专业群公共课程与专业课程相融合，系统设计课程内容和编排知识点与技能点的组合方式，形成职业通识教育课程、职业岗位基础课程、职业岗位课程、职业技能等级证书（1＋X 证书）课程、职业素质与拓展课程、职业岗位实习课程等融理论教学与实践教学于一体的模块化课程体系。

2. 开发模块化系列教材

结合企业岗位工作过程，在教材内容上突出应用性与实践性，围绕职业能力要求重构知识点与技能点，关注技术发展带来的学习内容和学习方式的变化；结合国家职业教育专业教学资源库建设，不断完善教材形态，对经典的纸质教材进行数字化教学资源配套，形成“纸质教材＋数字化资源”的新形态一体化教材体系；开展以在线开放课程为代表的数字课程建设，不断满足“互联网＋职业教育”的新需求。

3. 实施理实一体化教学

组建结构化课程教学师资团队，把“学以致用”作为课堂教学的起点，以理实一体化实训场所为主，广泛采用案例教学、现场教学、项目教学、讨论式教学等行动导向教学法。教师通过知识传授和技能培养，在真实或仿真的环境中进行教学，引导学生将有用的知识和技能通过反复学习、模仿、练习、实践，实现“做中学、学中做、边做边学、边学边做”，使学生将最新、最能满足企业需要的知识、能力和素养吸收、固化成为自己的学习所得，内化于心、外化于行。

本次高职化工类专业模块化系列教材的开发，由职教专家、企业一线技术人员、专业教师联合组建系列教材编委会，进而确定每本教材的编写工作组，实施主编负责制，结合化工行业企业工作岗位的职责与操作规范要求，重新梳理知识点与技能点，把职业岗位工作过程与教学内容相结合，进行模块化设计，将课程内容按能力、知识和素质，编排为合理的课程模块。

本套系列教材的编写特点在于以学生职业能力发展为主线，系统规划了不同阶段化工类专业培养对学生的知识与技能、过程与方法、情感态度与价值观等方面的要求，体现了专业教学内容与岗位资格相适应、教学要求与学习兴趣培养相结合，基于实训教学条件建设将理论教学与实践操作真正融合。教材体现了学思结合、知行合一、因材施教，授课教师在完成基本教学要求的情况下，也可结合实际情况增加授课内容的深度和广度。

本套系列教材的内容，适合高职学生的认知特点和个性发展，可满足高职化工类专业学生不同学段的教学需要。

高职化工类专业模块化系列教材编委会

2021 年 1 月

前言

化工装置是各类化学反应进行的物质载体，对设备进行必要的检维修是保证化工装置正常运行不可缺少的环节，检修质量的好坏直接影响着化工装置的正常运行。但近年来，我国化工装置检修作业事故多发，因此，加强检维修作业管理，强化检维修作业活动的过程控制，确保检维修作业安全，从而有效地避免事故、保障职工作业时的人身健康安全，越来越受到企业的重视。

根据企业检维修作业工作流程和任务要求，适应学生认知建构需求和技能成长规律，从维修物资准备与选用、识读装置工艺流程、计划外检修、计划性检修以及动火作业等 5 个模块组织教材，设计教学任务和实训项目，明确了技能训练环节和考核要求，有利于学生掌握检维修作业操作技能，培养学生综合职业能力。本书既可以满足化工类专业装置检维修课程的教学要求，也可以满足企业职工培训需要。

本书由刘德志主编，李浩、刘倩副主编，刘德志编写模块一、模块二，刘倩编写模块三，李浩编写模块四，訾雪、韩宗编写模块五，最后由刘德志、李浩、刘倩统稿。本书在编写过程中得到秦皇岛博赫科技开发有限公司的大力支持，也得到华泰化工集团有限公司、富海集团有限公司等有关领导及同志的大力帮助，在此表示衷心的感谢！

由于编者水平有限，书中难免有不当之处，望读者给予指正。

编者
2021 年 9 月

目录

模块一

维修物资准备与选用

在对化工装置进行检维修作业之前，必须做好维修前的准备工作。在预检基础上编制相关技术文件，明确维修技术任务，并进行设备维修前的物资准备。设备维修前的物资准备是一项非常重要的工作，是保证维修工作顺利进行的重要环节和物质基础。准备工作的完善程度和准确性、及时性会直接影响到检维修作业计划、检维修质量、检维修效率和经济效益。

任务一
选用个人防护用品

学习目标

1. 能力目标

(1) 能够在化工装置检维修中正确选用个人的防护用品。

(2) 能够正确使用和维护个人防护用品。

2. 素质目标

(1) 通过规范学生的着装、现场卫生、工具使用等，培养学生的安全意识和文明操作意识。

(2) 通过信息收集、小组讨论、练习、考核等教学活动，培养学生的语言表达能力、团队协作意识和吃苦耐劳的精神。

3. 知识目标

(1) 掌握安全带、安全帽等个人防护用品的种类、结构及用途。

(2) 掌握化学防护服、过滤式防毒面罩、全身式安全带的使用方法。

任务描述

在现代化工生产过程中，尽管安全生产形势持续稳定好转，但事故仍时有发生，一旦不能及时控制，事故就会迅速恶化升级，发展成后果难测的灾难。正确选择和使用个人防护用品可以最大限度地避免、减少伤亡和经济损失。

某公司小王是精馏生产车间的一名外操人员，为更好地使用、维护与管理个人防护用品（图 1-1），要求小王完成下面四项任务。

(1) 在工具柜中找出个人防护用品，并说出其用途。

(2) 正确佩戴全身式安全带。

(3) 正确佩戴过滤式防毒面罩。

(4) 正确穿戴化学防护服。

图 1-1　个人防护用品示意图

任务实施

子任务一　安全带的选用

据统计，人体坠落死亡事故占工业死亡事故13%～15%，5m以上高处作业坠落事故约占人体坠落事故20%，5m以下的占80%左右。坠落最低高度在2m左右时即有造成人身伤亡的可能。为了减少伤亡，必须依靠安全带、安全绳、安全网等防坠落设施。安全带是防止高处作业人员发生坠落或发生坠落后将作业人员安全悬挂的个体防护装备。全身式安全带见图1-2，必须系安全带安全标志见图1-3。

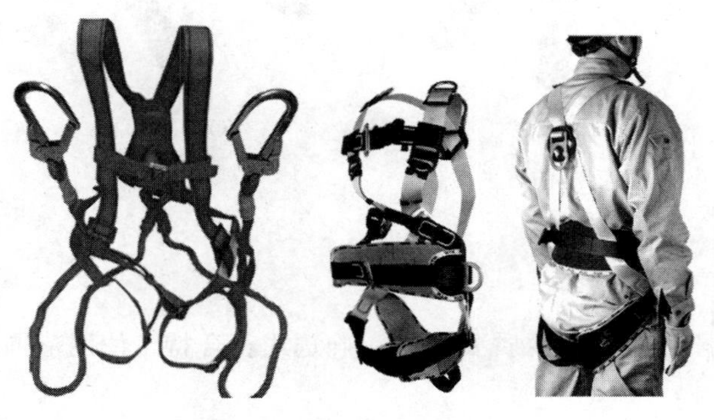

图1-2　全身式安全带

图1-3　必须系安全带安全标志

一、事故案例分析

［案例1］某年6月12日上午，某厂脱硝改造工作中，作业人员王某和周某站在空气预热器上部钢结构上进行起重挂钩作业，2人在挂钩时因失去平衡同时跌落。周某安全带挂在安全绳上，坠落后被悬挂在半空；王某未将安全带挂在安全绳上，从标高24m坠落至5m的吹灰管道上，抢救无效死亡。

［案例2］某年2月20日上午，某厂安装主厂房屋面板。工作班成员张某、罗某、贺某等五人，在施工中未按施工组织设计要求（即：铺设一块压型钢板后，应首先对压型钢板进行锚固，再翻板）进行，实际施工中既未固定第一张板，也未翻板。施工作业属临边高处作业，作业人员未系安全带，作业中采取平推方式向外安装钢板，在推动钢板过程中，压型钢板两端（张某、罗某、贺某在一端，另2名施工人员在另一端）用力不均，致使钢板一侧突然向外滑移，带动张某、罗某、贺某坠落至平台（落差19.4m），造成3人死亡。

以上2个案例均为操作者不重视安全、违章操作，导致从高处坠落，造成伤亡事故。

二、防止坠落伤害

1. 工作区域限制

通过使用个人防护系统来限制作业人员的活动，防止其进入可能发生坠落的区域。

2. 工作定位

通过使用个人防护系统来实现工作定位，并承受作业人员的重量，使作业人员可以腾出双手来进行作业。

3. 坠落制动

通过使用连接到牢固的挂点上的个人坠落防护用品来防止从高于 2m 的高度坠落。防止坠落伤害的方法见图 1-4。

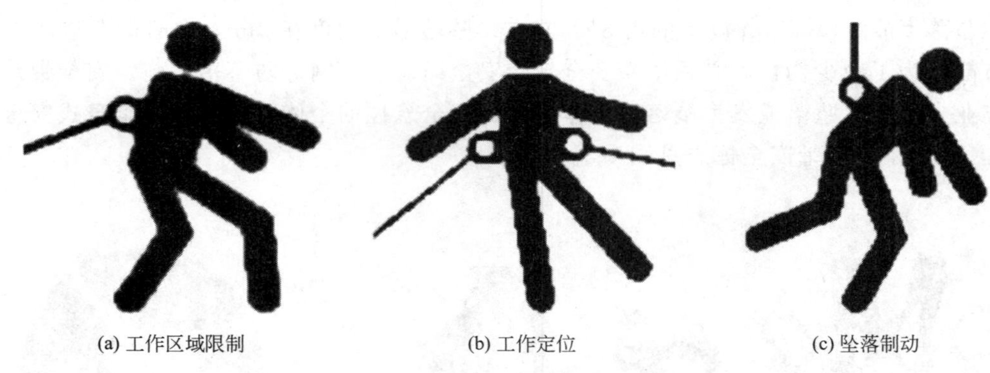

(a) 工作区域限制　　(b) 工作定位　　(c) 坠落制动

图 1-4　防止坠落伤害的方法

三、安全带选用

结合行业性质、工种的特点，根据工作岗位性质要求，正确选用符合特定使用范围的安全带。

1. 围杆作业安全带

围杆作业安全带是通过围绕在固定构造物上的绳或带将人体绑定在固定的构造物附近，使作业人员的双手可以进行其他操作的安全带，见图 1-5。

图 1-5　围杆作业安全带

2. 区域限制安全带

区域限制安全带是用以限制作业人员的活动范围，避免其到达可能发生坠落区域的安全带，见图 1-6。

3. 坠落悬挂安全带

坠落悬挂安全带是高处作业或登高人员发生坠落时，将作业人员悬挂的安全带，见图 1-7。

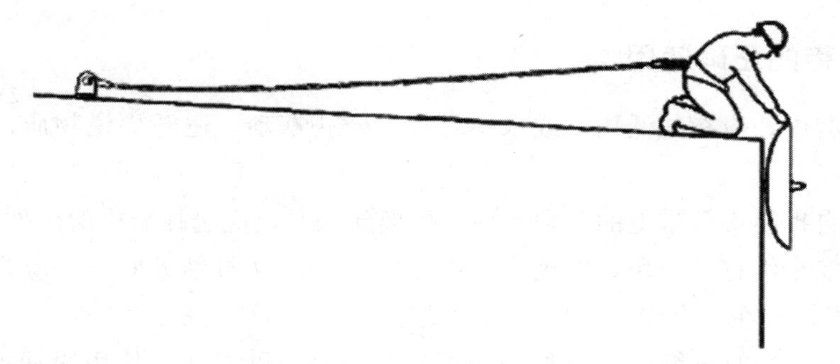

图 1-6　区域限制安全带

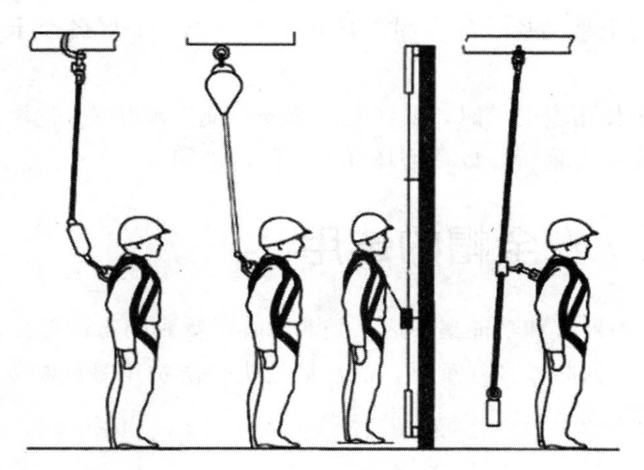

图 1-7　坠落悬挂安全带

四、全身式安全带结构认知

全身式安全带基本结构见图 1-8。

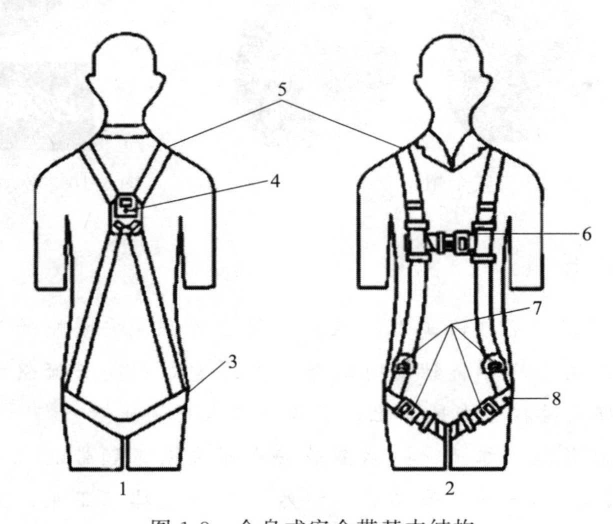

图 1-8　全身式安全带基本结构

1—背面；2—前面；3—跨带；4—后背 D 型环；5—肩带；6—肩带限制器；7—扣环；8—腿带

五、安全带的正确使用

① 使用过程中，应高挂低用，或水平悬挂，防止摆动，避开尖锐物质，并且不能接触明火。

② 不得私自拆换安全带上的各种配件，更换新件时，应选择合格的配件。

③ 不能将安全绳打结使用，以免发生冲击时安全绳从打结处断开，应将安全钩挂在连接环上，不能直接挂在安全绳上，以免发生坠落时安全绳被割断。

④ 使用 3m 以上的长绳时，应加缓冲器，必要时，可以联合使用缓冲器、自锁钩、速差自控器。

⑤ 作业时应将安全带的钩、环牢固地挂在系留点上，卡好各个卡子并关好保险装置，以防脱落。

⑥ 在低温环境中使用安全带时，要注意防止安全绳变硬开裂。

⑦ 安全带不能在地上拖行，以免磨坏绳索，降低性能。

子任务二　安全帽的选用

头部是人体重要的器官和功能集中区，是非常容易受到伤害的部位，一旦受到伤害，后果非常严重。因此，头部防护异常重要，最常见的头部防护用具就是安全帽，见图 1-9，必须戴安全帽安全标志见图 1-10。

图 1-9　安全帽

图 1-10　必须戴安全帽安全标志

一、事故案例分析

［案例 1］某化工厂，一名检修工人站在人字梯上作业，安全帽的下颏带没有系在下颏处，而是放进帽子内。在检修即将结束时，身体失去重心而向后倾斜摔下来，在即将落地时，安全帽飞出，头部直接撞击在地面上，该检修工人当场死亡。

［案例 2］某市一建筑施工工地，一名戴着安全帽未系下颚带的工人负责在起重机下将竹笆捆扎后悬挂到钓钩上。当竹笆吊起后，突然一片竹笆掉落下来，正好砸中其安全帽帽舌，将安全帽打翻在地。这名工人本能后退时，不慎跌倒，后脑勺撞击地面，抢救无效死亡。

以上事故案例中，如果正确地佩戴了安全帽，事故可能不会导致人员死亡。

二、安全帽选用

安全帽的防护机理，就是充分发挥安全帽的冲击吸收性能。即当作业人员受到坠落物或自坠落、硬质物体的冲击或挤压、摔倒时，利用帽壳隔绝物体与头部的直接接触，并从坠落物接触帽子的瞬间开始，由安全帽的各个部件，帽衬、插口、缓冲垫等将其冲击力进行分解。然后，通过各个部分的弹性变形、塑性变形和合理破坏，将大部分冲击力吸收，使最终落到人体头部的冲击力大大减小，从而消除或减轻对头部造成的伤害。

1. 安全帽的结构认知

安全帽是由帽壳、帽衬和下颏带等三部分组成，见图 1-11，安全帽各部分的作用见表 1-1。

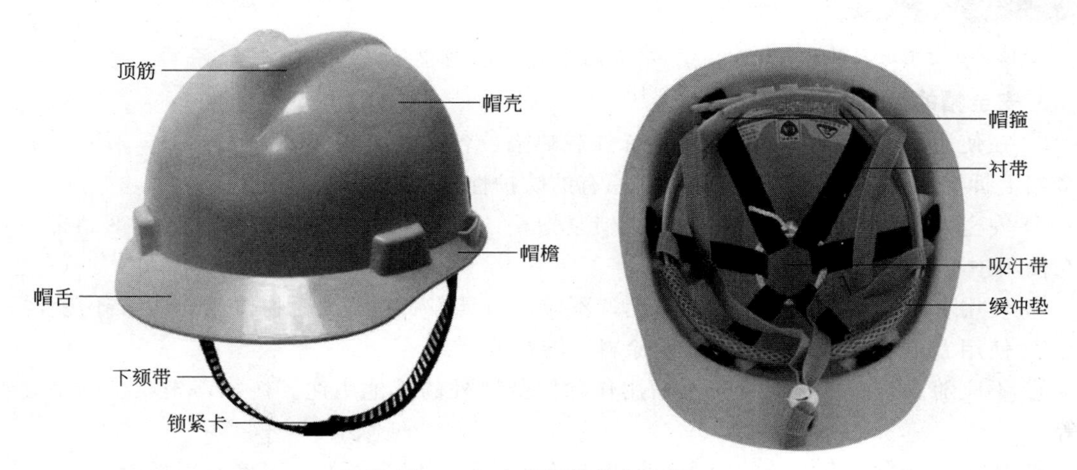

图 1-11　安全帽的基本结构

表 1-1　安全帽的作用

名称	作用
帽壳	安全帽外表面的组成部分。由帽舌、帽檐和顶筋组成
帽舌	帽壳前部伸出的部分
帽檐	在帽壳上，除帽舌以外，帽壳周围其他伸出的部分
顶筋	用来增强帽壳顶部强度的结构
帽衬	帽壳内部部件的总称。由帽箍、吸汗带、缓冲垫、衬带等组成
帽箍	绕头围起固定作用的带圈。包括调节带圈大小的结构
吸汗带	附加在帽箍上的吸汗材料
缓冲垫	设置在帽箍和帽壳之间吸收冲击能力的部件
衬带	与头顶直接接触的带子
下颏带	系在下巴上，起辅助固定作用的带子。由系带、锁紧卡组成
锁紧卡	调节与固定系带有效长度的零部件

2. 正确佩戴安全帽

安全帽的佩戴按下列四个步骤进行。

① 将检查无问题的安全帽在头上戴正。

② 调节帽箍。通过调节后箍的调节旋钮，使帽箍按照佩戴高度的要求与头部合适接触，头顶不要紧密接触托带，以便让托带、护带充分发挥其缓冲保护作用。但是，佩戴高度也不能过高，过高则安全帽的稳定性大大下降，容易晃动、滑脱。

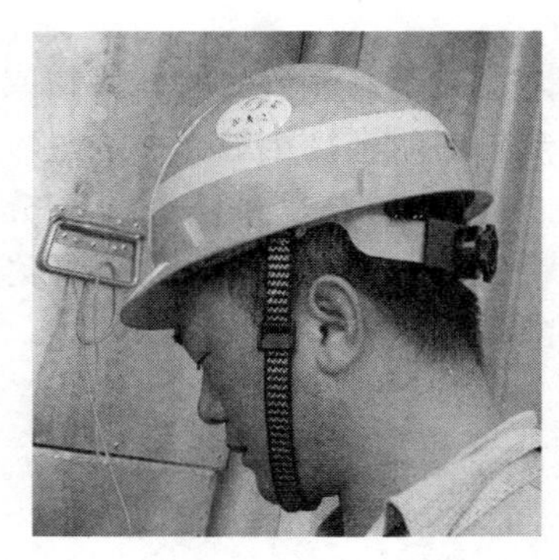

图 1-12　安全帽正确佩戴效果

③ 戴牢安全帽。系紧下颏带，调节好后箍，以防脱落。下颏带不要系得过紧，容易造成头部不适，也不能过松，过松则容易脱落，以能插进自己的食指、中指并能让两个手指左右顺利滑动为宜。

④ 根据下颏带系紧情况，对后箍再进行调节，保证松紧合适。

安全帽正确佩戴效果见图 1-12。

3. 安全帽的使用

① 在使用前应检查安全帽上是否有外观缺陷，各部件是否完好，无异常。不应随意在安全帽上拆卸或添加附件，以免影响其原有的防护性能。

② 安全帽在使用时应戴正、戴牢，锁紧帽箍，配有下颏带的安全帽应系紧下颏带，确保在使用中不发生意外脱落。

③ 使用者不应擅自在安全帽上打孔，不应用刀具等锋利、尖锐物体刻划、钻钉安全帽。

④ 使用者不应擅自在帽壳上涂敷涂料、溶剂等。

⑤ 不应随意碰撞挤压或将安全帽用作除佩戴以外的其他用途。例如，坐压、砸坚硬物体等。

⑥ 使用方应当确保安全帽内永久标识齐全、清晰。安全帽的不正确使用见图 1-13。

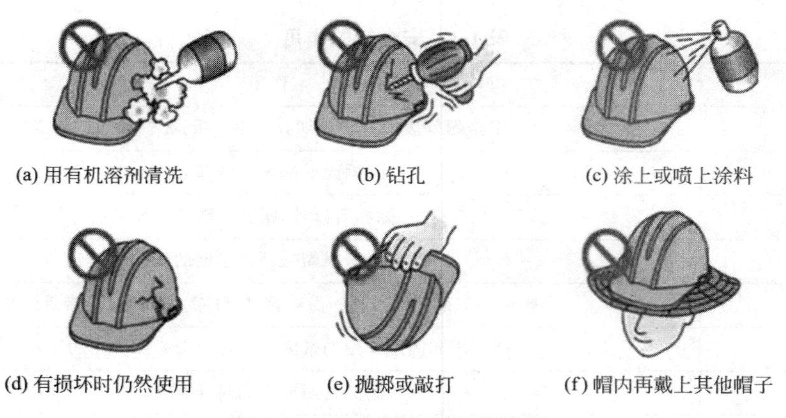

(a) 用有机溶剂清洗　(b) 钻孔　(c) 涂上或喷上涂料

(d) 有损坏时仍然使用　(e) 抛掷或敲打　(f) 帽内再戴上其他帽子

图 1-13　安全帽的不正确使用

4. 安全帽颜色的选择

① 安全帽颜色应符合相关行业的管理要求。如管理人员使用白色，技术人员使用蓝色，作业工人使用红色。

② 选择安全帽的颜色应从安全以及生理、心理上对颜色的作用与联想等角度进行充分考虑。

③ 当作业环境光线不足时，应选用颜色明亮的安全帽。

④ 当作业环境能见度低时，应选用与环境色差较大的安全帽或在安全帽上增加符合要求的反光条。

5. 安全帽的存放

安全帽不应储存在酸、碱、高温、日晒、潮湿等场所，更不可与硬物放在一起。安全帽的存放见图 1-14。

图 1-14 安全帽的存放

子任务三 防护手套的选用

手是人体器官中最有特色的器官之一。但因为疏忽了对它的适当保护，以致在各类丧失劳动能力的工伤事故中，手臂的伤害占 25% 以上。因此可见，正确选择和使用防护用具是十分必要的。

对于手部的防护主要是通过佩戴手套来完成的，防护手套的作用是防止火、高温、低温的伤害，防止撞击、切割、擦伤、微生物侵害以及感染，防止电磁、电离辐射的伤害，防止电、化学物质伤害等，防护手套见图 1-15，必须戴防护手套安全标志见图 1-16。

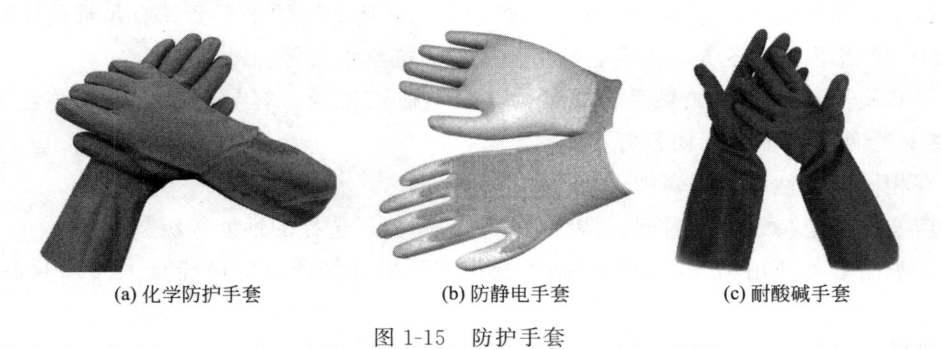

(a) 化学防护手套 (b) 防静电手套 (c) 耐酸碱手套

图 1-15 防护手套

一、事故案例分析

[案例 1] 在分析实验室操作球磨器等转动设备时，实验人员不脱下手套，直接进行操

作，手套被转动轮绞到，导致手部挤压受伤。

［案例 2］分析岗位员工在实验室进行油品化验分析，对某化学药品进行称重时，直接用手接触化学药品，导致员工发生中毒现象或受到化学腐蚀的伤害。

图 1-16　必须戴防护手套安全标志

二、防护手套选用

1. 防护手套类别分析

① 一般工作手套。防御摩擦和脏污等普通伤害的手部防护用品。

② 防震手套。防御手部受震动伤害的手部防护用品。

③ 防昆虫手套。防御手部受昆虫叮咬的手部防护用品。

④ 防放射性手套。防御手部受放射性伤害的手部防护用品。

⑤ 防静电手套。防止电荷积聚引起静电伤害的手部防护用品。

⑥ 绝缘手套。能使作业人员的手部与带电物体绝缘，免受电流伤害的手部防护用品。

⑦ 防化学品手套。防御手部受有毒化学物质伤害的防护用品。

⑧ 防酸碱手套。防御手部受酸碱伤害的防护用品。

⑨ 防机械伤害手套。防御手部受刀片割伤及穿刺等机械伤害的防护用品。

⑩ 防微生物手套。防御手部受微生物伤害的防护用品。

⑪ 焊接手套。防御焊接作业的火花、熔融金属、高温金属、高温辐射伤害的手部防护用品。

⑫ 耐油手套。防御手部皮肤受油脂类物质刺激的防护用品。

⑬ 耐高温阻燃手套。用于防高温辐射热的手套。

⑭ 防水、化学腐蚀套袖。用于防水、酸碱和污物等危害的套袖。

2. 防护手套的选择

手套多种多样，要综合手套的防护性能、结构合理性、舒适性、安全性、灵活性等各因素仔细认真地进行选择。

① 应根据不同的手部危害选择相应的防护手套。所选用的手套要具有足够的防护作用，需选用钢丝抗割手套的环境，就不能选用合成纱的抗割手套等。

② 手套尺寸要适当，如果手套太紧，会限制血液流通，容易造成疲劳，并且不舒适；如果太松，会使用不灵活，而且容易脱落。

③ 在相同防护性能的手套中，较薄的应为优选。

④ 应充分考虑持续作业时间，持续使用时间越长，选择的性能等级越高。

⑤ 注意手套的使用场合，如果一副手套用在不同的场所，则可能会大大降低手套的使用寿命。

⑥ 乳胶手套只适用于接触弱酸、浓度不高的硫酸、盐酸和各种盐类，不得接触强氧化剂如硝酸。

3. 化学防护手套的使用

化学防护手套脱掉步骤见图 1-17。

(a) 将其中一只手套从指尖处拉下

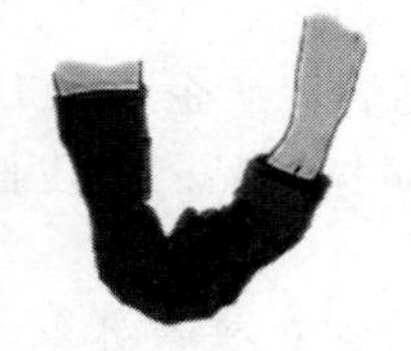
(b) 边脱下手套边将脱下部分揉成球状

(c) 用已脱下的手套袖口捏紧另一只手套袖口

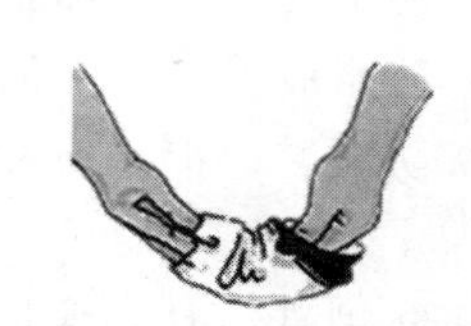
(d) 将第二只手套内外翻转拉出并覆盖包裹第一只手套

图 1-17　化学防护手套脱掉步骤

子任务四　足部防护用品的选用

在化工企业，操作人员要经常使用工具、移动物料、调节设备，所接触的可能有坚硬、带棱角的东西，在处理灼热或腐蚀性物质所发生的溅射及搬运这些物质时不慎被下坠的物体压伤、砸伤、刺伤，都可能导致足部受伤，甚至造成终身残疾。足部防护装备是指保护穿用者的小腿及脚部免受物理、化学和生物等外界因素伤害的防护装备，见图 1-18，必须穿防护鞋安全标志见图 1-19。

(a) 安全鞋

(b) 防化鞋

(c) 防静电鞋

图 1-18　足部防护装备

一、事故案例分析

某公司苏某把焊接好的水沟盖板摞成一摞放在旁边，一上午干得非常快，盖板高度超过了 1m，由于赶工没注意到摞成一摞的盖板已经开始倾斜。正好这时下料的李某在搬运槽钢时，无意地碰了一下盖板，使已经倾斜的盖板倒了下来，正好砸在苏某的脚上，由于没穿安全鞋，造成脚趾骨折。

必须穿防护鞋

图 1-19　必须穿防护鞋安全标志

二、安全鞋选用

1. 安全鞋类别分析

① 职业鞋。具有保护特征、未装有保护包头的鞋，用于保护穿着者免受意外事故引起的伤害。除此之外，还有保护足趾免受冲击或挤压伤害的作用。

② 耐化学品的工业用橡胶鞋、模压塑料鞋。在有酸、碱及相关化学品作业中穿用的橡胶、塑料或橡塑足部防护用品。

③ 防酸碱鞋。保护穿用者的足部免受酸、碱等腐蚀性液体伤害的防护用品。

④ 防油鞋。具有防油性能，适合脚部接触油类的作业人员穿用的足部防护用品。

⑤ 防水胶靴。具有防水、防滑和耐磨性能，适合工矿企业职工穿用的足部防护用品。

⑥ 防砸鞋。能防御冲击挤压损伤脚骨的足部防护用品。有皮面安全鞋和胶面防砸鞋等品种。

⑦ 防护鞋。具有保护特征的鞋，用于保护穿着者免受意外事故引起的伤害，装有保护包头，能提供至少 100J 能量测试时的抗冲击保护和至少 10kN 压力测试时的耐压力保护。

⑧ 安全鞋。具有保护特征的鞋，用于保护穿着者免受意外事故引起的伤害，装有保护包头，能提供全少 200J 能量测试时的抗冲击保护和至少 15kN 压力测试时的耐压力保护。

⑨ 防刺穿鞋。防止尖锐物刺穿鞋底的足部防护用品。

⑩ 防震鞋。具有衰减震动性能，防止震动伤害的足部防护用品。

⑪ 防热阻燃鞋。防止高温、熔融金属火花和明火等伤害的足部防护用品。

⑫ 隔热鞋。以隔绝热源和熔融金属来保护脚趾的足部防护用品。

⑬ 防寒鞋。鞋体结构与材料都具有防寒保暖作用的足部防护用品。

⑭ 防静电鞋。鞋底采用静电材料，能及时消除人体静电积聚的足部防护用品。

⑮ 导电鞋。具有良好的导电性能，能在短时间内消除人体静电积聚，只能用于没有电击危险场所的足部防护用品。

⑯ 电绝缘鞋。能使人的脚部与带电物体绝缘，防止电击的足部防护用品。

2. 安全鞋结构认知

安全鞋的结构见图 1-20。

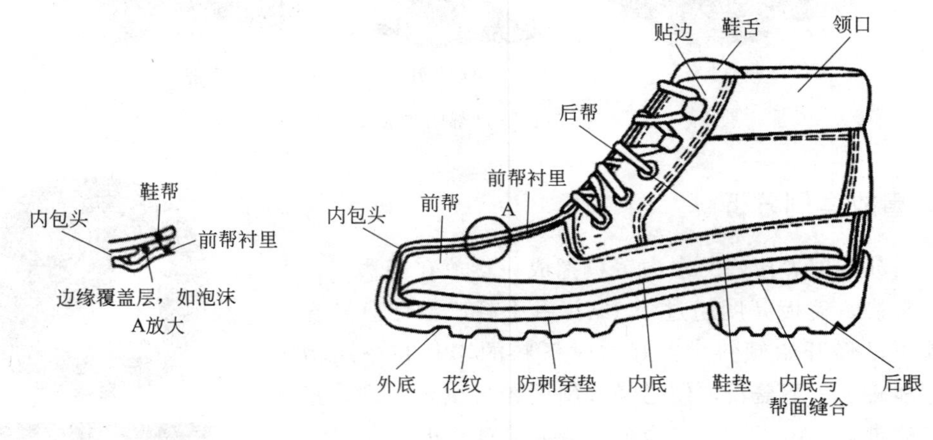

图 1-20 安全鞋结构

三、安全鞋的使用

① 安全鞋是用鞋头钢覆盖脚尖来保护脚部的，但不能承受超过额定负荷的冲击和压迫。

② 安全鞋的鞋底虽有耐滑的功能，但是在油水多的场所使用时要小心。

③ 不要在鞋尖或脚背保护具上做打洞等加工，会降低其安全性。

④ 鞋底是黑色的合成橡胶的时候，应注意不要将它弄黑弄脏。

⑤ 不要在体育运动或业余娱乐时使用安全鞋，以避免伤脚及发生其他事故。

⑥ 穿着时，发生斑疹、发痒等情况时，应停止使用。

⑦ 鞋的尺寸只是一个标准，应实际试穿来确认是否合脚。

⑧ 为了让鞋子不脱落，应把鞋带和拉链系牢固。

⑨ 鞋后跟损毁时，应不要再穿，以免摔倒。

⑩ 受到一次冲击或挤压的安全鞋，无论外观如何，都不要继续使用。

⑪ 皮革、橡胶破裂漏出脚尖或鞋底的防滑层磨损的情况下，安全鞋将不能再维持最初的安全性能，不得继续使用。

四、防静电鞋和导电鞋的使用

① 防静电鞋和导电鞋都有消除人体静电积聚的作用，可用于易燃易爆作业场所。防静电鞋不仅可用于消除人体静电，而且可以消除人体不慎触及 250V 以下电源设备的电击所带来的危险。导电鞋不仅可在尽可能短的时间内消除人体静电，而且可以使人体所带有的静电电压降至最低点，但仅能用于工作人员不会遇到电击的场所。

② 防静电鞋要与防静电服同时穿用，才能更有效地消除静电。穿用防静电服后，人体的静电会通过防静电鞋或导电鞋从地面导走，使人体静电迅速降低。

③ 防静电鞋和导电鞋在穿用时，不应同时穿绝缘的毛料厚袜及绝缘鞋垫。

④ 穿用防静电鞋或导电鞋时，工作地面必须具有导电性，才能导走静电。不能用绝缘橡胶板铺地，同时最好穿用导电袜或其他较薄的袜子，上面附着的绝缘性物质应除去，以便使人体电荷接触鞋底。导电地面电阻率在 100MΩ 以下，如没有上述设备，则地面应保持潮湿，随时洒水，保证导电的湿度。

⑤ 认清防静电鞋和导电鞋的特殊标志，千万不能作绝缘鞋使用。

五、耐酸碱鞋的使用

① 耐酸碱皮鞋一般只能用于浓度较低的酸碱作业场所，不能浸泡在酸碱液中进行长时间作业，以防酸碱溶液渗入皮鞋内腐蚀脚造成伤害。

② 使用时应避免接触油类，否则易脏且易破裂。

③ 耐酸碱塑料靴和胶靴穿用后，应立即用水冲洗，并存在阴凉处，不可烘烤和在日光下暴晒，以免加速老化变质。

六、耐化学品的工业用橡胶鞋、模压塑料鞋的使用

① 应避免接触高温、锐器，以免损伤靴帮或靴底引起渗漏，影响防护功能。

② 穿用后，应用清水冲洗靴上的化学品液体并晾干，避免因阳光直接照射，橡胶或塑料老化脆变，影响使用寿命。

③ 每种防化学伤害鞋都有它的适用性，仅对某些特定的化学品有防护作用，不同种类的化学品防护鞋不能混用。

子任务五　眼面部防护用品的选用

眼面部（眼睛及面部）是人体直接裸露在外的器官，很容易受各种有害因素的伤害。伤

害眼面部的因素较多，如各种高温热源、射线、光辐射、电磁辐射、气体、熔融金属等异物飞溅或爆炸等都是造成眼面部伤害的因素。

我国职业眼外伤约占整个工业伤害的5%，而约占眼科医院外伤的50%。有的工厂职业性眼外伤的发生率每年高达34%，每年有十几万人发生不同程度的眼外伤及职业眼伤。

眼面部防护用品是用于防止辐射（如紫外线、X射线等）、烟雾、化学物质、金属火花、飞屑和尘粒等伤害眼面部的可观察外界的防护工具。防护眼镜佩戴见图1-21，必须戴防护眼镜安全标志见图1-22。

图1-21　防护眼镜佩戴

图1-22　必须戴防护眼镜安全标志

一、事故案例分析

［案例1］某化工厂车间当班操作工发现漏液，立刻停泵进行量压置换操作后，交由维修班处理。维修工在拆开泵中间的一组压盖时，泵内含有氨的冷凝液突然带压喷出，溅入维修工左眼内。虽立刻用清水冲洗，但仍然疼痛难忍，维修工被紧急送往医院治疗。

［案例2］某装置在更换LC管线阀门过程中，需要拆卸LC管线法兰口，由于隔离阀门内漏，造成拆口后管线有少量蒸汽逸出，施工人员为图方便，未佩戴护目镜进行更换阀门，泄漏量突然增大，造成人员烫伤。

二、认识眼面部防护用品

眼面部防护用品的分类见表1-2，常见的眼面部防护用品见表1-3。

表1-2　眼面部防护用品的分类

名称	样型	
眼镜	普通型	带侧光板型
眼罩	开放型	封闭型

续表

名称	样型					
	手持式	头戴式		安全帽与面罩组合式		头盔式
	全面罩	全面罩	半面罩	全面罩	半面罩	
面罩						

表 1-3　常见的眼面部防护用品

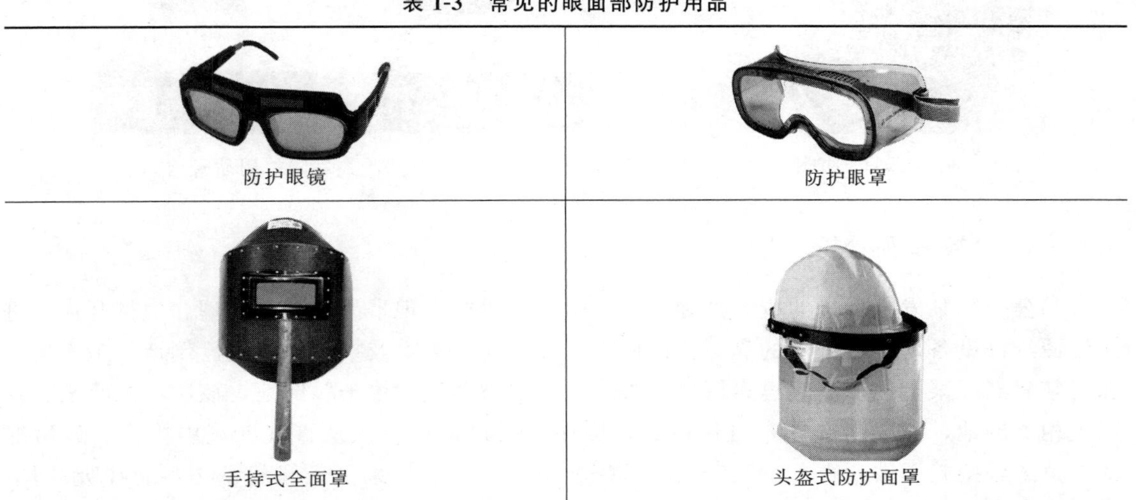
防护眼镜　防护眼罩
手持式全面罩　头盔式防护面罩

三、防护眼镜的使用

1. 选用的眼面部防护用品的结构要求

① 表面光滑、无毛刺、无锐角或可能引起眼面部不舒适感的其他缺陷；

② 可调部件应灵活可靠，结构零件应易于更换；

③ 应具有良好的透气性。

2. 选用要求

① 挑选、佩戴大小合适的眼镜，可做低头、摇头、弯腰等动作，检查防护用品是否佩戴牢固，以防作业时脱落和晃动，影响使用效果。

② 从事对眼睛及面部有危险伤害的作业时，应佩戴有关的防冲击护目镜或面罩。

③ 从事酸、碱作业时，需佩戴封闭式眼镜，并配备相应的紧急洗眼器。

④ 从事各类焊接作业，应选择可防御有害弧光、熔融金属飞溅或粉尘等有害因素，保护眼睛、面部的焊接专用防护眼镜、眼罩或面罩。

子任务六　呼吸器官防护用品的选用

石油化工企业的许多作业场所都存在粉尘，有毒、有害气体等有害因素，这些有害因素可以通过口、鼻进入呼吸系统，从而对呼吸系统造成损伤，甚至导致作业人员中毒窒息。

呼吸器官防护用品是为防御有害气体、蒸气、粉尘、烟、雾等从呼吸道吸入，或避免在缺氧环境中工作造成缺氧危害，直接向使用者供氧或清洁空气，保证尘、毒污染或缺氧环境中作业人员正常呼吸的防护装备，见图 1-23，佩戴呼吸器官防护用品安全标志见图 1-24。

图 1-23　呼吸器官防护用品

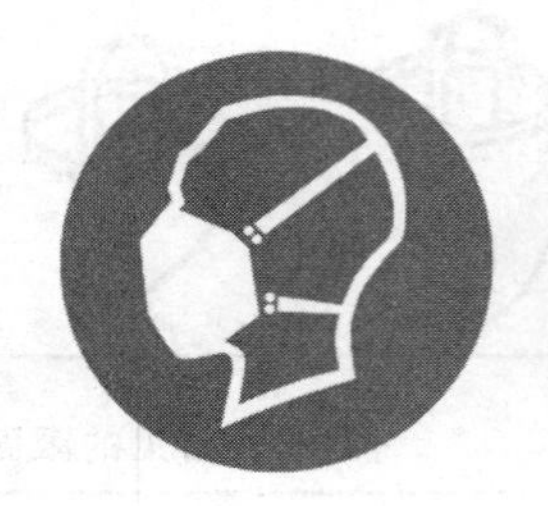

图 1-24　佩戴呼吸器官防护用品安全标志

一、事故案例分析

某公司况某发现厂里的废气处理装置在生产过程中出现事故，需要修理。他打开通道进入区域维修设备，一股浓烈的臭味扑面而来，况某还没来得及捂住口鼻就已倒地。工人黄某和王某看到况某倒地，不假思索便冲进去救人，也被毒气“攻击”倒地，该厂司机薛某看到三人相继倒地，随即用湿抹布捂住口鼻，屏住呼吸迅速将三人从毒气区域内拖出。最后况某、黄某经抢救无效死亡，王某经救治后痊愈出院。试想如果三人佩戴了必要的呼吸护具，可能就不会引发悲剧。

二、呼吸防护的主要手段

1. 从源头消除、减少呼吸器官危害因素

主要是采取通风、除尘、密封等工程技术措施，消除或减少粉尘、化学毒物的存量，及时送风避免缺氧环境的出现。

2. 作业人员佩戴呼吸器官防护装备

根据作业环境中呼吸器官危害因素的类型和特性，有针对性地选配呼吸器官个体防护装备，在不改变作业环境的情况下，通过呼吸器官个体防护装备避免作业人员的伤亡。

在事故状态下，这两种手段通常都要使用，但是以第二种为首选。

三、认识呼吸防护用品

呼吸防护用品的分类见表 1-4，常见的呼吸防护用品见表 1-5。

表 1-4　呼吸防护用品的分类

过滤式			隔绝式			
自吸过滤式		送风过滤式	供气式		携气式	
半面罩	全面罩		正压式	负压式	正压式	负压式

表 1-5　常见的呼吸防护用品

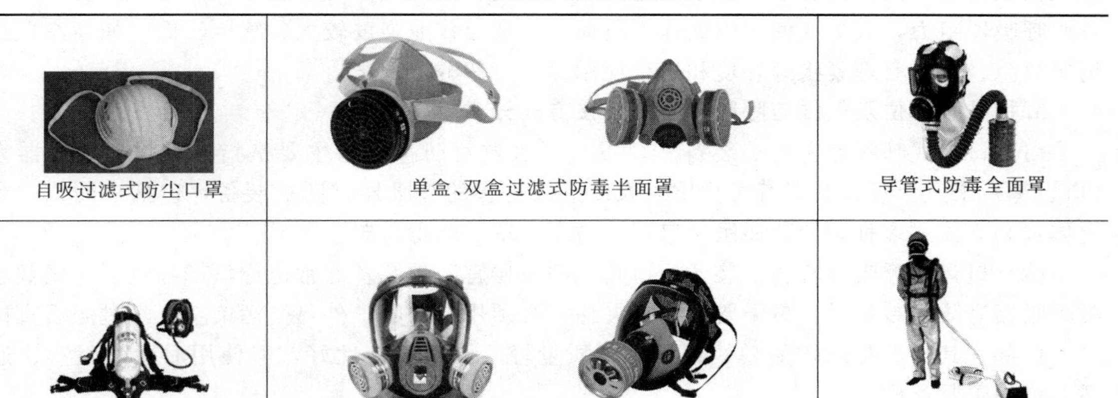

自吸过滤式防尘口罩	单盒、双盒过滤式防毒半面罩	导管式防毒全面罩
空气呼吸器	单盒、双盒过滤式防毒全面罩	送风式长管呼吸器

1. 按防护原理分类

（1）过滤式呼吸器　过滤式呼吸器是依据过滤吸收的原理，利用过滤材料过滤去除空气中的有毒有害物质，将受污染空气转变为清洁空气供人员呼吸的一类呼吸器官防护装备。如防尘口罩、防毒口罩和过滤式防毒面具。

（2）隔绝式呼吸器　隔绝式呼吸器是依据隔绝的原理，使人员呼吸器官、眼睛和面部与外界受污染空气隔绝，依靠自身携带的气源或靠导气管引入受污染环境以外的洁净空气为气源供气，保障人员正常呼吸的防护装备，也称为隔绝式防毒面具、生氧式防毒面具、长管呼吸器及潜水面具等。

过滤式呼吸器防护装备的使用要受环境的限制，当环境中存在过滤材料不能滤除的有害物质，氧气含量低于18%，或有毒有害物质浓度较高（体积浓度≥1%）时均不能使用，这种环境下应使用隔绝式呼吸器官防护装备。

2. 按供气原理和供气方式分类

（1）自吸式呼吸器　自吸式呼吸器是指靠佩戴者自主呼吸克服部件阻力的呼吸器官防护装备，如普通的防尘口罩、防毒口罩和过滤式防毒面具。其特点是结构简单、质量轻、不需要动力消耗。缺点是由于吸气时防护装备与呼吸器官之间空间形成负压，导致气密性和安全性相对较差。

（2）自给式呼吸器　自给式呼吸器是指以压缩气体钢瓶为气源供气，使人的呼吸器官、眼睛和面部完全与外界受污染空气隔离，依靠面具本身提供的氧气（空气）来满足人的呼吸需要的一类防护面具，主要由面罩、供气系统和背具构成。面罩的结构和性能与过滤式防护面具、面罩基本相同。自给式呼吸器按供气系统的供气原理可分为贮气式、贮氧式和生氧式3种。

自给式呼吸器主要用于有害物质浓度较高（体积浓度≥1%），有害物质种类不明，环境空气中氧气浓度小于16%，以及空气中含有大量一氧化碳等状况，过滤式防毒面具无法发挥作用的场合。自给式呼吸器的优点是不论毒剂的种类、状态和浓度大小，均能有效地予以防护。自给式呼吸器的缺点是质量重、体积大、结构复杂、价格昂贵，使用、维护、保管要求高。

（3）动力送风式呼吸器　动力送风式呼吸器是指依靠动力克服部件阻力、提供气源，保障人员正常呼吸的防护装备，如军用过滤送风面具、送风式长管呼吸器等。其特点是以动力克服呼吸器阻力，人员在使用中的体力负荷小，适合作业强度较大、气压较低（如高原）及情况危急、人员心理紧张等环境和场合使用。

3. 按防护部位及气源与呼吸器官的连接方式分类

（1）口罩式呼吸器官防护装备　口罩式呼吸器官防护装备主要是指通过保护呼吸器官（口、鼻）来避免吸入有毒有害物质对人体造成伤害的呼吸器官防护装备，包括平面式、半立体式和立体式多种，如普通医用口罩、防尘口罩、防毒口罩。

（2）口具式呼吸器官防护装备　口具式呼吸器官防护装备通常也称口部呼吸器。佩戴这类呼吸器官防护装备时，鼻子要用鼻夹夹住，必须用口呼吸，外界受污染空气经过滤后直接进入口部。其特点是结构简单、体积小、质量轻、佩戴气密性好，但使用时无法发声、通话。可用于紧急逃生。

（3）面具式呼吸器官防护装备　面具式呼吸器官防护装备在保护呼吸器官的同时，也保护眼睛和面部，如各种过滤式和隔绝式防毒面具。

4. 按人员吸气环境分类

（1）正压式呼吸器　正压式呼吸器是指使用时呼吸循环过程中，面罩内压力均大于环境压力的呼吸器官防护装备。

（2）负压式呼吸器　负压式呼吸器是指使用时呼吸循环过程中，面罩内压力在呼、吸气阶段均小于环境压力的呼吸器官防护装备。

隔绝式和动力送风式呼吸器官防护装备多采用钢瓶或专用供气系统供气，一般为正压式。过滤式呼吸器官防护装备多靠自主呼吸，一般为负压式。

正压式呼吸器官防护装备可避免外界受污染或缺氧空气的漏入，防护安全性更高，当外界环境危险程度较高时，一般应优先选用。

5. 按气源携带方式分类

（1）携气式呼吸器　携气式呼吸器，使用者随身携带气源（如贮气钢瓶、生氧装置），机动性较强，但身体负荷较大。

（2）长管式呼吸器　长管式呼吸器，以移动供气系统为气源，通过长导气管输送气体供人员呼吸，不需自身携带气源，使用中身体负荷小，但机动性受到一定程度的限制。

6. 按呼出气体是否排放到外界分类

（1）闭路式呼吸器　闭路式呼吸器，使用者呼出的气体不直接排放到外界，而是经净化和补养后供循环呼吸，安全性更高，但结构复杂。

（2）开路式呼吸器　开路式呼吸器，使用者呼出的气体直接排放到外界，结构较前者简单，但安全性及防护时间常会受到一定影响。

7. 按面罩款式分类

（1）全面罩呼吸防护装备　全面罩呼吸防护装备是面罩与面部密合，能遮盖住眼、面、鼻、口和下颌等的呼吸防护装备。

（2）半面罩呼吸防护装备　半面罩呼吸防护装备是面罩与面部密合，能遮盖口和鼻，或覆盖口、鼻和下颌的呼吸防护装备。

四、正确佩戴自吸过滤式防尘口罩

自吸过滤式防尘口罩是靠佩戴者呼吸克服部件气流阻力的过滤式呼吸防护装备。用于预防粉尘、烟、雾和微生物对呼吸器官的危害。

选择防尘口罩的三大原则：

① 口罩的阻尘效率要合适。阻尘效率越高，进入肺部的呼吸性粉尘就越少。

② 口罩与人脸形状的密合程度。当口罩形状与人脸不密合时，空气中的粉尘就会从不密合处，进入人的呼吸道。那么，即便选用滤料再好的口罩，也无法保障人的健康。

③ 佩戴舒适。合格的防尘口罩呼吸阻力要小，质量要轻，佩戴卫生，保养方便，这样劳动者才会更加乐意在工作场所坚持佩戴。

图 1-25　正确佩戴防尘口罩

正确佩戴防尘口罩方法见图 1-25，戴好后需双手轻轻按压口罩，然后刻意呼吸，空气应不会从边缘泄漏。

五、防毒口罩使用

防毒口罩有单罐、双罐及简易碳纤维毡三种，都必须加一层超细静电纤维后，才能在使用的同时防护毒烟。当烟尘浓度较高时，要及时更换纤维毡。

① 使用防毒口罩时，必须根据现场的毒气种类选用适当型号的防毒药剂，不能随便替代。

② 防毒口罩通常只适用于有毒气体体积分数不高于 0.1%，空气中氧气体积分数不低于 18%，环境温度 −30～40℃ 的环境下使用。

③ 口罩在使用前应检查各部件是否完好。

④ 佩戴口罩时必须保持端正，口罩带要分别系牢，要调整口罩使其不松动，不漏气。

六、滤毒罐的选用

滤毒罐是指通过物理吸附和化学反应原理将空气中的粉尘、有毒有害物质除去，供人呼吸的装置。通常与防毒面具配合使用。滤毒罐一般为圆柱形，由金属或塑料制成，表面多涂防碱漆。内部有一层滤烟层，用于滤去烟雾颗粒，过滤元件有过滤纸、玻璃纤维和其他合成材料。装填层内是经过处理的活性炭，用来针对不同的毒气进行吸附。由于作用不同，不同颜色代表不同的型号，不同颜色的滤毒罐滤毒效果不同。滤毒罐见图 1-26。滤毒罐的标色及防护时间见表 1-6。

图 1-26　滤毒罐

表 1-6 滤毒罐的标色及防护时间（摘自 GB 2890—2009）

过滤件类型	标色	防护对象举例	测试介质	4级		3级		2级		1级		穿透浓度/(mL/m^3)
				测试介质浓度/(mg/L)	防护时间/min≥	测试介质浓度/(mg/L)	防护时间/min≥	测试介质浓度/(mg/L)	防护时间/min≥	测试介质浓度/(mg/L)	防护时间/min≥	
A	褐	苯、苯胺类、四氯化碳、硝基苯、氯化苦	苯	32.5	135	16.2	115	9.7	70	5.0	45	10
B	灰	氯化氰、氢氰酸、氯气	氢氰酸（氯化氰）	11.2(6)	90(80)	5.6(3)	63(50)	3.4(1.1)	27(23)	1.1(0.6)	25(22)	10[a]
E	黄	二氧化硫	二氧化硫	26.6	30	13.3	30	8.0	23	2.7	25	5
K	绿	氨	氨	7.1	55	3.6	55	2.1	25	0.76	25	25
CO	白	一氧化碳	一氧化碳	5.8	180	5.8	100	5.8	27	5.8	20	50
Hg	红	汞	汞	—	—	0.01	4800	0.01	3000	0.01	2000	0.1
H_2S	蓝	硫化氢	硫化氢	14.1	70	7.1	110	4.2	35	1.4	35	10

注：本标准过滤件与原标准的对照参见附录 A。

[a] C_2N_2 有可能存在于气流中，所以（C_2N_2+HCN）总浓度不能超过 10mL/m^3。

子任务七　防护服的选用

躯干是人体除去头部、四肢所余下的部分。在石油化工事故应急救援过程中，除了头部、眼面部、手部、足部等部分会受到伤害外，躯干常遇到的危害因素有高温高辐射热危害、低温危害、危险化学品物质危害、静电危害、放射危害、辐射危害、生物危害等。躯干防护装备是用来防御物理、化学和生物等外界因素伤害的躯干防护装备，主要指防护服。防护服是替代或穿在个人衣服外用于防止一种或多种危害的衣服，见图 1-27。必须穿防护服安全标志见图 1-28。

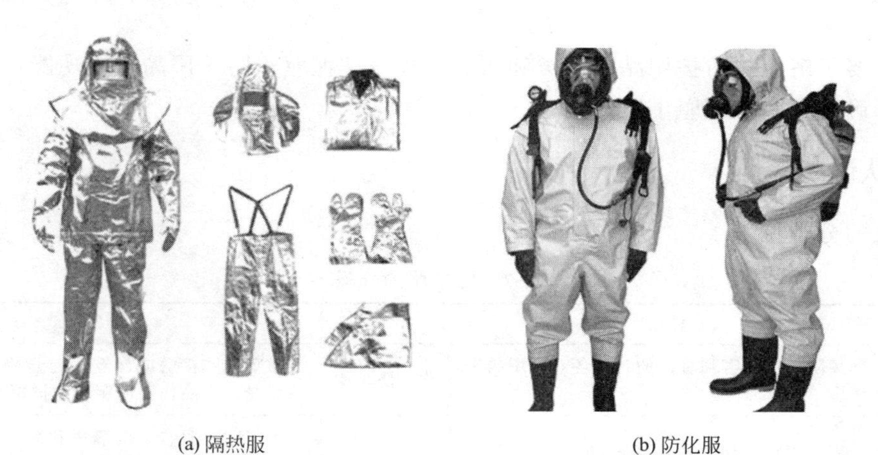

(a) 隔热服　　(b) 防化服

(c) 防静电服

图 1-27　防护服

一、事故案例分析

图 1-28　必须穿防护服安全标志

［案例 1］某注汽站正在进行井口注汽。值班人员李某巡检注汽井口时，发现井口补偿器卡子漏汽较为严重，于是向值班站长汇报，站长决定立即停炉，并让小李回站穿好隔热服后再回到井口，待停炉后关闭井口生产阀门。因为井口和注汽站的距离较远，李某认为停炉后井口压力下降，不穿隔热服也不会有事，便没回去换隔热服。

十几分钟后，李某接到关井指令，发现井口蒸汽泄漏明显减少，就去关生产阀门。就在快要全部关闭时，突然一股蒸汽猛地喷出，李某胳膊被蒸汽烫伤。

［案例 2］某化工厂有三个储存硝酸罐体，装有浓度为 97％的硝酸，工人操作不当导致阀门失灵，硝酸泄漏，现场黄色烟雾缭绕，气味刺鼻，有毒气体迅速蔓延。消防指挥中心接到报警后立刻启动重点单位危险化学品应急预案。身着防护服，头戴防护面具的消防队员靠近罐体，首先先对泄漏点进行堵漏；同时另一路消防员利用沙子混合氢氧化钠扬撒在地面上，与对外泄漏残留的硝酸进行中和，并在水枪的配合下，对挥发的有毒气体进行稀释。最后险情被成功化解，事故没有造成人员伤亡。像类似的化工厂的泄漏事件、化学物质运输过程中发生的意外事件时有发生，在处理时都需要在穿戴防护服和防护装备的条件下进行。

因此，要了解躯体防护用品的种类和防护原理，掌握躯干防护用品主要功能，能够根据实际情况正确选择和使用躯干防护。

二、认识防护服

防护服的分类见表 1-7。

表 1-7　防护服的分类

名称	作用	名称	作用
一般防护服	预防一般伤害和脏污的各行各业穿用的工作服	化学防护服	避免皮肤接触或暴露于化学物品中，使人体免受化学品伤害的躯干防护用品
焊接防护服	用于焊接及相关作业场所，使作业人员免受熔融金属飞溅及其热伤害的躯干防护用品	防静电服	为了防止服装上的静电积聚，用防静电织物为面料，按规定的款式和结构而缝制的躯干防护用品
阻燃防护服	在接触火焰及炽热物体后，能阻止本身被点燃、有焰燃烧和阴燃的躯干防护用品	防酸服	防御酸性物质伤害的躯干防护用品
防碱服	防御碱性物质伤害的躯干防护用品	防油服	防御油污污染的躯干防护用品
防水服	防御水透过和漏入的躯干防护用品	防放射性服	防御放射性物质伤害的躯干防护用品
高可视性警示服	用鲜艳的基底材料和逆反射材料按特殊设计要求制作，具有警示作用的躯干防护用品	防寒服	具有保暖性能的躯干防护用品，包括普通防寒服和电热服等
热防护服	防御高温、高热、高湿度等伤害人体的防护用品，包括换热冷却服、铝膜布隔热服等	带电作业屏蔽服	带电检修时穿着的电阻小于 10Ω 的躯干防护用品。带电作业屏蔽服应与相应的帽子、手套和袜子配用
浸水工作服	具有规定保温性能及浮力性能，帽（可带有面罩）、衣、裤、靴、手套等紧密连为一体（手套亦可不连接）的防护用品	防刺服	能有效地抵御匕首等常见锐器从各种角度对人体的攻击，使人体防护部位不受到刺伤的一种服装
颗粒物防护服	防御环境中的细小颗粒物伤害的躯干防护用品	防击伤背心	防止物体打击伤害人体的防护用品

三、化学防护服使用

在从事石油化工生产、搬运、倾倒、调制酸碱、修理或清洗化工装置等作业活动中，如工作场所酸碱容器、管道发生故障或破裂，均有可能引起操作者因强酸、强碱、磷和氢氟酸等化学物质所致的烧伤。穿着适当的化学防护服，能够有效地阻隔无机酸、碱、溶剂等有害化学物质，使之不能与皮肤接触，可以最大限度地保护救援人员和操作人员的人身安全。

① 任何化学防护服的防护功能都是有限的，应让使用者了解其所使用的化学防护服的局限性。

② 使用前应对使用者进行培训，使其会使用，并严格按照要求使用。

③ 穿着防护服前，应进行缺陷性检查，如有明显损坏，则严禁使用。

④ 进入有害环境前，应先穿好化学防护服；在有害环境作业，应始终穿着防护服。

⑤ 穿上防护服后，应注意个人卫生，不应进行吸烟、吃东西、使用化妆品等非必需操作。

⑥ 化学防护服被危险化学品污染后，应在指定区域按一定的顺序脱下，必要时寻求帮助，以最大限度地减小二次污染的可能性。以下操作，可有效阻止污染的扩散：

a. 对其外层消毒时，事先除去手套和鞋类；

b. 除去化学防护时，使内面外翻；

c. 脱去受污染的服装，若污染物可能危害呼吸系统，应考虑使用呼吸防护装备。

⑦ 脱下受污染的化学防护服时，同样应考虑帮助者的安全防护措施。若危险化学品接触到皮肤，应紧急处理。

⑧ 污染防护服脱下后，应放于指定的地方，最好放在密闭容器内。

⑨ 若化学防护服在某种作业中迅速失效，应重新评价所选防护服的适用性。

⑩ 应对所有使用化学防护服的人员进行定期体检。

四、防静电服使用

防静电服是为了防止服装上的静电积聚，用防静电织物为面料按规定的款式和结构而缝制的工作服。

① 凡是在正常情况下，爆炸性气体混合物连续地、短时间频繁地出现或长时间存在的场所及爆炸性气体混合物有可能出现的场所，应穿用防静电服。

② 禁止在易燃易爆场所穿脱防静电服。

③ 禁止在防静电服上附加或佩戴任何金属物件。

④ 穿用防静电服时，还应与防静电鞋配套使用，同时地面也应是导电地板。

⑤ 防静电服应保持清洁，保持防静电性能，使用后用软毛刷、软布蘸中性洗涤剂刷洗，不可损伤服料纤维。

⑥ 穿用一段时间后，应对防静电服进行检验，若防静电性能不符合标准要求，则不能再以防静电服使用。

五、隔热服使用

隔热防护服由具有阻挡辐射热效率高、热导率小、表面反射率高等性能的材料制作，可用于防止高热物质接触或强烈热辐射伤害，适用于高温、高热及强辐射热的作业场所的人员穿用。隔热服一般用帆布、石棉和铝膜布等材料制成。

① 按常规穿着上衣和下裤。防护靴应穿在裤筒内，然后扣上裤筒口上的搭扣，防止水及熔融物质灌入靴内。

② 隔热服具有隔热和阻燃功能，但不能着装进入火焰区内或过分靠近集中热源点，避

免直接与火焰和熔化的金属接触，以防损坏服装，伤害人体。

③ 清除服装脏污可用潮湿的毛巾揩擦，也可使用配制的中性洗涤液用软质毛刷刷洗，用清水冲洗干净后晾干。不得将服装长时间浸泡在水中，或强烈搓洗，以防镀铝膜起层、脱落。

④ 消防隔热服应存放在通风干燥处，定期曝晒，以防发霉毁坏。

技能训练考核标准分析

本项目技能训练，需要从企业真实职业活动对从业人员操作技能要求的本质入手，以个人防护用品选用的技术内涵为基本原则，采用模块化结构，按照操作步骤的要求，编制具体操作技能考核评分表（表1-8）。

表 1-8　操作技能考核评分表

序号	考核项目	考核内容	分值	得分
1	任务 1	找出所有的个人防护用品	5 分	
		说出每种防护用品的用途	15 分	
		口语表达能力	5 分	
2	任务 2	正确地佩戴全身式安全带	15 分	
3	任务 3	正确佩戴过滤式防毒口罩	15 分	
4	任务 4	正确穿戴化学防护服	15 分	
5	安全文明生产	着装穿戴符合安全生产与文明操作要求	5 分	
		保持现场环境整齐、清洁、有序	10 分	
		沟通交流恰当，文明礼貌、尊重他人	5 分	
		安全生产，如发生人为的操作安全事故、设备人为损坏、伤人等情况，安全文明生产不得分		
6	团队协作	团队合作能力	5 分	
		自主参与程度	3 分	
		是否为主讲人	2 分	

通过标准和规范的制定实施，要求学生必须在规定的时间内，规范化完成个人防护用品的选用训练，正确合理地处理实训数据，形成正确的安全生产习惯，树立良好的职业素养。

教师在实践教学中也需要强化工作规范，加强操作示范与辅导相结合的技能操作训练，加强对训练进度和中间效果的监测与科学评估，客观、公正、科学、合理地评价学生，及时调整和优化教学内容及教学方法，保证技能训练的质量。

技能训练组织

（1）学生以小组为单位，按照任务要求，在规定的时间内完成个人防护用品的选用。

（2）学生参照评分标准进行检查评价并查找不足。

（3）教师按照评分标准进行考核评价。

（4）师生总结评价，改进不足，将来在学习或工作中做得更好。

个人防护用品选用操作

1. 在工具柜中找出所有个人防护用品（表 1-9），并说出其用途。

表 1-9　个人防护用品

序号	名称/用途	序号	名称/用途
1		6	
2		7	
3		8	
4		9	
5		10	

2. 全身式安全带的佩戴

佩戴步骤见表 1-10。

表 1-10　全身式安全带的佩戴步骤

<table>
<tr><td>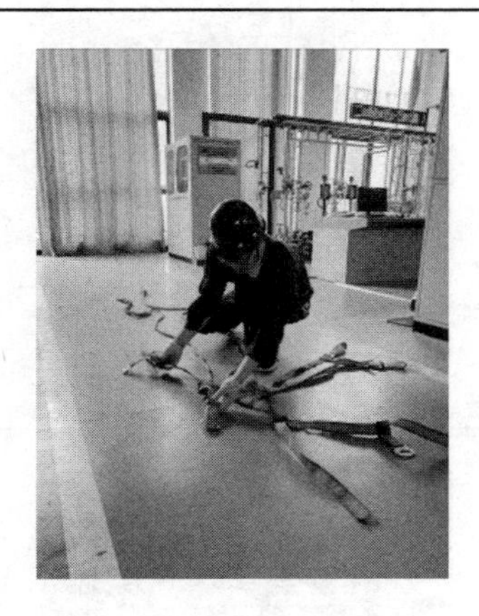
① 检查安全带的部件是否完整，有无损伤</td><td>
② 抓起安全带，穿在肩上，确保无扭曲或交叉</td></tr>
<tr><td>
③ 系好腰带卡扣，确保无扭曲或交叉，多余长度的织带穿入调整环中</td><td>
④ 系好左腿织带，确保无扭曲或交叉，多余长度的织带穿入调整环中</td></tr>
</table>

续表

⑤ 系好右腿织带，确保无扭曲或交叉，多余长度的织带穿入调整环中	⑥ 系好胸部织带，确保无扭曲或交叉，多余长度的织带穿入调整环中

⑦ 调整肩部织带至合适，使背部 D 型环位于两肩胛骨之间	⑧ 试着做单腿前伸和半蹲，调整腿带至合适

⑨ 调整胸部织带位于肩部以下约 15cm 处	⑩ 安全绳缠绕在肩上，挂点塞入腰带中，便于攀爬

3. 登高作业

① 佩戴全身式安全带（图 1-29）。

② 搬脚手架至原料线入口管线底部，锁死脚轮，见图 1-30。

③ 攀爬脚手架，将安全带的挂钩挂在挂点上，锁死挂钩，见图 1-31。高处作业必须在监护人的监护下进行。

图 1-29　佩戴全身式安全带

图 1-30　搬脚手架

图 1-31　攀爬脚手架

4. 正确佩戴过滤式防毒面罩

佩戴过滤式防毒面罩的步骤见表 1-11。

表 1-11　佩戴过滤式防毒面罩

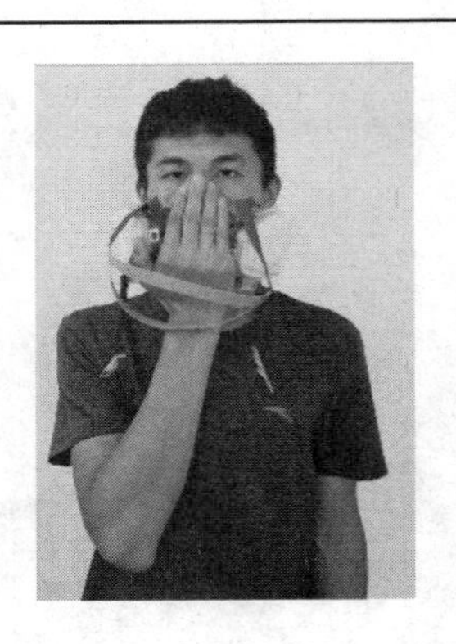 ① 解开头带底部搭扣，将面罩盖住口鼻	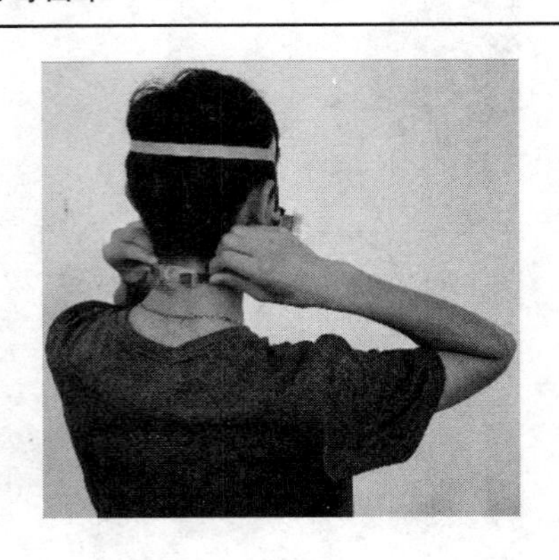 ② 双手在颈后将头罩底部搭扣扣住
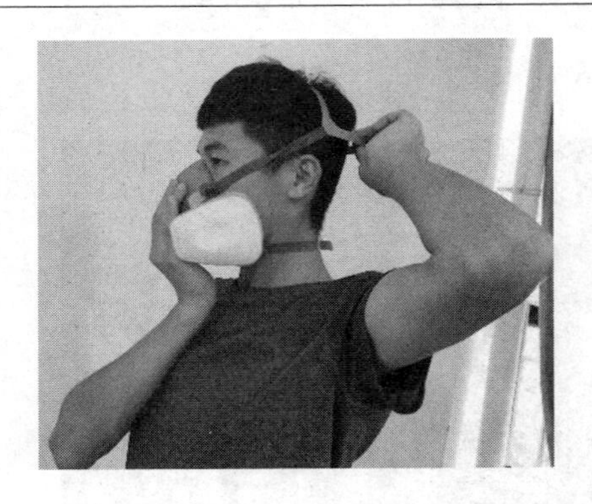 ③ 拉起上端头带，使头带舒适地置于头顶位置	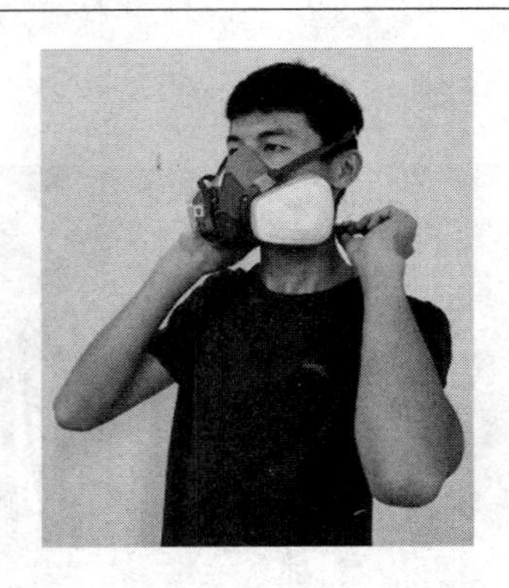 ④ 调整头带松紧，使面罩与脸部密合良好，先调整上端头带，然后调整颈后头带，如头带拉得过紧，可适当放松
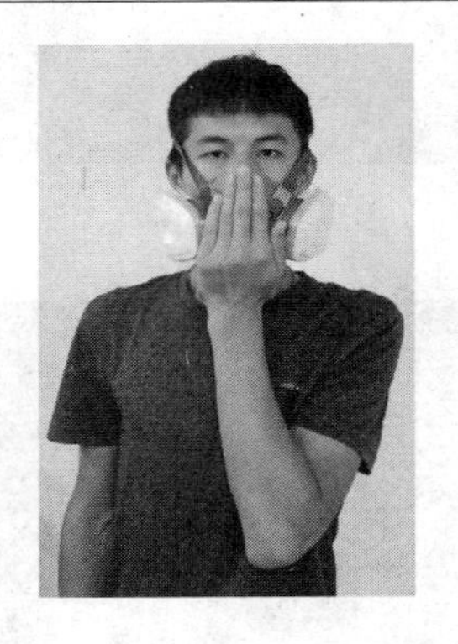 ⑤ 正压密闭性检测：将手掌盖住呼气阀并向外慢慢呼气，面罩应向外轻轻膨胀，如气体从面部及面罩间泄漏，应重新调整面罩位置，并调节头带的松紧度，达到密合良好，如果面罩不能与脸部密合良好，请勿进入污染区域并请示主管	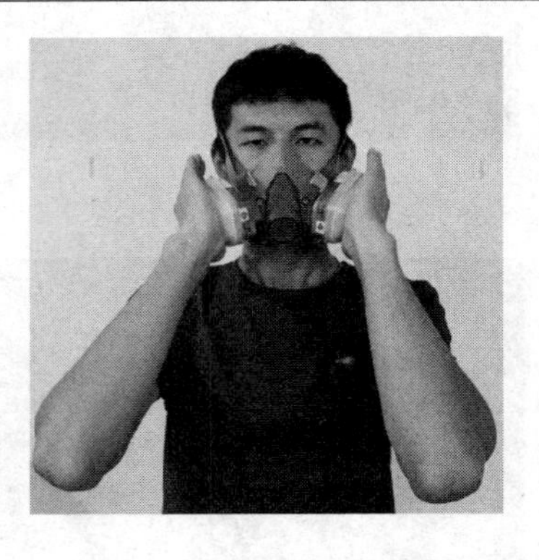 ⑥ 负压密闭性检测：使用者将手掌盖住滤毒盒表面（滤棉使用者拇指抵住滤棉的中心部分），轻轻吸气，面罩应有轻微的塌陷，并向脸部靠拢。如果感觉气体从面部及面罩间漏进，请重新调整面罩位置并调节头带的松紧度，以达到密合良好。如果面罩不能与面部密合良好，请勿进入污染的区域

5. 正确穿戴化学防护服

化学防护服的使用见表 1-12。

表 1-12 化学防护服的使用

<table>
<tr><td rowspan="3">① 使用前检查</td><td>全面检查防化服有无破损及漏气</td><td rowspan="3">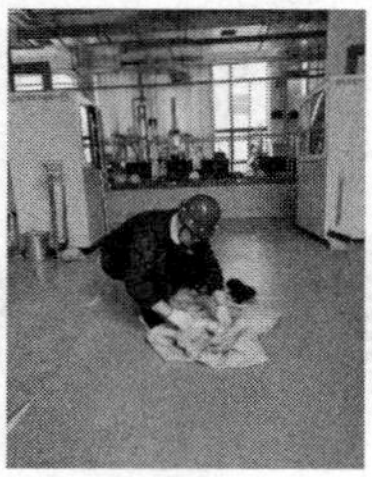</td><td rowspan="5">③ 防化服的脱卸</td><td>清洗与消毒（避免人体及环境受到危害及污染）</td><td rowspan="3"></td></tr>
<tr><td>检查拉链（或者其他连接方式）是否正常</td><td>松开颈扣，松开胸襟</td></tr>
<tr><td>将携带的可能造成防化服损坏的物品去除</td><td>松开腰带</td></tr>
<tr><td rowspan="5">② 防化服穿戴</td><td>将防化服展开，将所有关闭口打开，头罩朝向自己，开口向上</td><td>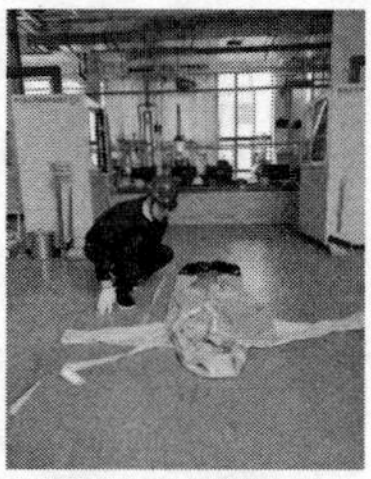</td><td>按上衣、袖子、裤腿、鞋子的顺序先后脱下</td><td rowspan="2"></td></tr>
<tr><td>撑开防化服的颈口，胸襟，两腿先后伸进裤内，处理好裤腿与鞋子</td><td></td><td>将防护服内表面朝外，安置防护服，脱卸过程中，身体其他部位不能接触防化服外表面</td></tr>
<tr><td>将防化服从臀部以上拉起，穿好上衣，腿部尽量伸展</td><td></td><td rowspan="3">④ 现场清理</td><td rowspan="3">将防化服放回工具箱</td><td rowspan="3"></td></tr>
<tr><td>将腰带系好，要求舒适自然</td><td></td></tr>
<tr><td>扎好胸襟，系好颈扣，要求舒适自然</td><td></td></tr>
</table>

任务二 选用作业工具和管路备件

学习目标

1. 能力目标

（1）能够正确选择和使用工具进行化工装置检修。

（2）能够选择合适的紧固件、垫片等备件替换化工管路中损坏的管件。

2. 素质目标

（1）通过规范学生的着装、现场卫生、工具使用等，培养学生的安全意识和文明操作意识。

（2）通过信息收集、小组讨论、练习、考核等教学活动，培养学生的语言表达能力、团队协作意识和吃苦耐劳的精神。

3. 知识目标

（1）掌握化工检修中常见扳手、撬杠等工具的用途及使用方法。

（2）掌握化工管路系统中常见紧固件、垫片等备件的种类、结构及用途。

任务描述

某公司员工小李是精馏生产车间的一名设备技术员，为保证化工生产装置检维修质量，避免损坏设备，防止事故发生，要求小李熟知车间工具柜（图 1-32）中作业工具和管路备件的种类、结构及用途，并能正确选用。

图 1-32　检修作业工具柜

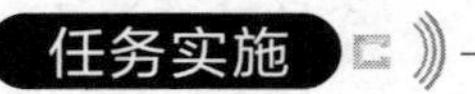

子任务一　作业工具的选用

一、扳手选用

1. 活扳手选用

（1）认识活扳手　活扳手又称为通用扳手，它是由扳手体、固定钳口、调节钳口及调节螺杆等组成的，如图 1-33 所示。

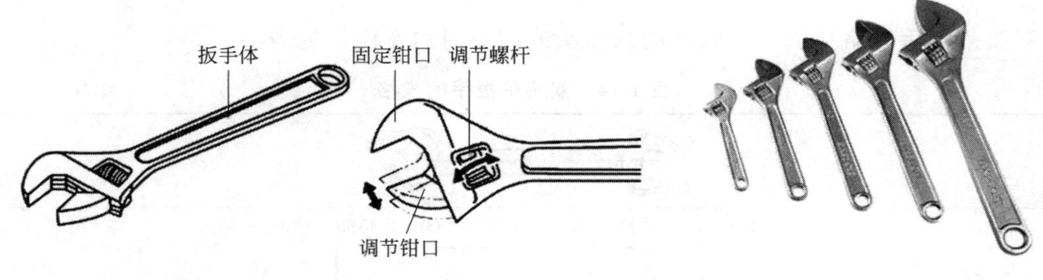

图 1-33　活扳手

活扳手开度可自由调节，适用于形状不规则的螺栓或螺母。规格用扳手的长度及开口尺寸的大小来表示，如表 1-13 所示，但一般习惯上都以扳手长度作为它的规格。防爆用活扳手用于易燃、易爆场合中拆卸、紧固螺钉、螺栓，材质主要有铍青铜、铝青铜等铜合金。

表 1-13　活扳手的规格　　单位：mm

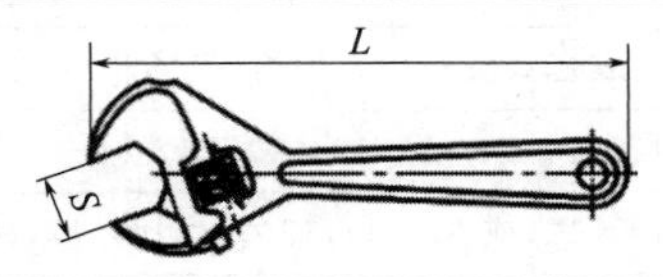	
普通活扳手（摘自 GB/T 4440—2008）	100、150、200、250、300、375、450、600
防爆用活扳手（摘自 QB/T 2613.8—2005）	100、150、200、250、300、375、400

（2）活扳手的使用

① 应让固定钳口处受主要作用力，如图 1-34 所示，否则扳手易损坏。钳口的开度应适合螺母对边间距的尺寸，否则会损坏螺母。不同规格的螺母（或螺钉），应选用相应规格的活扳手。

② 扳手手柄不可任意接长，以免旋紧力矩过大而损坏扳手或螺钉，不准加套管或锤击。

③ 禁止当锤子使用。

④ 活扳手的工作效率不高，活动钳口容易歪斜，往往会损坏螺母或螺钉的头部表面。

2. 双头呆扳手选用

（1）认知双头呆扳手　双头呆扳手用以紧固或拆卸六角头或方头螺栓（螺母），如图 1-35

所示。双头呆扳手由于两端开口宽度不同，每把扳手可适用两种规格的六角头或方头螺栓。

图 1-34　活扳手受力图

图 1-35　双头呆扳手

双头呆扳手规格指适用的螺栓的六角头或方头对边宽度，见表 1-14。

表 1-14　双头呆扳手的规格　　单位：mm

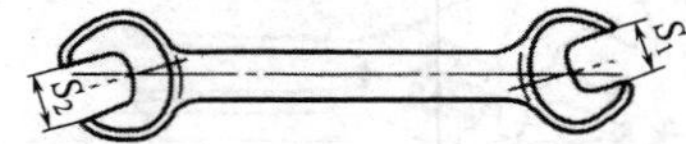

单件双头呆扳手规格($S_1 \times S_2$)(摘自 GB/T 4388—2008)					
3.2×4	4×5	5×5.5	5.5×7	(6×7)	7×8
(8×9)	8×10	(9×11)	10×11	(10×12)	10×13
11×13	(12×13)	(12×14)	(13×14)	13×16	13×16
(13×17)	(14×15)	(14×16)	(14×17)	15×16	(15×18)
(16×17)	16×18	(17×19)	(18×19)	18×21	(19×22)
19×24	(20×22)	(21×22)	(21×23)	21×24	22×24
(24×26)	24×27	(24×30)	(25×28)	(27×29)	27×30
(27×32)	(30×32)	30×34	(30×36)	(32×34)	(32×36)
34×36	36×41	41×46	46×50	50×55	55×60
60×65	65×70	70×75	75×80		

成套双头呆扳手规格(市场产品)	
6 件套	5.5×7(或 6×7),8×10,12×14,14×17,17×19,22×24
8 件套	5.5×7(或 6×7),8×10,10×12(或 9×11),12×14,14×17,17×19,19×22,22×24
10 件套	5.5×7(或 6×7),8×10,10×12(或 9×11),12×14,14×17,17×19,19×22,22×24,24×27,30×32
新 5 件套	5.5×7,8×10,13×16,18×21,24×27
新 6 件套	5.5×7,8×10,13×16,18×21,24×27,30×34

防爆用双头呆扳手规格(摘自 QB/T 2613.1—2003)									
5.5×7	6×7	7×8	8×9	8×10	9×11	10×11	10×12	10×13	11×13
12×13	12×14	13×14	13×15	13×16	13×17	14×15	14×16	14×17	
15×16	15×18	16×17	16×18	17×19	18×19	18×21	19×22	20×22	
21×22	21×23	21×24	22×24	24×27	24×30	25×28	27×30	27×32	
30×32	30×34	32×34	32×36	34×36	36×41	41×46	46×50	50×55	
60×65	65×70	70×75	75×80						

注：带括号的对边尺寸组配为非优选组配。

（2）双头呆扳手的使用

① 用于拧紧或拧松标准规格的螺栓或螺母，使用方法见图 1-36。

② 磨损过度后，禁止使用。

③ 不能当撬棍用，禁止用于敲击。

④ 禁止用水或溶液清洗，用完后用棉纱擦拭。

⑤ 不准任意在扳手上加套管或用于锤击，以免损坏扳手或螺母。

⑥ 不可用于拧紧力矩过大的螺母或螺栓。

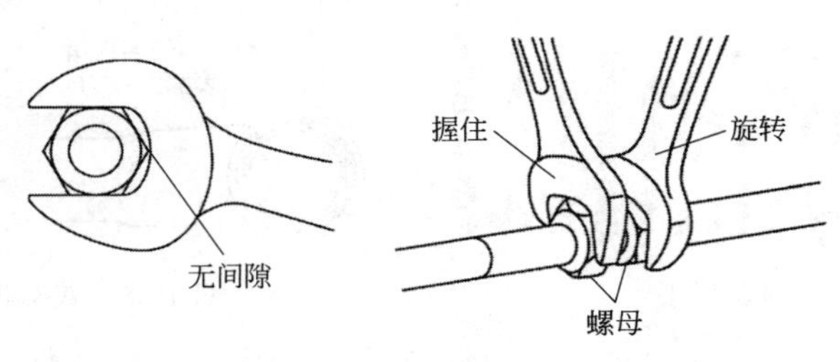

图 1-36　双头呆扳手的使用方法

3. 双头梅花扳手选用

(1) 认识双头梅花扳手　双头梅花扳手两端是环状的，环的内孔由两个正六边形同心错转 30°而成，如图 1-37 所示。使用时，扳动 30°后，即可换位再套，因而特别适用于空间较狭小、位于凹处、不能容纳双头呆扳手的工作场合。与开口扳手相比，梅花扳手承受扭矩大，12 个角的结构能将螺母头部套住，工作时使用安全，不易滑脱，但套上、取下不方便。

双头梅花扳手规格指适用的螺栓的六角头对边宽度，见表 1-15。

表 1-15　双头梅花扳手的规格　　单位：mm

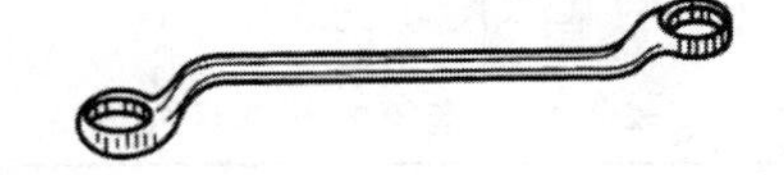

单件双头梅花扳手规格									
单件双头梅花扳手的规格系列为(6×7)～(55×60)mm，与单件双头呆扳手相同，参见表 1-14 双头呆扳手的规格									
成套双头梅花扳手规格(市场产品)									
6 件组	5.5×7(或 6×7),8×10,12×14,14×17,17×19 或(19×22),24×27								
8 件组	6×7,8×10,10×11,12×13,14×15,16×17,18×19,20×22								
10 件组	5.5×7(或 6×7),8×10(或 9×11),10×12,12×14,14×17,17×19,19×22,22×24 或(24×27),27×30,30×32								
12 件组	6×7,8×9,10×11,12×13,14×15,16×17,18×19,20×22,21×23,24×27,25×28,30×32								
防爆用双头梅花扳手规格(摘自 QB/T 2613.5—2003)									
5.5×7 12×13 15×16 21×22 30×32 55×60	6×7 12×14 15×18 21×23 30×34	7×8 13×14 16×17 21×24 32×34	8×9 13×15 16×18 22×24 32×36	8×10 13×16 17×19 24×27 34×36	9×11 13×17 18×19 24×30 36×41	10×11 14×15 18×21 25×28 41×46	10×12 14×16 19×22 27×30 46×50	10×13 14×17 20×22 27×32 50×55	11×13

注：带括号的对边尺寸组配为非优选组配。

(2) 双头梅花扳手的使用

① 适用于拧紧或拧松狭小空间或凹处的螺栓或螺母，见图 1-38。

② 磨损过度后，禁止使用。

③ 不能当撬棍用，禁止用于敲击。

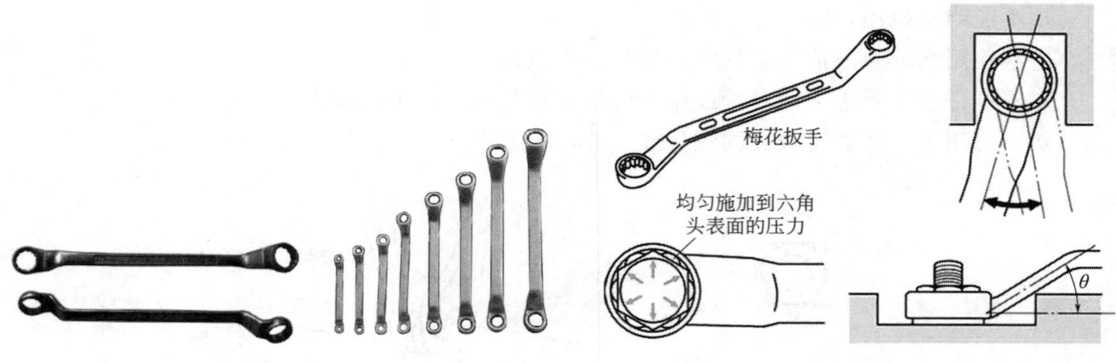

图 1-37　双头梅花扳手　　　　图 1-38　双头梅花扳手的使用

④ 不准任意在扳手上加套管或用于锤击，以免损坏扳手或螺母。

4. 套筒扳手选用

套筒扳手分手动和机动（电动、气动）两种，手动套筒扳手应用较广。套筒扳手由各种套筒、传动附件和连接附件组成，除具有一般扳手紧固或拆卸六角头螺栓、螺母的功能外，还特别适用于工作空间狭小或深凹的场合。套筒扳手一般以成套形式供应，也可以单件形式供应，如图 1-39 所示。

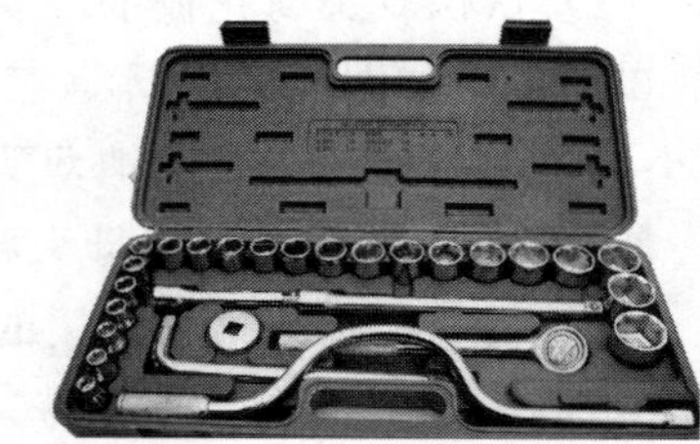

图 1-39　套筒扳手

（1）套筒　套筒按其传动方孔的对边尺寸分为 6.3mm、10mm、12.5mm、20mm 和 25mm 五个系列，其代号分别为 6.3、10、12.5、20 和 25。套筒的基本尺寸见表 1-16。

表 1-16　套筒的基本尺寸

套筒的六角头对边宽度 s（摘自 GB/T 3390.1—2013）	
6.3 系列	3.2,4,4.5,5,5.5,6,7,8,9,10,11,12,13,14,15,16
10 系列	7,8,9,10,11,12,13,14,15,16,17,18,19,21,22,24
12.5 系列	8,9,10,11,12,13,14,15,16,17,18,19,21,22,24,27,30,32,34
20 系列	21,22,24,27,30,32,34,36,41,46,50,55,60
25 系列	41,46,50,55,60,65,70,75,80

（2）连接附件　连接附件分为接头、接杆和万向接头三种类型，其结构见表 1-17。

表 1-17　连接附件的结构

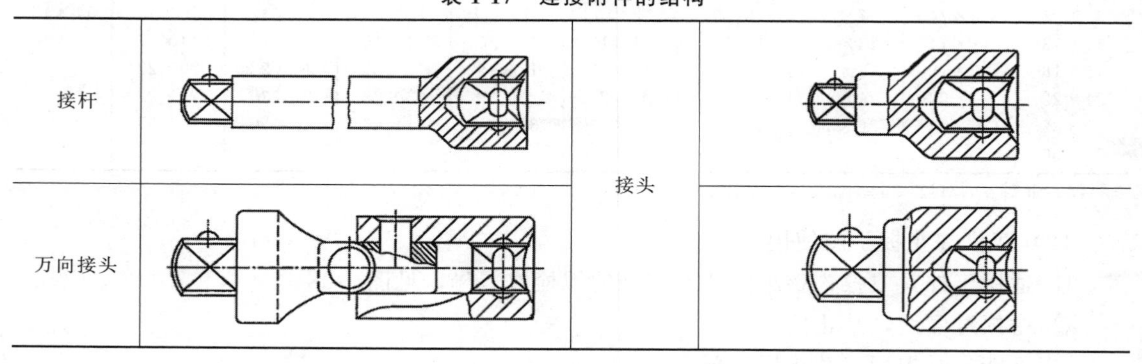

（3）传动附件　传动附件分为旋柄、转向手柄、滑行头手柄、弯柄、快速摇柄、棘轮扳手、可逆式棘轮扳手七种类型，结构见表 1-18。

表 1-18　传动附件结构

传动附件结构(摘自 GBT 3390.3—2013)			
名称	图例	名称	图例
滑行头手柄		旋柄	
快速摇柄		转向手柄	
棘轮扳手		弯柄	
可逆式棘轮扳手			

传动方榫和传动方孔的对边尺寸 s 分为 6.3mm、10mm、12.5mm、20mm 和 25mm 五个系列，其代号分别为 6.3、10、12.5、20 和 25（摘自 GB/T 3390.2—2013）。

使用时，根据螺栓、螺母的规格选择合适大小的套筒，将传动附件的传动方榫与套筒的传动方孔连接，转动手柄即可，连接附件可根据实际情况选用，见图 1-40。

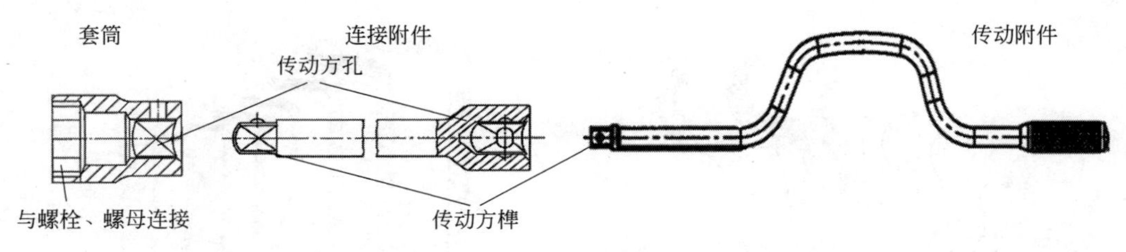

图 1-40　套筒扳手的连接简图

5. 棘轮扳手选用

棘轮扳手适用于在旋转角度较小的工作场合使用。工作时，正转手柄，棘爪在弹簧的作用下，进入棘轮的缺口内，推动棘轮旋转，套筒便跟着转动；当反向转动手柄时，棘爪在斜面的作用下，从棘轮的缺口内退出来打滑，因而螺母不会随着反转，因此棘轮扳手可连续工作，效率明显提高，见图 1-41。可逆式棘轮扳手又称为双向棘轮扳手，通过换向装置，实现逆向拧紧或松动螺栓、螺母，见图 1-42。棘轮扳手需与方榫尺寸相应的直接头配合使用。

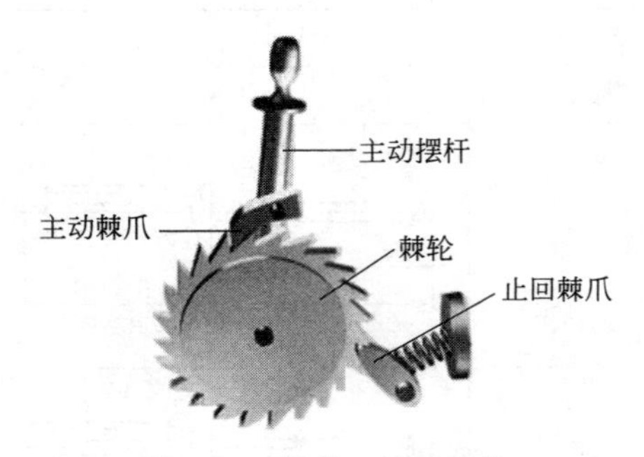

图 1-41　棘轮、棘爪结构

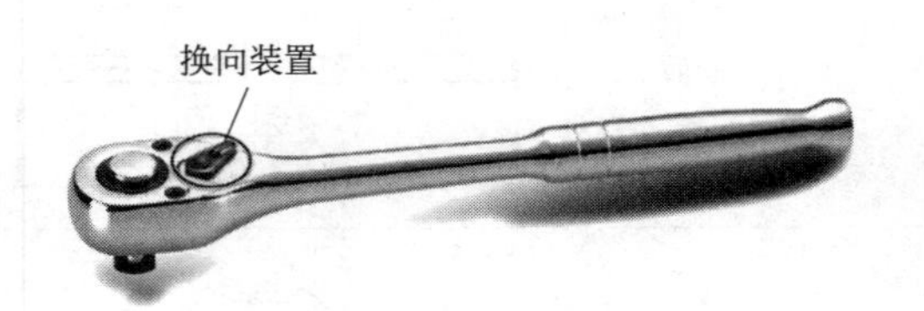

图 1-42　可逆式棘轮扳手

6. 钩形扳手选用

钩形扳手专门用于紧固或拆卸机械设备上的圆螺母，见图 1-43。钩形扳手的尺寸见表 1-19。

表 1-19　钩形扳手的尺寸（摘自 JB/ZQ 4624—2006）　　单位：mm

螺母外径	长度 l	螺母外径	长度 l	螺母外径	长度 l	螺母外径	长度 l
12～14	100	40～42	150	110～115	280	260～270	460
16～18		45～50	180	120～130		280～300	550
18～20		52～55		135～145	320	300～320	
20～22		58～62	210	155～165		320～345	
25～28	120	68～75		180～195	380	350～375	585
30～32		80～90	240	205～220		380～400	620
34～36	150	95～100		230～245	460	480～50	800

7. 内六角扳手选用

内六角扳手用于紧固或拆卸内六角螺钉，这种扳手是成套的，如图 1-44 所示。内六角扳手的基本尺寸见表 1-20。

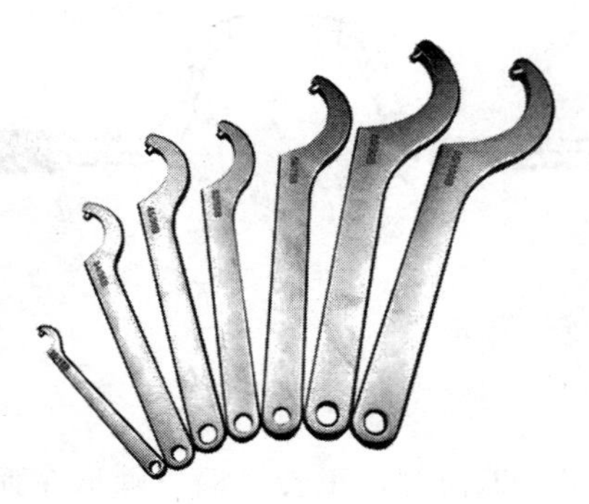

图 1-43　钩形扳手

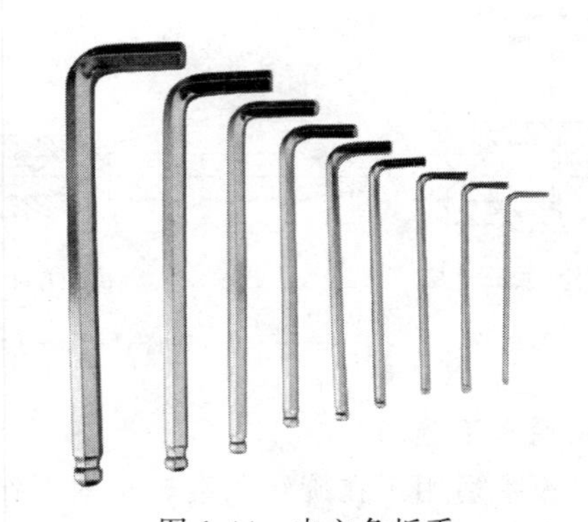

图 1-44　内六角扳手

表 1-20　内六角扳手的基本尺寸　　单位：mm

对边尺寸 s(摘自 GB/T 5356—2008)			
0.7	0.9	1.3	1.5
2	2.5	3	3.5
4	4.5	5	6
7	8	9	10
11	12	13	14
15	16	17	18
19	21	22	23
24	27	29	30
32	36		

8. 扭力扳手选用

扭力扳手配合套筒紧固六角头螺栓、螺母，在扭紧时可表示出扭矩数值。凡是对螺栓、螺母的扭矩有明确规定的装配工作（如高压压力容器的紧固螺栓），常使用这种扳手。指示式扭力扳手以指针、刻度或电子显示的方式，显示输出扭矩，见图 1-45。预置式扭力扳手可事先设定（预置）扭矩值，操作时施加扭矩超过设定值，扳手即产生打滑现象，并显示声音、视觉等可感知信号，保证螺栓（母）上承受的扭矩不超过设定值，见图 1-46。扭力扳手传动方榫的对边尺寸应按表 1-21 规定的最大扭矩值选择。

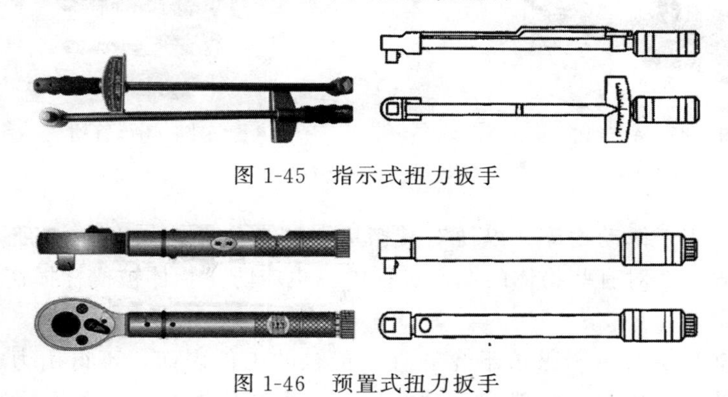

图 1-45　指示式扭力扳手

图 1-46　预置式扭力扳手

表 1-21　传动方榫的对边尺寸（摘自 GB/T 15729—2008）

最大扭矩/(N·m)	传动方榫对边尺寸/mm
30	6.3
135	10
340	12.5
1000	20
2100	25

二、其他工具选用

1. 钢丝钳选用

钢丝钳又称为老虎钳，用于夹持或弯折薄片形、圆柱形金属零件及切断金属丝，其刃口也可用于切断细金属丝，分为柄部不带塑料套（表面发黑或镀铬）和带塑料套两种，见图 1-47。市场上钢丝钳的规格有 140mm、160mm、180mm、200mm、220mm、250mm 几种。

2. 管钳选用

管钳主要用来夹持或旋松、拧紧螺纹连接的管子及配件，是化工管路安装与修理工作中的常用工具，见图 1-48。钳口上有齿，以便拧紧调节螺母时咬牢管子，防止打滑。管钳的规格见表 1-22。

表 1-22　管钳的基本尺寸（QB/T 2508—2016）　　单位：mm

规格	全长/min	最大有效夹持直径 d	规格	全长/min	最大有效夹持直径 d
200	200	27	450	450	60
250	250	33	600	600	73
300	300	42	900	900	102
350	350	48	1200	1200	141

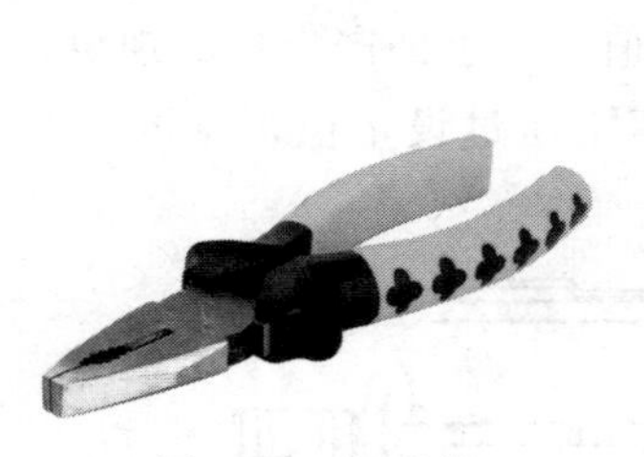

图 1-47　钢丝钳

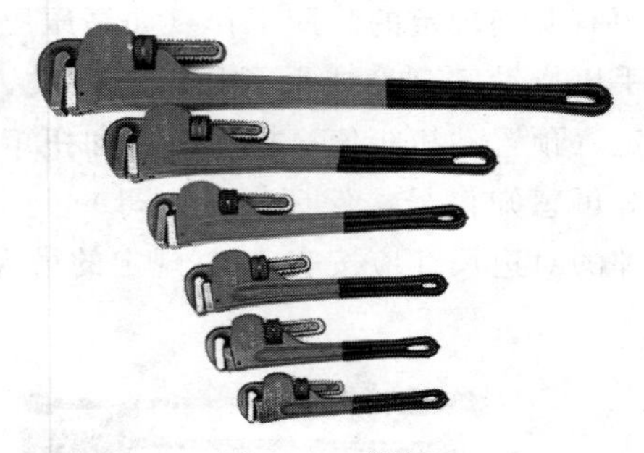

图 1-48　管钳

3. 撬杠选用

撬杠（撬棍）用于撬动物体，以便对其搬运或调整位置，如图 1-49 所示。使用时，撬杠的支承点应稳固，在对有些物体的撬动过程中，也应防止物体被撬杠损伤。

4. 铜棒选用

铜棒（图 1-50）主要用于敲击不允许直接接触的工件表面，不得用力太大，如离心泵轴上零部件的拆装。使用时，一般和手锤共用，一手握住铜棒，一手用手锤锤击铜棒另一端。铜棒不可代替锤子和撬棍使用。铜棒比钢要软，敲击过程中，铜棒会首先受损，所以能够很好地保护被敲击件。

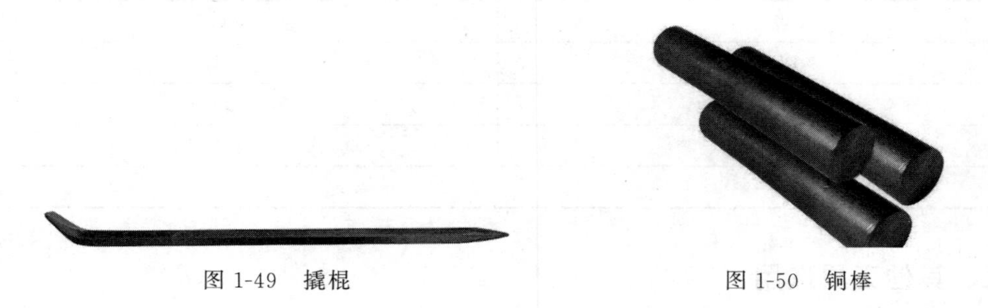

图 1-49　撬棍　　图 1-50　铜棒

5. 八角锤（手锤）选用

手锤是拆卸与装配工作中用来敲击工件和整形的重要工具，由锤头和木柄两部分组成，如图 1-51 所示。锤击前应检查锤头是否松动，有无裂纹；锤击时用力要适当，握锤柄的手严禁戴手套，手握的位置要正确，以防锤柄挂住衣袖。八角锤的规格有 0.9kg、1.4kg、1.8kg、2.7kg、3.6kg、4.5kg、5.4kg、6.3kg、7.2kg、8.1kg、9.0kg、10.0kg、11.0kg 几种。

6. 螺钉旋具选用

螺钉旋具又称为螺丝刀、改锥、螺丝起子，是拧紧或旋松带槽螺栓或螺钉的工具，见图 1-52。常见的有一字槽和十字槽螺钉旋具。一字槽螺钉旋具用于紧固或拆卸一字槽螺钉，十字槽螺钉旋具用于紧固或拆卸十字槽螺钉。

图 1-51 八角锤

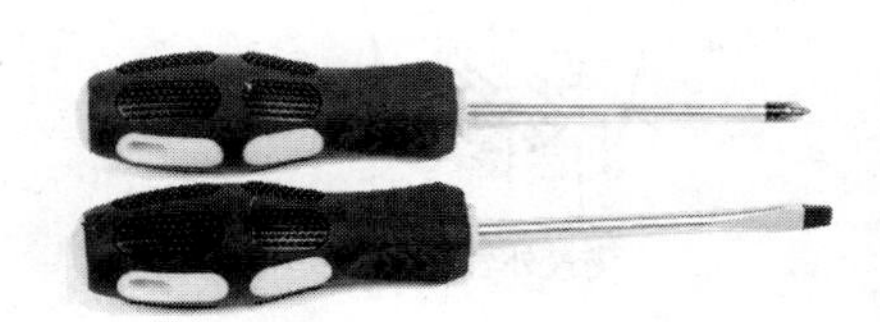

图 1-52 螺钉旋具

7. 游标卡尺选用

游标卡尺是一种比较精密的量具，可以测量出工件的内径、外径、长度和深度等。常见的有机械式、数显式、带表式游标卡尺三种，见图 1-53。游标卡尺按游标精度可分为 0.01mm、0.02mm、0.05mm 和 0.10mm 四个精度等级。按测量尺寸范围有 0～125mm、

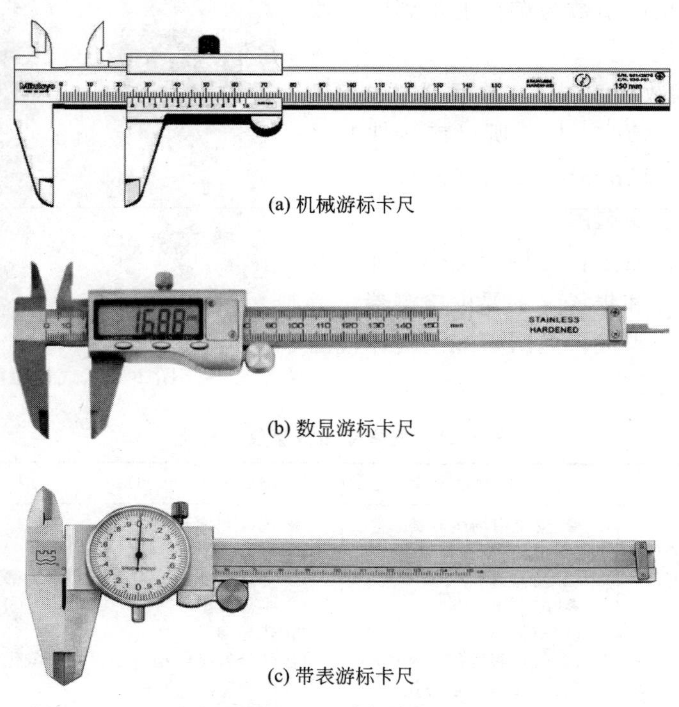

(a) 机械游标卡尺

(b) 数显游标卡尺

(c) 带表游标卡尺

图 1-53 游标卡尺

0～150mm、0～200mm、0～300mm 等多种规格。使用时，要根据零件的精度要求及零件尺寸大小进行选择。游标卡尺的测量范围及基本参数参见 GB/T 21389—2008《游标、带表和数显卡尺》。

游标卡尺读数＝主尺读数（mm）＋游标尺读数（mm）。下面以精度为 0.02mm 的机械游标卡尺为例解释游标卡尺的读数方法，见图 1-54。

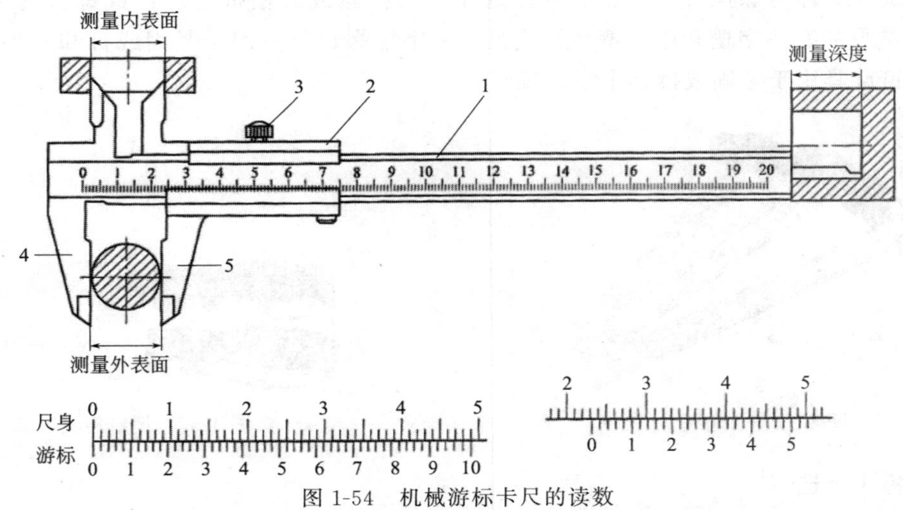

图 1-54 机械游标卡尺的读数

1—尺身；2—游标；3—止动螺钉；4—固定卡爪；5—活动卡爪

测量读数时，先在尺身上读出最大的整数（mm），然后在游标上找到与尺身刻度线对齐的刻线，并数清格数，用格数乘 0.02mm 得到小数，将尺身上读出的整数与游标上得到的小数相加就得到测量的尺寸。

图 1-54 尺身读数为 23mm，游标刻度线与尺身刻度线对齐的格数为 12 格，所以该零件的尺寸为 23mm＋12×0.02mm＝23.24mm。

8. 气体检测报警仪选用

气体检测报警仪用于作业场所可燃气体、有毒气体和氧气的检测和报警，主要由检测器、指示器和报警器三部分组成，见图 1-55。气体检测报警仪的分类见表 1-23。

图 1-55 气体检测报警仪

表 1-23 气体检测报警仪的分类

气体检测报警仪的分类（摘自 GB 12358—2006）			
◆ 按检测对象分类	◆ 按使用场所分类	◆ 按检测原理分类	(2)有毒气体检测报警仪
(1)可燃气体检测报警仪	(1)非防爆型	(1)可燃气体检测仪	① 电化学型
(2)有毒气体检测报警仪	(2)防爆型	① 催化燃烧型	② 半导体型
(3)氧气检测报警仪	◆ 按功能分类	② 半导体型	③ 光电离子(PID)
◆ 按使用方式分类	(1)气体检测仪	③ 热导型	(3)氧气检测报警仪：有电化学型等
(1)便携式	(2)气体报警仪	④ 红外线吸收型	
(2)固定式	(3)气体检测报警仪		

在确定了场所被测气体的种类后，可大体依照表1-24选用气体检测报警仪。

表 1-24 气体检测报警仪的选用

检测对象	检测仪类型	适用的场所
氧气	电化学型测氧仪	任何工作场所
可燃气体	催化燃烧式可燃气体检测仪	空间氧含量≥19.5%(体积分数)，无催化元件中毒的工作场所
	红外式可燃气体检测仪	任何工作场所(无检测响应的可燃气体除外)
	便携式FID或PID气相色谱仪	任何工作场所
无机有毒气体	电化学型有毒气体检测仪	存在CO、H_2S、Cl_2、HCl、NH_3、SO_2、NO、HCN等工作场所
	光离子化有毒气体检测仪	存在CS_2、Br_2、As、Se、I_2等工作场所
有机有毒气体	光离子化有毒气体检测仪	存在芳香烃类、醇类、酮类、卤代烃、不饱和烃和硫代烃等工作场所
	FID有毒气体检测仪	存在烃类化学物质的工作场所
多种混合气体	多种气体复合式检测仪	同时存在可燃气、两三种有毒气体和氧气的工作场所
	MOS气体检测仪	存在能够检测的某些可燃气体或有毒气体的场所
	便携式FID或PID气相色谱仪	同时存在多种可燃气体和有毒气体的工作场所
多种有毒气体	比长式气体检测管	有毒气体的检测精度要求较低的场所

注：FID是指氢火焰离子化。MOS是指电阻型金属氧化物半导体。

9. 脚手架使用

脚手架是为了保证各施工过程顺利进行而搭设的工作平台，如图1-56所示。高处作业使用的脚手架必须能够承受住上面作业人员、材料等的重量。禁止在脚手架和脚手板上放置任何超过计算荷重的材料。一般脚手架的荷重不得超过270kg/m²。脚手架使用前，应经有关人员检查验收，验收合格后方可使用。

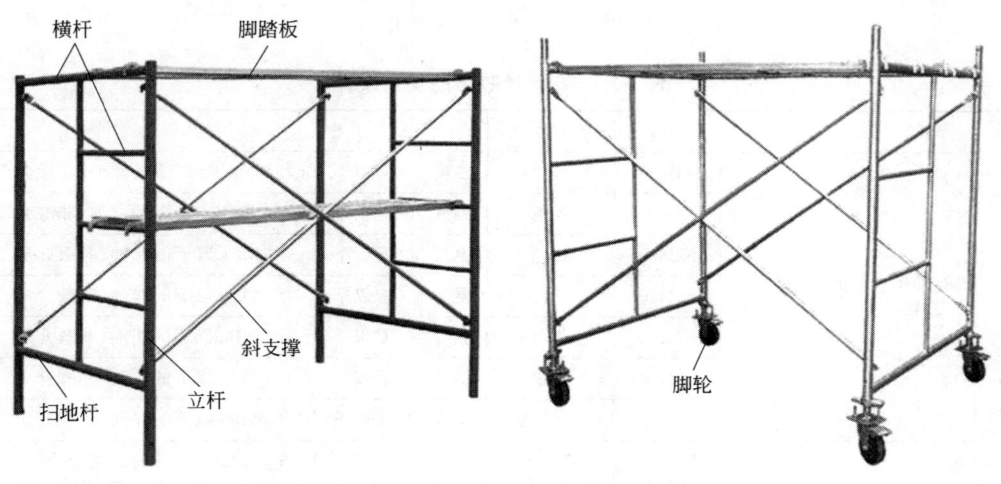

图1-56 脚手架

脚手架的安全使用注意事项有：

① 登高作业前，确保脚手架各部分连接牢固。

② 作业人员应穿戴安全鞋、安全帽等防护用品登高作业。

③ 在进行撬、拉、推等操作时，要注意采取正确的姿势，站稳脚跟，或一手把持在稳

固的结构或支持物上，以免用力过猛身体失去平衡或把东西甩出。

④ 作业人员应佩戴工具袋，工具用完后要装于袋中，不要放在脚手架上，以免掉落伤人。

⑤ 收工以前，所有上架物品应全部清理，不要遗留在脚手架上。

⑥ 带脚轮的脚手架，锁死脚轮后方可登高作业。

⑦ 脚手架上作业的过程中，地面人员要预防高空坠物的伤害，做好防护。

子任务二　管路备件的选用

一、垫片选用

1. 认识石棉橡胶垫片

钢制管法兰用石棉橡胶垫片由石棉橡胶板和耐油石棉橡胶板制作而成，见图 1-57。石棉橡胶垫的使用条件如表 1-25 所示。

图 1-57　石棉橡胶垫片

表 1-25　石棉橡胶垫的使用条件

类别	名称	标准	牌号	表面颜色	适用范围
石棉橡胶垫	石棉橡胶板	摘自 GB/T 3985—2008	XB150	灰色	温度 150℃以下，压力 0.8MPa 以下的非油、非酸介质
			XB200	灰色	温度 200℃以下，压力 1.5MPa 以下的非油、非酸介质
			XB300	红色	温度 300℃以下，压力 3MPa 以下的非油、非酸介质
			XB350	红色	温度 350℃以下，压力 4MPa 以下的非油、非酸介质
			XB400	紫色	温度 400℃以下，压力 5MPa 以下的非油、非酸介质
			XB450	紫色	温度 450℃以下，压力 6MPa 以下的非油、非酸介质
			XB510	墨绿色	温度 510℃以下，压力 7MPa 以下的非油、非酸介质
	耐油石棉橡胶板	摘自 GB/T 539—2008	NY150	暗红色	温度 150℃以下，压力 1.5MPa 以下的油类介质
			NY250	绿色	温度 250℃以下，压力 2.5MPa 以下的油类介质
			NY300	蓝色	温度 300℃以下，压力 3MPa 以下的油类介质
			NY400	灰褐色	温度 400℃以下，压力 4MPa 以下的油类介质
			NY510	草绿色	温度 510℃以下，压力 5MPa 以下的油类介质

石棉橡胶有适宜的强度，具有弹性、柔软性、耐热性等性能，用它制作垫片，价格便

宜，制作又方便。但石棉橡胶垫片有以下缺点。

① 石棉垫片的材料即使加入了橡胶和一些填充剂，仍无法将那些串通的微小孔隙完全填满，存在微量渗透，故在污染性极强的介质中，即使压力、温度不高也不能使用，使用范围存在局限性。

② 石棉橡胶在高温下会黏结在法兰密封面上，增加了更换垫片的困难。

③ 高温油类介质，通常在使用后期，会由于橡胶和填充剂碳化，使强度降低，材质变疏松，在界面和垫片内部产生渗透，并出现结焦和发烟现象。

④ 石棉是公认的致癌物质，已有不少国家将其列入禁用范围。

⑤ 石棉橡胶板含有氯离子和硫化物，吸水后容易与金属法兰形成腐蚀原电池，尤其是耐油石棉橡胶板中硫黄含量高出普通石棉橡胶板几倍，故耐油石棉垫片在非油性介质中不宜使用。

2. 认识橡胶垫片

钢制管法兰用橡胶垫片的材料主要有天然橡胶、丁腈橡胶、氯丁橡胶等，见图 1-58。橡胶垫片的使用条件如表 1-26 所示。

图 1-58 橡胶垫片

表 1-26 橡胶垫片的使用条件（摘自 HG/T 20606—2009）

类别	名称	代号	适用范围		最大($p\times T$)/(MPa×℃)
			公称压力 PN	工作温度/℃	
橡胶	天然橡胶	NR	≤16	−50～+80	60
	氯丁橡胶	CR	≤16	−20～+100	60
	丁腈橡胶	NBR	≤16	−20～+110	60
	丁苯橡胶	SBR	≤16	−20～+90	60
	三元乙丙橡胶	EPDM	≤16	−30～+140	90
	氟橡胶	FKM	≤16	−20～+200	90

橡胶垫片致密性好，透气率低，具有耐油、耐酸碱、耐寒热、耐老化等性能，可直接切割成各种形状的密封垫片，广泛应用于医药、化工、食品等行业，适用条件如下。

① 天然橡胶能耐受多数无机酸、碱和盐、有机醇类和部分有机酸及其他含氧衍生物。但不适用于烃类、矿物油和强氧化剂。

② 氯丁橡胶耐油脂、矿油和烃类溶剂较好，耐酸碱性、气密性亦较好，但在有氨存在时不宜使用。

③ 丁腈橡胶耐油性好，能耐烃类气体、链烃及低芳烃（30%以下）石油系溶剂，但不耐极性的醇类、酯类。

④ 丁苯橡胶能耐甲酸、乙酸、糠醛等有机物，在65℃以下也可以耐干、湿气的腐蚀。

⑤ 乙丙橡胶对醇类、酮类及酯类等强极性溶剂，无机盐、盐酸及强碱溶液都有很高的耐受能力。不耐浓硫酸和硝酸；对乙酸和冰乙酸只能在室温下使用，不耐矿物油。

⑥ 氟橡胶具有优异的耐高温、耐氧化、耐油和耐化学品性能，耐酸性能极优。

非金属垫片（包括石棉橡胶垫片和橡胶垫片）适用的法兰密封面形式有全平面（代号为FF）、突面（代号为RF）、凹凸面（代号为MF）、榫槽面（代号为TG）4种，见表1-27。

表1-27 非金属垫片适用法兰密封面形式

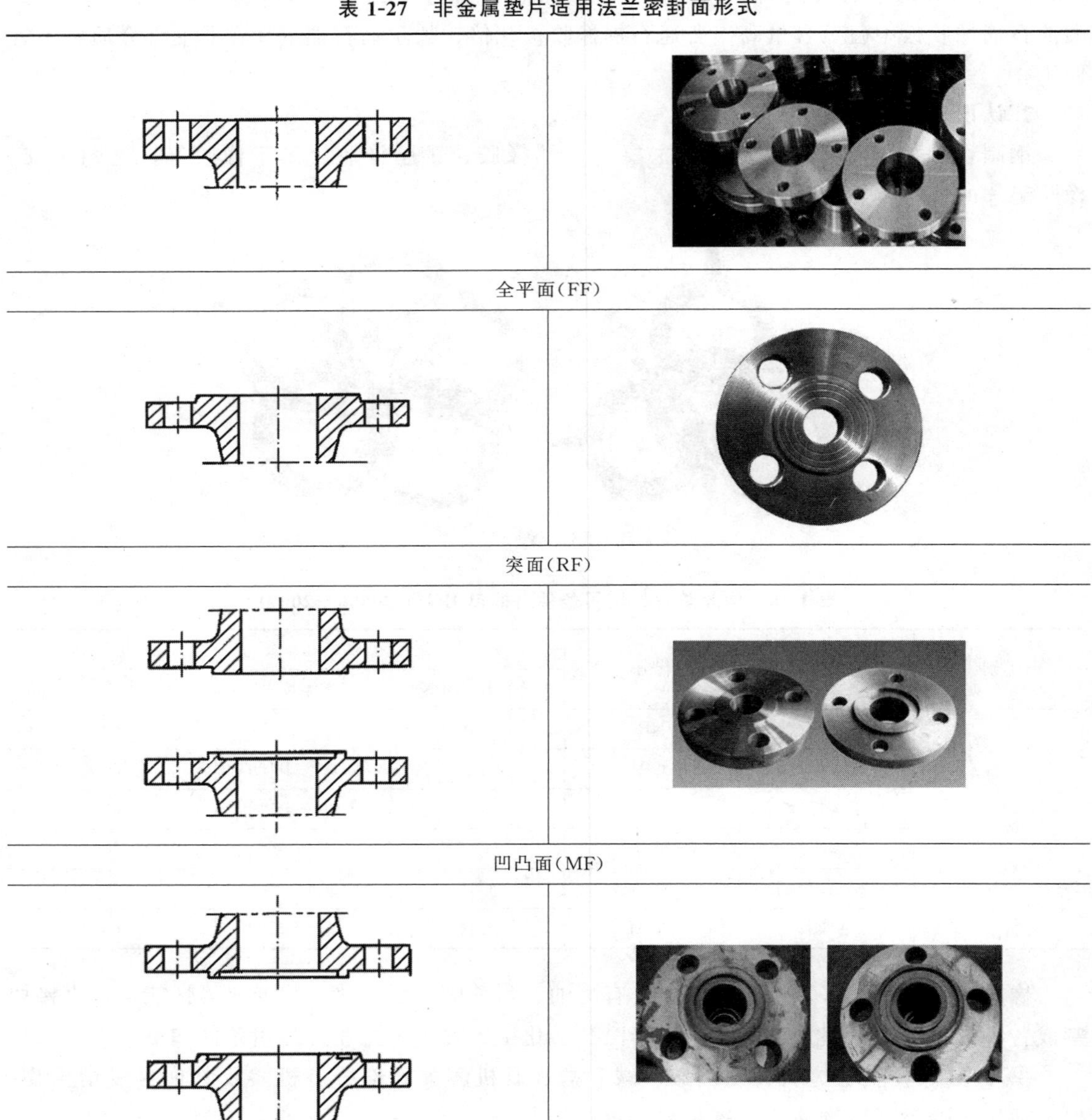

3. 认识金属缠绕垫片

金属缠绕垫片采用优质金属带与温石棉、柔性石墨、聚四氟乙烯、非石棉纤维等软性材料相互重叠螺旋缠绕而成，在开始及末端用点焊方式将金属带固定，见图 1-59。

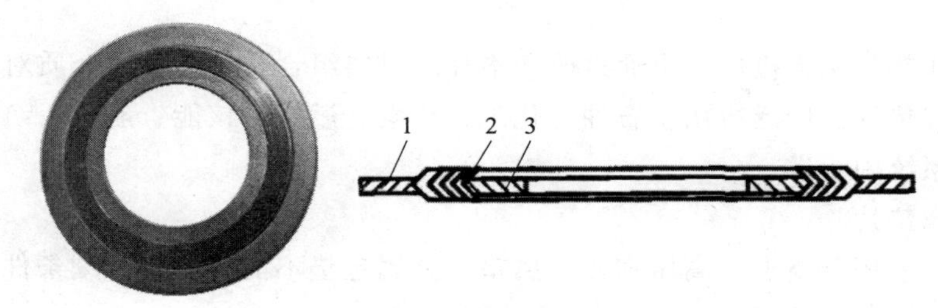

图 1-59 金属缠绕垫片
1—外环；2—密封环；3—内环

金属缠绕垫片有基本型、带内环型、带对中环型、带内环和对中环型四种，见表 1-28。加内环可阻止由于过度紧固造成的垫片压损，减小法兰之间的间隙，限制流体涡流对垫片的侵蚀，加外环有利于安装时垫片的定位。加内、外环的缠绕垫片增强了对压力和温度变化的适应能力，二次紧固的必要性也大大减少。

表 1-28 金属缠绕垫片的类型（摘自 HG/T 20610—2009）

类型	代号	断面形状	适用法兰密封面型式
基本型	A		榫面/槽面
带内环型	B		凹面/凸面
带对中环型	C		突面
带内环和对中环型	D		突面

注：突面也适用于全平面的法兰密封面。

金属缠绕垫片适用的公称压力为：PN16、PN25、PN40、PN63、PN100、PN160。

金属缠绕垫片适用的温度范围见表 1-29。

表 1-29 金属缠绕垫片的温度适用范围（摘自 HG/T 20610—2009）

金属带材料		填充材料		使用温度范围/℃
钢号	标准	名称	参考标准	
0Cr18Ni9(304)	GB/T 3280	温石棉带	JC/T 69	－100～＋300
00Cr19Ni10(304L)		柔性石墨带	JB/T 7758.2	－200～＋650
0Cr17Ni12Mo2(316)		聚四氟乙烯带	QB/T 3628	－200～＋200
00Cr17Ni14Mo2(316L)		非石棉纤维带	—	－100～＋250

缠绕式垫片的特点如下。

① 压缩、回弹性能好。

② 具有多道密封和一定的自紧功能。

③ 对法兰压紧密封表面的缺陷不太敏感，且不黏结法兰密封表面。

④ 容易对中，拆装便捷。

⑤ 可部分消除压力、温度变化和机械振动的影响。

⑥ 能在高温、低温、高真空、冲击振动等循环交变的各种苛刻条件下，保持优良的密封性能。

金属缠绕式垫片用途极广，可通过改变垫片的材料组合，解决各种介质对垫片的腐蚀问题，目前缠绕式垫片已广泛应用于石油、化工、热电、燃气、核能、航天、纺织、制药等诸多行业的管道系统中。

4. 认识金属垫片

金属垫片一般用于高温、高压和非金属垫、金属包垫不能胜任的苛刻条件。金属垫片主要指八角垫和椭圆垫，见图 1-60。

(a) 八角垫

(b) 椭圆垫

图 1-60　八角垫和椭圆垫

金属垫片根据介质的温度和物性，可选用软钢、纯铁、不锈钢等材料。金属垫片适用的温度范围见表 1-30。

表 1-30　金属垫片的温度适用范围（摘自 HG/T 20612—2009）

金属环形垫材料		最高硬度		代号	最高适用温度/℃
钢号	标准	HBS	HRB		
纯铁	GB/T 6983	90	56	D	540
10	GB/T 699	120	68	S	540
1Cr5Mo	JB 4726	130	72	F5	650
0Cr13		170	86	410S	650
0Cr18Ni9		160	83	304	700
00Cr19Ni10		150	80	304L	450
0Crl7Nil2Mo2	JB 4728 GB/T 1220	160	83	316	700
00Cr17Nil4 Mo2		150	80	316L	450
OCr18NilOTi		160	83	321	700
OCrl8NillNb		160	83	347	700

金属垫片适用的公称压力为：PN63、PN100、PN160。金属垫片适用的法兰密封面形式是环连接面（RJ），如图 1-61 所示。

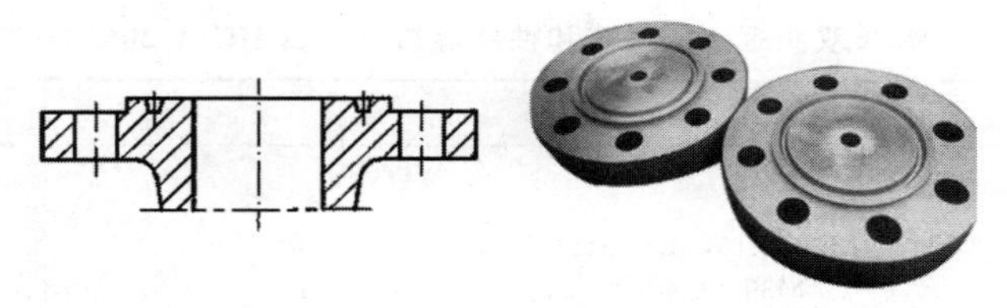

图 1-61　环连接面（RJ）

二、紧固件选用

法兰用的紧固件型式包括六角头螺栓、等长双头螺柱、全螺纹螺柱、Ⅰ型六角螺母和Ⅱ型六角螺母。

1. 认识六角头螺栓

六角头螺栓的型式和尺寸应符合 GB/T 5782（粗牙）和 GB/T 5785（细牙）的要求，端部应采用倒角端，见图 1-62。六角头螺栓的对边尺寸按表 1-31 规定。

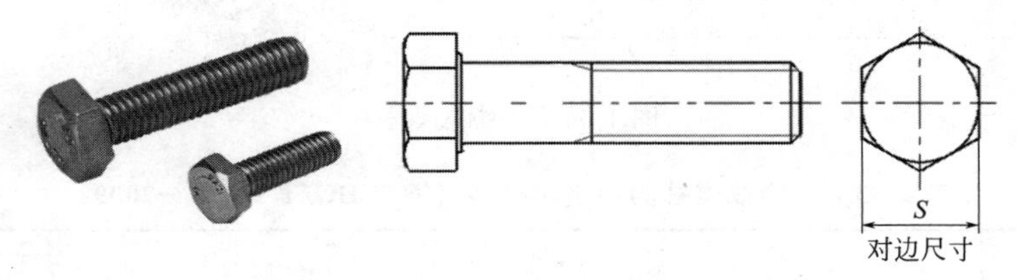

图 1-62　六角头螺栓

表 1-31　六角头螺栓对边尺寸（摘自 GB/T 5782—2016）　　单位：mm

螺纹规格 d	对边尺寸			l 的范围	螺纹规格 d	对边尺寸			l 的范围
	公称 max	A 级 min	B 级 min			公称 max	A 级 min	B 级 min	
M10	16.00	15.73	15.57	45～100	(M22)	34.00	33.38	33.00	90～220
M12	18.00	17.73	17.57	50～120	M24	36.00	35.38	35.00	90～240
(M14)	21.00	20.67	20.16	60～140	(M27)	41		40	100～260
M16	24.00	23.67	23.16	65～160	M30	46		45	110～300
(M18)	27.00	26.67	26.16	70～180	(M33)	50		49	130～320
M20	30.00	29.67	29.16	80～200					

2. 认识等长双头螺柱

等长双头螺柱的型式和尺寸符合 GB/T 901 的要求，螺柱的两端应采用倒角端，见图 1-63。等长双头螺柱的规格和性能等级按表 1-32 的规定。

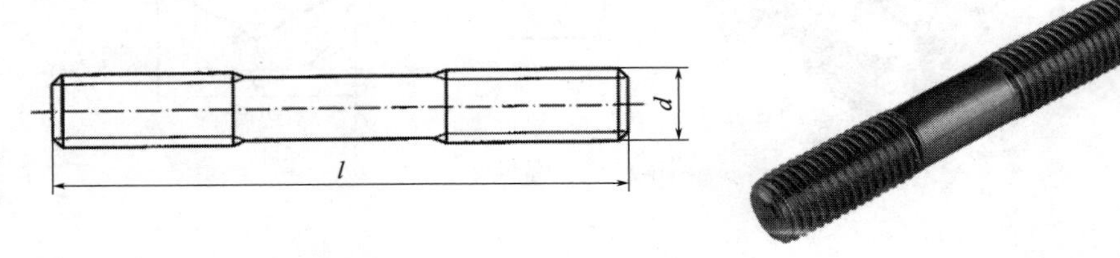

图 1-63　等长双头螺柱

表 1-32　等长双头螺柱的规格和性能等级（摘自 HG/T 20613—2009）

标准	规格	性能等级(商品级)
GB/T 901	M10，M12，M16，M20，M24，M27，M30，M33，M36×3，M39×3，M45×3，M52×4，M56×4	8.8 A2-50 A2-70 A4-50 A4-70

3. 认识全螺纹螺柱

管法兰用全螺纹螺柱的螺纹尺寸和公差以及两端部倒角等要求按 GB/T 901 的规定，见图 1-64。全螺纹螺柱的规格和材料按表 1-33 的规定。

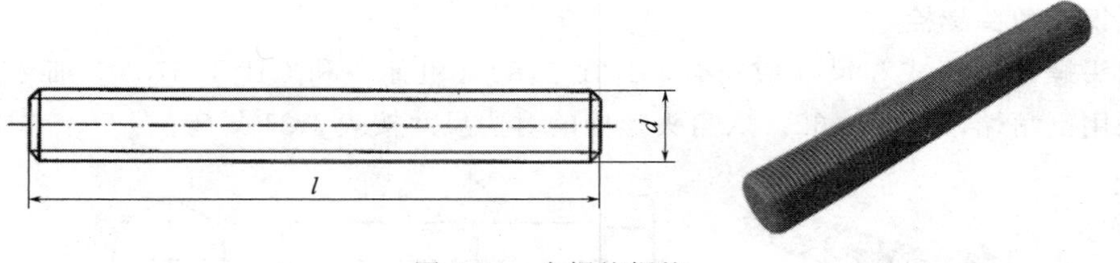

图 1-64　全螺纹螺柱

表 1-33　全螺纹螺柱的规格和材料（摘自 HG/T 20613—2009）

标准	规格	材料
HG/T 20613 (全螺纹螺柱)	M10，M12，M16，M20，M24，M27，M30，M33，M36×3，M39×3，M45×3，M52×4，M56×4	35CrMo 42CrMo 25Cr2MoV 0Crl8Ni9 0Cr17Ni12Mo2 A193，B8 Cl. 2 A193，B8M Cl. 2 A320，L7 A453，660

4. 认识螺母

螺母是与六角头螺栓、双头螺柱、全螺纹螺柱配合使用的紧固件，见图 1-65。六角螺母的对边尺寸见表 1-34。

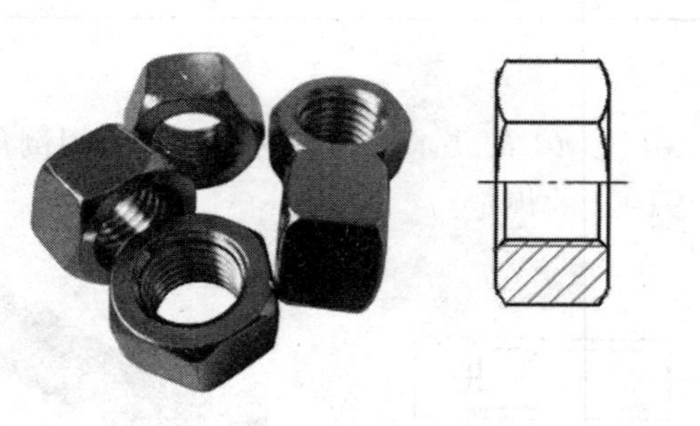
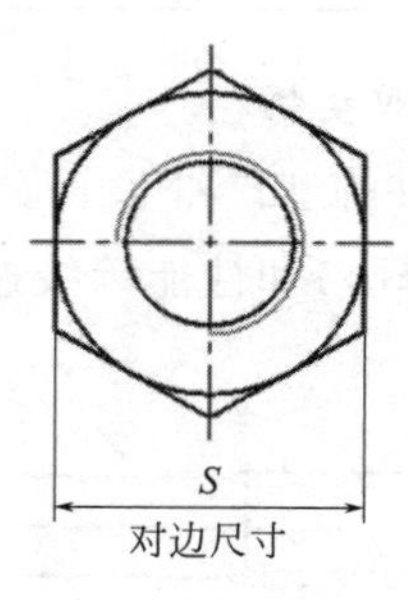

图 1-65　螺母

表 1-34　六角螺母的对边尺寸　　单位：mm

螺纹规格 M	对边尺寸		螺纹规格 M	对边尺寸	
	公称 max	min		公称 max	min
M10	16.00	15.73	(M27)	41	40
M12	18.00	17.73	M30	46	45
(M14)	21.00	20.67	(M33)	49	49
M16	24.00	23.67	M36	55.0	53.8
(M18)	27.00	26.16	M39	65	63.1
M20	30.00	29.16	M45	70	68.1
(M22)	34	33	M52	80	78.1
M24	36	35	M56	85	82.8

5. 认识平垫圈

平垫圈的主要作用是增加接触面积，以防止损伤零件表面，见图 1-66。平垫圈的规格有 M12、M14、M16、M20、M24、M27、M30、M33、M36、M39、M42、M45、M48、M52、M56、M64、M70、M76、M82、M90。

6. 认识弹簧垫圈

弹簧垫圈用于防止螺母松动，如电机上的地脚螺栓，见图 1-67。管法兰连接上的弹簧垫圈一般与平垫圈配合使用，弹簧垫圈位于平垫圈与螺母之间。弹簧垫规格有 M10、M12、(M14)、M16、(M18)、M20、(M22)、M24、(M27)、M30、(M33)、M36。

图 1-66　平垫圈的结构

图 1-67　弹簧垫圈

7. 认识内六角圆柱头螺钉

内六角圆柱头螺钉直接拧入被连接件的螺纹孔中，不用螺母。结构比双头螺柱简单、紧凑。两个连接件中一个较厚，但不需经常拆卸时选用这种螺钉，以免螺纹孔损坏，见图 1-68。内六角圆柱头螺钉的内六角对边尺寸见表 1-35。

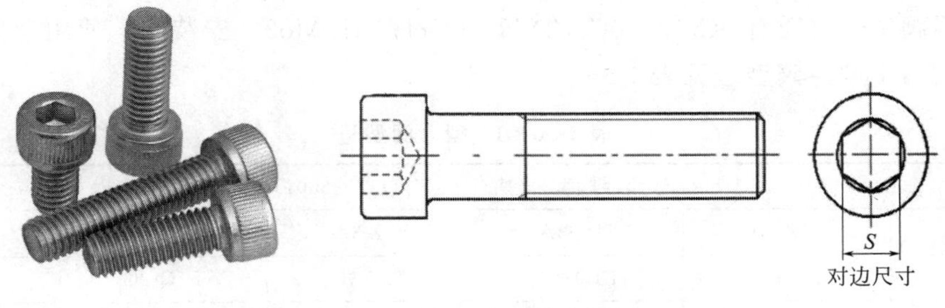

图 1-68　内六角圆柱头螺钉

表 1-35　内六角圆柱头螺钉的内六角对边尺寸（摘自 GB/T 70.1—2008）　单位：mm

螺纹规格 *d*	对边尺寸		全螺纹长度 *l*	螺纹规格 *d*	对边尺寸		全螺纹长度 *l*
	公称	max			公称	max	
M1.6	1.5	1.520	2.5～16	(M14)	12	12.032	25～55
M12	1.5	1.520	3～16	M16	14	14.032	25～60
M2.5	2	2.020	4～20	M20	17	17.05	30～70
M3	2.5	2.52	5～20	M24	19	19.065	40～80
M4	3	3.020	6～25	M30	22	22.065	45～100
M5	4	4.020	8～25	M36	27	27.065	55～100
M6	5	5.020	10～30	M42	32	32.08	60～130
M8	6	6.020	12～35	M48	36	36.08	70～150
M10	8	8.025	16～40	M56	41	41.08	80～160
M12	10	10.025	20～50	M64	46	46.08	90～180

三、专用备件选用

1. 认识 F1 型浮阀

F1 型浮阀是圆盘型浮阀的标准型，是国、内外应用最多的一种圆盘型浮阀，广泛应用于化学、石油工业中的浮阀塔设备，见图 1-69。

图 1-69　F1 型浮阀

F1 型浮阀在阀片的外边缘上布置有三个等距的小凸起，使得当阀关闭时，阀片和塔板间仍保留有一个约为 2.5m 的间隙，且阀片与塔板呈点接触，这样可避免两者的黏结和腐蚀。在蒸气量很小时，阀虽不浮起，但气体仍能通过这个间隙在液层中鼓泡；也可避免当气量小时，浮阀与塔板相贴合情况下的阀件启闭不稳而产生的脉动现象，从而扩大了塔的操作下限。随着蒸气量的增加，浮阀垂直向上浮起，直至阀腿末端的阀脚钩住塔板，浮阀升到高位置为止。

F1 型浮阀主要材质有 0Cr13、0Cr18Ni9、0Cr17Ni12Mo2。安装时，使用老虎钳扭弯阀脚钩住塔板。F1 型浮阀型号见表 1-36。

表 1-36　F1 型浮阀型号

F1 型浮阀型号(摘自 JB/T 1118—2001)					
F1Q-4A	F1Z-4A	F1Q-3A	F1Z-3A	F1Q-2B	F1Z-2B
F1Q-4B	F1Z-4B	F1Q-3B	F1Z-3B	F1Q-2C	F1Z-2C
F1Q-4C	F1Z-4C	F1Q-3C	F1Z-3C		

2. 认识盲板

盲板主要是用于将生产介质完全隔离，防止由于切断阀之后关闭不严或误操作，影响生产，甚至造成事故。盲板常有插板、垫环、8 字盲板和盲板法兰四种型式。

8 字盲板（也称为眼镜盲板）是一组用连接板或条杆连接，带一个实心端和一个开孔端来维持压力的板，见图 1-70。

图 1-70　8 字盲板

插板类似于 8 字盲板的实心端，有一个吊柄，见图 1-71。垫环类似于 8 字盲板的开孔端，有一个吊柄，见图 1-72。

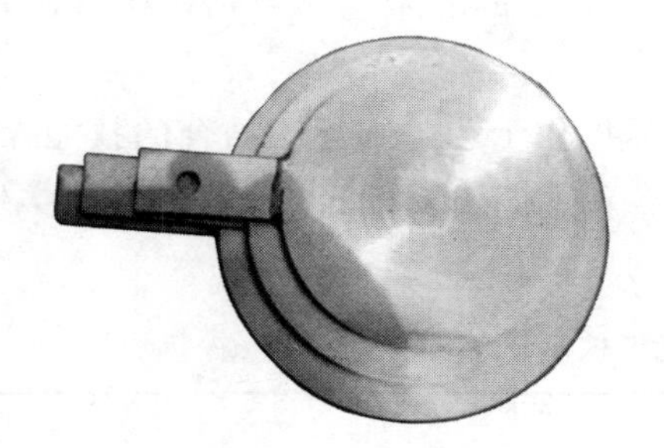

图 1-71　插板

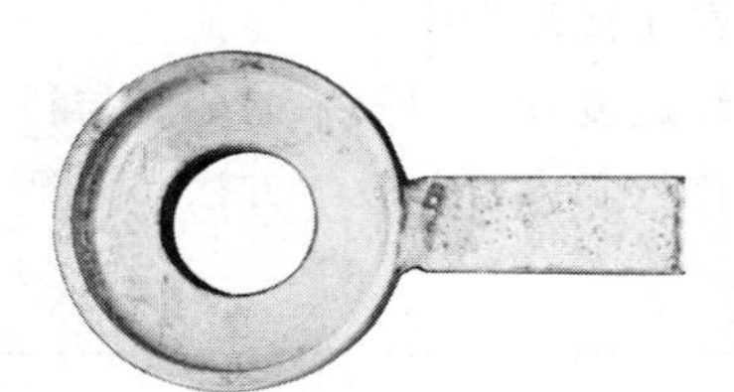

图 1-72　垫环

盲板法兰，也称法兰盖、管堵，它是中间不带孔的法兰，用于封堵管道口，见图 1-73。

图 1-73　盲板法兰

每个盲板应设标牌进行标识，标牌编号应与盲板位置图上的盲板编号一致。盲板抽堵后，悬挂盲板标识牌，见图 1-74。

图 1-74　盲板标识牌

技能训练考核标准分析

本项目技能训练，需要从企业真实职业活动对从业人员操作技能要求的本质入手，以作业工具和管路备件选用的技术内涵为基本原则，采用模块化结构，按照操作步骤的要求，编制具体操作技能考核评分表（表 1-37）。

通过标准和规范的制定实施，要求学生必须在规定的时间内，规范化完成作业工具和管路备件选用训练，正确合理地处理实训数据，养成正确的安全生产习惯，树立良好的职业素养。

教师在实践教学中也需要强化工作规范，加强操作示范与辅导相结合的技能操作训练，加强对训练进度和中间效果的监测与科学评估，客观、公正、科学、合理地评价学生，及时调整和优化教学内容及教学方法，保证技能训练的质量。

表 1-37　操作技能考核评分表

序号	考核项目	考核内容	分值	得分
1	作业工具	找出所有的作业工具	5 分	
		说出每种工具的用途	15 分	
		作业工具的使用	15 分	
		口语表达能力	5 分	
2	管路备件	找出所有的管路备件	5 分	
		说出每种管路备件的用途	20 分	
		口语表达能力	5 分	
3	安全文明生产	着装穿戴符合安全生产与文明操作要求	5 分	
		保持现场环境整齐、清洁、有序	10 分	
		沟通交流恰当，文明礼貌、尊重他人	5 分	
		安全生产，如发生人为的操作安全事故、设备人为损坏、伤人等情况，安全文明生产不得分		
4	团队协作	团队合作能力	5 分	
		自主参与程度	5 分	
		是否为主讲人	2 分	

技能训练组织

（1）学生以小组为单位，按照任务要求，在规定的时间内完成作业工具和管路备件的选用。

（2）学生参照评分标准进行检查评价并查找不足。

（3）教师按照评分标准进行考核评价。

（4）师生总结评价，改进不足，将来在学习或工作中做得更好。

作业工具和管路备件选用操作

1. 在工具柜中找出所有的作业工具（表 1-38），并说出其用途及使用方法。

表 1-38　作业工具

序号	名称/用途/使用方法	序号	名称/用途/使用方法
1		6	
2		7	
3		8	
4		9	
5		10	

2. 在工具柜中找出所有的管路备件（表 1-39），并说出其用途。

表 1-39　管路备件

序号	名称/用途	序号	名称/用途
1		6	
2		7	
3		8	
4		9	
5		10	

任务三
选用消防和急救器材

学习目标

1. 能力目标

(1) 能根据生产实际，正确地选择和使用消防器材。

(2) 能够正确地使用与管理急救药品、器材。

2. 素质目标

(1) 通过规范学生的着装、现场卫生、工具使用等，培养学生文明操作和安全意识。

(2) 通过信息收集、小组讨论、练习、考核等教学活动，培养学生的语言表达能力、团队协作意识和吃苦耐劳的精神。

3. 知识目标

(1) 掌握灭火器、消防蒸汽等消防器材的使用方法。

(2) 掌握急救药箱中药品、器材的名称及用途。

任务描述

随着社会的发展，石化行业也在不断地发展壮大，由此带来的新科技、新工艺、新材料、新设备不断增加，导致火灾的危险因素也在不断增加，一旦发生火灾或化学危险品泄漏扩散，其危害程度往往非常大。因此，合理选择和使用消防器材（图 1-75）对于火灾扑救和灾害处置至关重要。某公司小王作为一名外操人员，为更好地使用与维护消防器材与急救药箱，要求小王完成下面三项任务。

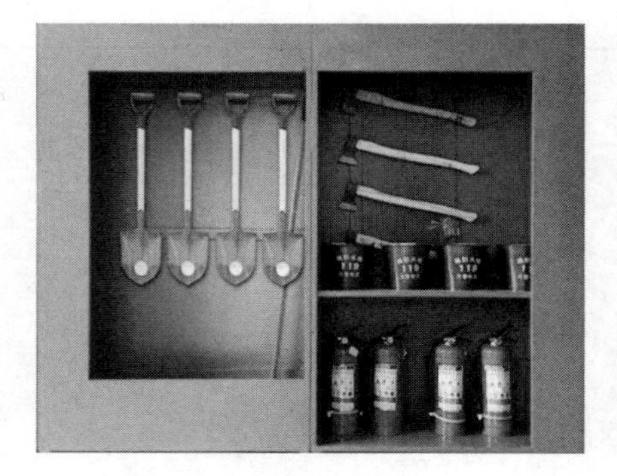

图 1-75　消防器材

任务 1：在器材存放区找出所有消防器材，说出其使用方法。

任务 2：在工具柜找出急救药箱，并说出各药品和器材的名称及用途。

任务 3：解释灭火器上的型号 MF/ABC5-5kg 含义。

任务实施

子任务一 消防器材的选用

一、灭火器选用

1. 火灾分类（摘自 GB/T 4968—2008）

A 类火灾：指固体物质火灾。如木材、棉、毛、麻、纸张及其制品等燃烧的火灾。

B 类火灾：指液体火灾或可熔化固体物质火灾。如汽油、煤油、柴油、原油、甲醇、乙醇、沥青、石蜡等燃烧的火灾。

C 类火灾：指气体火灾。如煤气、天然气、甲烷、乙烷、丙烷、氢气等燃烧的火灾。

D 类火灾：指金属火灾。如钾、钠、镁、钛、锆、锂、铝镁合金等燃烧的火灾。

E 类火灾：指带电物体燃烧的火灾。如发电机房、变压器室、配电间、仪器仪表间和电子计算机房等在燃烧时不能及时或不宜断电的电气设备带电燃烧的火灾。

2. 常用的灭火剂及代号（参考 GB 4351. 1—2005）

常用灭火剂及代号见表 1-40。

表 1-40 常用灭火剂及代号

分类	灭火剂代号	灭火剂代号含义	灭火剂举例
水基型灭火器	S	清水或带添加剂的水，但不具有发泡倍数和 25% 析液时间要求	非抗醇性水系灭火剂 S 抗醇性水系灭火剂 S/AR
	P	泡沫灭火剂，具有发泡倍数和 25% 析液时间要求。包括：P、FP、S、AR、AFFF 和 FFFP 等灭火剂	蛋白泡沫液 P 氟蛋白泡沫液 FP 合成泡沫液 S 抗溶泡沫液 AR 水成膜泡沫液 AFFF 成膜氟蛋白泡沫液 FFFP
干粉灭火器	F	干粉灭火剂。包括：BC 型和 ABC 型干粉灭火剂	BC 型干粉灭火剂 ABC 型干粉灭火剂
二氧化碳灭火器	T	二氧化碳灭火剂	二氧化碳灭火剂
洁净气体灭火器	J	洁净气体灭火剂。包括：卤代烷烃类气体灭火剂、惰性气体灭火剂和混合气体灭火剂等	二氟一氯一溴甲烷灭火剂 1211 三氟一溴甲烷灭火剂 1301 七氟丙烷灭火剂 HFC-227ea 惰性气体灭火剂

3. 灭火器的分类

（1）按充装的灭火剂分类

① 水基型灭火器。水基型灭火器是指把清洁水或带添加剂（湿润剂、增稠剂、阻燃剂或发泡剂等）的水作为灭火剂的灭火器。

② 干粉型灭火器。干粉型灭火器是指充装干粉灭火剂（“BC”或“ABC”型或可以为 D 类火特别配制的）的灭火器。

③ 二氧化碳灭火器。二氧化碳灭火器指充装二氧化碳灭火剂的灭火器。

④ 洁净气体灭火器。洁净气体灭火器是指充装洁净气体灭火剂的灭火器。洁净气体是指非导电的气体或能蒸发、不留残余物的气体。

（2）按驱动灭火器的压力形式分类

① 贮气瓶式灭火器。贮气瓶式灭火器指灭火剂由贮气瓶释放的压缩气体压力或液化气体压力驱动的灭火器。根据贮气瓶的安装位置不同，又可分为内置贮气瓶式灭火器和外置贮气瓶式灭火器两类。

② 贮压式灭火器。贮压式灭火器指灭火剂由贮于灭火器同一容器内的压缩气体或灭火剂蒸气压力驱动的灭火器。

（3）按灭火器的移动方式分类

① 手提式灭火器。手提式灭火器指能在其内部压力作用下，将所装的灭火剂喷出以扑救火灾，总质量在 20kg 以下（二氧化碳灭火器不超过 23kg），并可手提移动的灭火器具，见图 1-76。安全标志见图 1-77(a)。

(a) 水基型灭火器

(b) 干粉灭火器

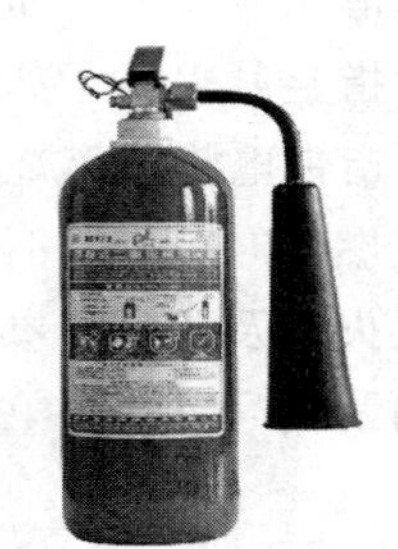

(c) 二氧化碳灭火器

图 1-76　手提式灭火器

手提式灭火器的型号编制方法如下：

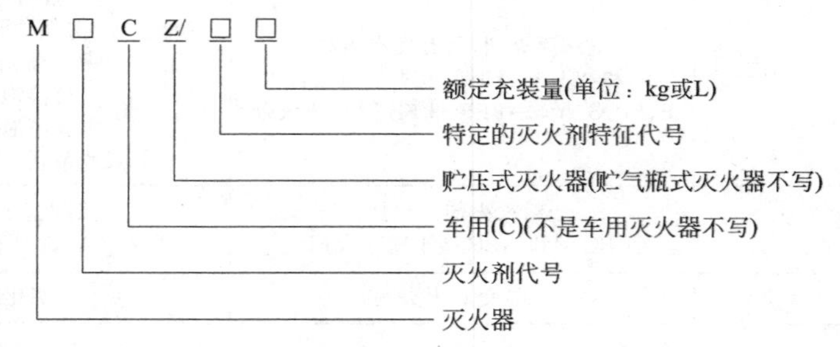

如：型号 MFABC5 表示：5kg 手提贮气瓶式 ABC 干粉灭火器；

型号 MPZAR6 表示：6L 手提贮压式抗溶性泡沫灭火器。

(a) 手提式灭火器安全标志

(b) 推车式灭火器安全标志

图 1-77　灭火器安全标志

② 推车式灭火器。推车式灭火器指总质量在 25～450kg 之间，带有车轮等行驶机构，由人力推、拉着移动的灭火器。安全标志见图 1-77(b)。

推车式灭火器的型号编制方法如下：

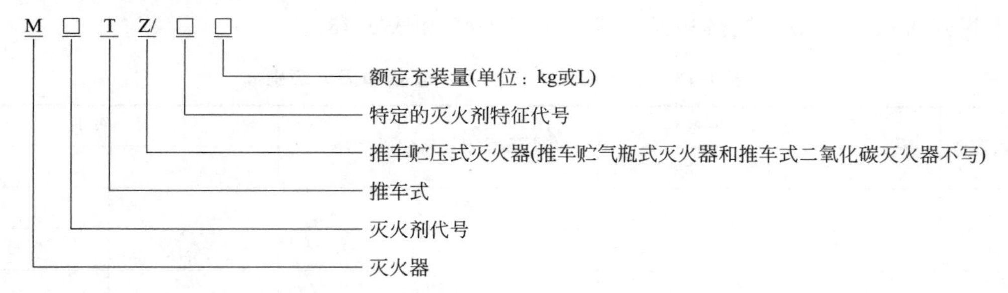

如：型号 MPTZ/AR45 表示：45L 推车贮压式抗溶性泡沫灭火器；

型号 MFT/ABC20 表示：20kg 推车贮气瓶式 ABC 干粉灭火器。

4. 灭火器的类型选择（摘自 GB 50140—2005）

根据各种类型灭火器的灭火机理，各类灭火器的适用性见表 1-41。

表 1-41 灭火器的适用性

项目	水型灭火器	干粉灭火器		泡沫灭火器		卤代烷1211灭火器	二氧化碳灭火器
		磷酸铵盐干粉灭火器	碳酸氢钠干粉灭火器	机械泡沫灭火器②	抗溶泡沫灭火器③		
A类场所	适用。水能冷却并穿透固体燃烧物质而灭火，并可有效防止复燃	适用。粉剂能附着在燃烧物的表面层，起到窒息火焰作用	不适用。碳酸氢钠对固体可燃物无黏附作用，只能控火，不能灭火	适用。具有冷却和覆盖燃烧物表面及与空气隔绝的作用		适用。具有扑灭A类火灾的效能	不适用。灭火器喷出的二氧化碳无液滴，全是气体，对A类火基本无效
B类场所	不适用。①水射流冲击油面，会激溅油火，致使火势蔓延，灭火困难	适用。干粉灭火剂能快速窒息火焰，具有中断燃烧过程的连锁反应的化学活性		适用于扑救非极性溶剂和油品火灾，覆盖燃烧物表面，使其与空气隔绝	适用于扑救极性溶剂火灾	适用。洁净气体灭火剂能快速窒息火焰，抑制燃烧连锁反应，而中止燃烧过程	适用。二氧化碳靠气体堆积在燃烧物表面，稀释并隔绝空气
C类场所	不适用。灭火器喷出的细小水流对气体火灾作用很小，基本无效	适用。喷射干粉灭火剂能快速扑灭气体火焰，具有中断燃烧过程的连锁反应的化学活性		不适用。泡沫对可燃液体火灾灭火有效，但扑救可燃气体火灾基本无效		适用。洁净气体灭火剂能抑制燃烧连锁反应，而中止燃烧	适用。二氧化碳窒息灭火，不留残迹，不污损设备
E类场所	不适用	适用	适用于带电的B类火		不适用	适用	适用于带电的B类火

注：① 新型的添加了能灭 B 类火的添加剂的水型灭火器具有 B 类灭火级别，可灭 B 类火。
② 化学泡沫灭火器已淘汰。
③ 目前，抗溶泡沫灭火器常用机械泡沫类型灭火器。

此外，我国目前还没有针对 D 类火灾即金属燃烧火灾的灭火器产品。目前国外灭 D 类火灾的灭火器主要有粉状石墨灭火器和灭金属火灾的专用干粉灭火器。国内常采用干砂或铸铁屑来替代。

为了保护大气臭氧层和人类生态环境，在非必要场所应当停止再配置卤代烷灭火器。在撤换了卤代烷灭火器的原灭火器设置点的位置上，重新配置的适用灭火器（可选配磷酸铵盐干粉灭火器等）的灭火级别不得低于原配卤代烷灭火器的灭火级别。

5. 灭火器类型、规格和灭火级别（摘自 GB 50140—2005）

手提式灭火器类型、规格和灭火级别见表 1-42 和表 1-43。

表 1-42 手提式灭火器类型、规格和灭火级别

灭火器类型	灭火剂充装量(规格)		灭火器类型规格代码(型号)	灭火级别	
	L	kg		A类	B类
水型	3	—	MS/Q3	1A	—
			MS/T3		55B
	6	—	MS/Q6	1A	—
			MS/T6		55B
	9	—	MS/Q9	2A	—
			MS/T9		89B
泡沫	3	—	MP3、MP/AR3	1A	55B
	4	—	MP4、MP/AR4	1A	55B
	6	—	MP6、MP/AR6	1A	55B
	9	—	MP9、MP/AR9	2A	89B
干粉（碳酸氢钠）	—	1	MF1	—	21B
	—	2	MF2	—	21B
	—	3	MF3	—	21B
	—	4	MF4	—	34B
	—	5	MF5	—	55B
	—	6	MF6	—	89B
	—	8	MF8	—	89B
	—	10	MF10	—	144B
	—	1	MF/ABC1	1A	21B
	—	2	MF/ABC2	1A	21B
	—	3	MF/ABC3	2A	34B
	—	4	MF/ABC4	2A	55B
	—	5	MF/ABC5	3A	89B
	—	6	MF/ABC6	3A	89B
	—	8	MF/ABC8	4A	144B
	—	10	MF/ABC10	6A	144B
卤代烷（1211）	—	1	MY1	—	21B
	—	2	MY2	(0.5A)	21B
	—	3	MY3	(0.5A)	34B
	—	4	MY4	1A	34B
	—	6	MY6	1A	55B

续表

灭火器类型	灭火剂充装量(规格)		灭火器类型规格代码(型号)	灭火级别	
	L	kg		A类	B类
二氧化碳	—	2	MT2	—	21B
	—	3	MT3		21B
	—	5	MT5	—	34B
		7	MT7		55B

表 1-43　推车式灭火器类型、规格和灭火级别

灭火器类型	灭火剂充装量(规格)		灭火器类型规格代码(型号)	灭火级别	
	L	kg		A类	B类
水型	20		MST20	4A	—
	45		MST40	4A	—
	60		MST60	4A	—
	125		MST125	6A	—
泡沫	20		MPT20、MPT/AR20	4A	113B
	45		MPT40、MPT/AR40	4A	144B
	60		MPT60、MPT/AR60	4A	233B
	125		MPT125、MPT/AR125	6A	297B
干粉 (碳酸氢钠)	—	20	MFT20	—	183B
	—	50	MFT50	—	297B
	—	100	MFT100	—	297B
	—	125	MFT125	—	297B
干粉 (磷酸铵盐)	—	20	MPT/ABC20	6A	183B
	—	50	MPT/ABC50	8A	297B
	—	100	MPT/ABC100	10A	297B
	—	125	MPT/ABC125	10A	297B
卤代烷 (1211)	—	10	MYT10	—	70B
	—	20	MYT20	—	144B
	—	30	MYT30	—	183B
	—	50	MYT50	—	297B
二氧化碳	—	10	MTT10	—	55B
	—	20	MTT20	—	70B
	—	30	MTT30	—	113B
	—	50	MTT50	—	183B

灭火级别说明：8kg 的手提式磷酸铵盐干粉灭火器的灭火级别为 4A、144B；其中 A 表示该灭火器扑灭 A 类火灾的灭火级别的一个单位值，即灭火器扑灭 A 类火灾效能的基本单位，4A 组合表示该灭火器能扑灭 4A 等级（定量）的 A 类火；B 表示该灭火器扑灭 B 类火灾的灭火级别的一个单位值，即灭火器扑灭 B 类火灾效能的基本单位，144B 组合表示该灭

火器能扑灭 144B 等级（定量）的 B 类火。

从表 1-42 中可以看出：虽然有几种类型的灭火器均适用于扑灭同一种类的火灾，但它们在灭火有效程度（包括灭火能力即灭火级别的大小，以及扑灭同一灭火级别火灾的灭火剂用量的多少和灭火速度的快慢等）方面尚有明显的差异。例如，对于同一等级为 55B 的标准油盘火灾，需用 7kg 的二氧化碳灭火器才能灭火，而且速度较慢；而改用 5kg 的干粉灭火器后，不但能灭火，而且其灭火时间较短，灭火速度也快得多。说明适用于扑救同一种类火灾的不同类型灭火器，在灭火剂用量和灭火速度上有较大的差异，即灭火有效程度有较大差异。因此，在选择灭火器时应考虑灭火器的灭火效能和通用性。

6. 灭火器的使用

灭火器的使用方法见表 1-44。

表 1-44　灭火器的使用方法

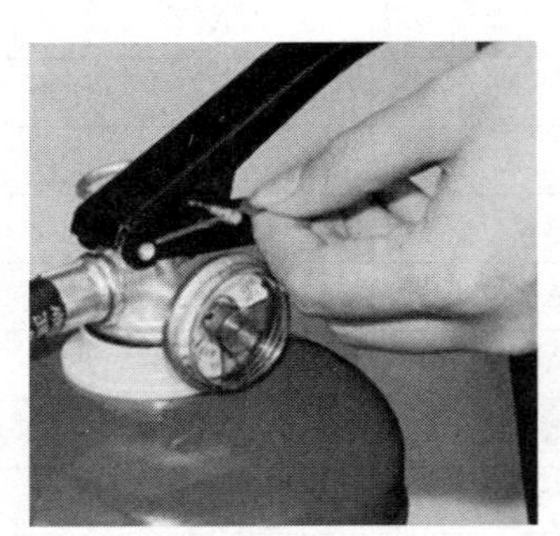 ① 拔出卡销	 ② 拔出保险栓
 ③ 对准火源	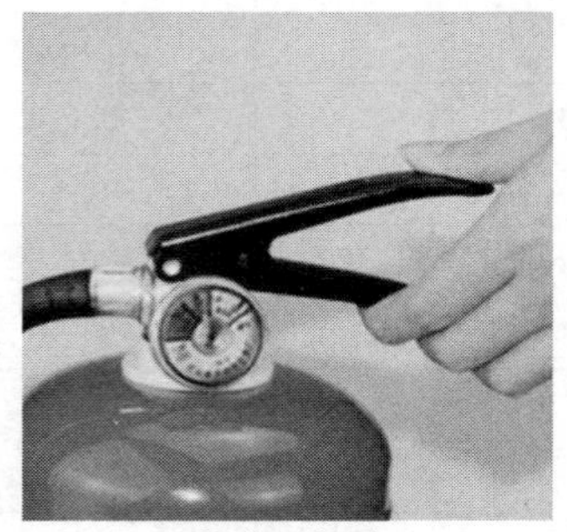 ④ 按压把手

二、消防蒸汽选用

1. 蒸汽灭火原理

水蒸气是热含量高的惰性气体。水蒸气能冲淡燃烧区的可燃气体，降低空气中氧的含量。将蒸汽释放到燃烧区，使燃烧区的氧含量降低到一定限度时，燃烧就不能继续维持。

饱和蒸汽灭火效果优于过热蒸汽，尤其是扑灭高温设备的油气火灾，不仅能迅速扑灭泄漏处火灾，而且不会引起设备损坏（用水扑救高温设备有引起设备破裂的危险）。蒸汽灭火示意图见图 1-78。

图 1-78　蒸汽灭火示意图

2. 蒸汽灭火系统类型与组成

蒸汽灭火系统按其灭火场所不同，可分为固定式蒸汽灭火系统和半固定式蒸汽灭火系统。

（1）固定式蒸汽灭火系统　固定式蒸汽灭火系统采用全淹没方式扑灭整个房间、舱室的火灾，它使燃烧房间惰化而熄灭火焰。常用于生产厂房、燃油锅炉的泵房、油船舱、甲苯泵房等场所。对建筑物容积不大于 500m^3 的保护空间，灭火效果较好。

固定式蒸汽灭火系统，一般由蒸汽源、输汽干管、配汽支管、配汽管等组成，如图 1-79 所示。

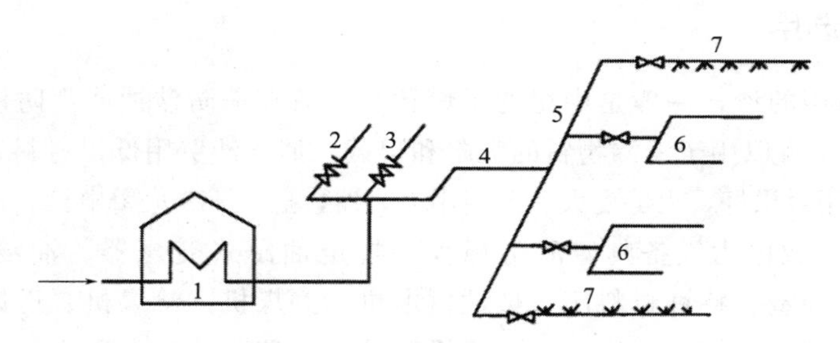

图 1-79　固定蒸汽灭火系统

1—蒸汽锅炉房；2—生活蒸汽管线；3—生产蒸汽管线；4—输汽干管；5—配汽支管；6—配汽管；7—蒸汽幕（管道钻孔）

（2）半固定式蒸汽灭火系统　半固定式蒸汽灭火系统用于扑救局部火灾。它利用水蒸气的机械冲击力量吹散可燃气体，并瞬间在火焰周围形成蒸汽层扑灭火灾。例如，用于扑救露天装置区的高大炼制塔、地上式可燃液体贮罐、车间内局部的油品设备等的火灾。用于扑救闪点大于 45℃的罐体未破裂的可燃液体贮罐的火灾，有良好的灭火效果。因此，地上可燃液体贮罐区，宜设置半固定式蒸汽灭火系统。

半固定式蒸汽灭火系统由蒸汽源、输汽干管、配汽支管、接口短管等组成，如图 1-80 所示。

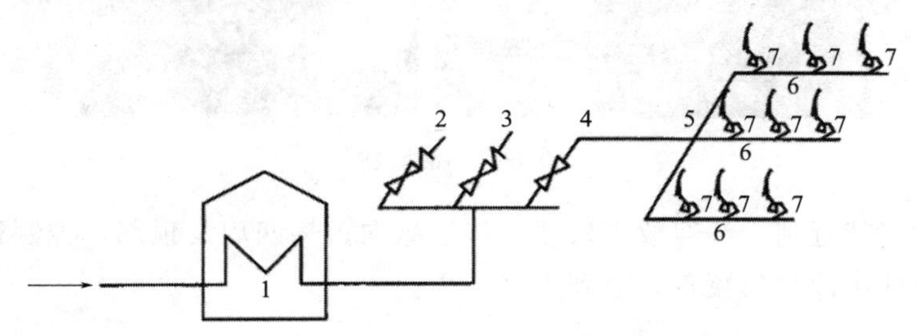

图 1-80　半固定式蒸汽灭火系统

1—汽锅炉房；2—生活蒸汽管线；3—生产蒸汽管线；
4—输汽干管；5—配汽支管；6—配汽管；7—接口短管（接金属软管及蒸汽喷嘴）

3. 蒸汽灭火系统的设计要求

① 灭火用的蒸汽源不应被易燃、可燃液体或可燃气体所污染。生活、生产和消防合用蒸汽分配箱时，在生产和生活用的蒸汽管线上应设置止回阀和阀门，以防止管线内的蒸汽倒流。

② 灭火蒸汽管线蒸汽源的压力不应小于0.6MPa。灭火蒸汽管应从主管上方引出，蒸汽压力不宜大于1MPa。

③ 输汽干管和蒸汽支管的长度不应超过60m（从蒸汽源到保护区的距离）。当总长度超过60m时，宜分设灭火蒸汽分配箱，以保证蒸汽灭火效果。

4. 蒸汽灭火系统的使用

① 设有固定灭火装置的房间（或舱室），一旦发生火灾，应自动或人工关闭室内（或舱室）一切可以关闭的机械或自然通风的孔洞门窗，人员立即离开着火房间，然后开启蒸汽灭火管线（打开阀门），使整个房间内充满蒸汽，进行灭火。

② 室内或露天生产装置区内的设备泄漏可燃气体或可燃液体时，应打开接口短管的开关（阀门），对着火源喷射蒸汽，进行灭火。

③ 若露天生产装置起火，有较大的风速时，灭火人员应站立在着火部位的上风处进行灭火，以保护人身安全。

三、消防沙选用

消防沙是消防用的沙，一般是中粗的干燥黄沙，放在消防沙池或消防沙袋内，主要起到覆盖灭火的作用，也可以用于泄漏物料的吸附和阻截。消防沙费用低，材料容易取得，火势还没有变大的时候使用效果好，火势变大后要使用灭火器，拨打119火警电话。消防沙见图1-81。

DL 5027—2015《电力设备典型消防规程》规定油浸式变压器、油浸式电抗器、油罐区、油泵房、油处理室、特种材料库、柴油发电机、磨煤机、给煤机、送风机、引风机和电除尘器等处应设置消防沙箱或沙桶，内装干燥细黄沙。消防沙箱容积为1.0m^3，并配置消防铲，每处3～5把，消防沙桶应装满干燥黄沙。消防沙箱、沙桶和消防铲均应为大红色，沙箱的上部应有白色的“消防沙箱”字样，箱门正中应有白色的“火警119”字样，箱体侧面应标注使用说明。

图1-81　消防沙

发生火警时，就近到干沙存放点取沙，将沙撒向火焰四周及顶部，控制被燃物扩散，火源控制后，需继续用沙均匀覆盖，直到火被扑灭。

四、消防（火）栓选用

消防栓（消火栓）是一种固定消防设施，按其装置地点可分为室外和室内两种。安全标志见图 1-82。

(a) 地下消火栓

(b) 地上消火栓

图 1-82　消火栓安全标志

1. 室内消火栓

室内消火栓是固定安装于建筑物室内消防给水管道上的主要灭火设备，平时与室内消防给水管线连接，遇有火警时，将水带一端的接口接在消火栓出口上，把手轮按开启方向旋转，即能喷水扑救火灾，见图 1-83。

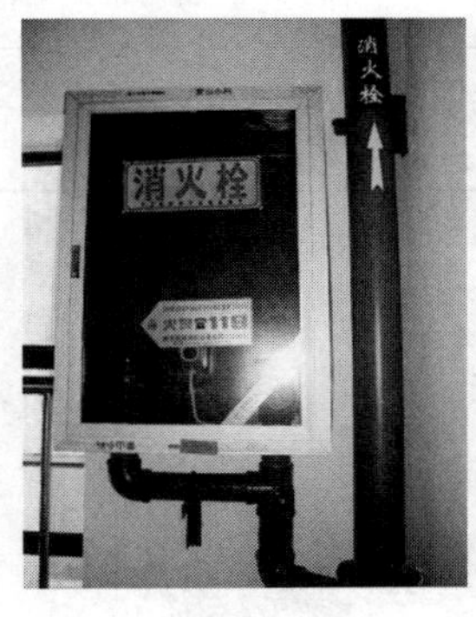

图 1-83　室内消防栓

室内消火栓主要包括消火栓箱和消火栓。消火栓箱是放置室内消火栓、水带、水枪、启泵按钮等器材的箱体，通常安装在建筑物内，而且常根据要求镶嵌在墙体内，也可能挂在墙上。消火栓则由手轮、阀盖、阀杆、阀座、本体、接口组成。消防栓的使用方法见表 1-45，消防栓的使用见图 1-84。

表 1-45　消防栓的使用方法

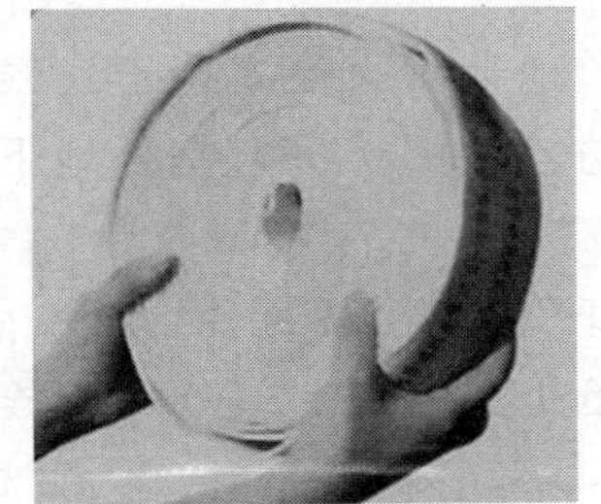 ① 打开或击碎箱门，取出消防水带	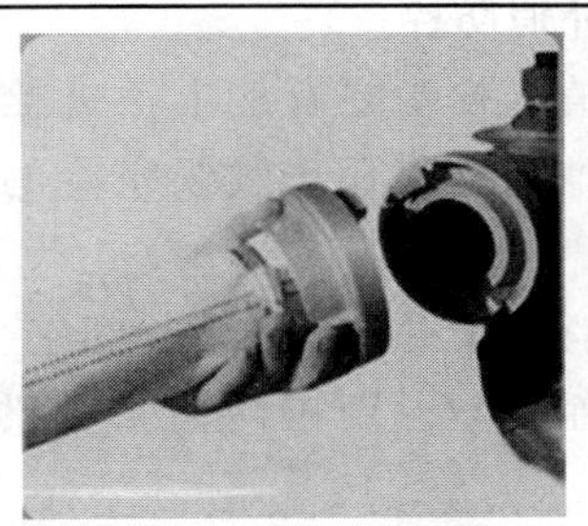 ② 水带一头接到消防栓接口上

续表

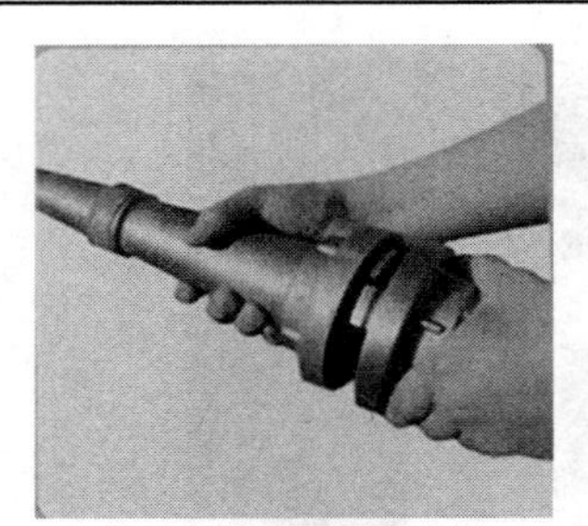 ③ 另一头接上消防水枪	 ④ 按下箱内消防栓启泵按钮
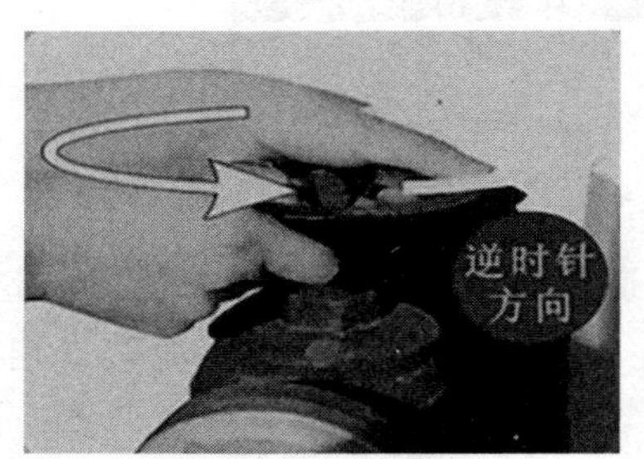 ⑤ 打开消防栓上的水阀开关	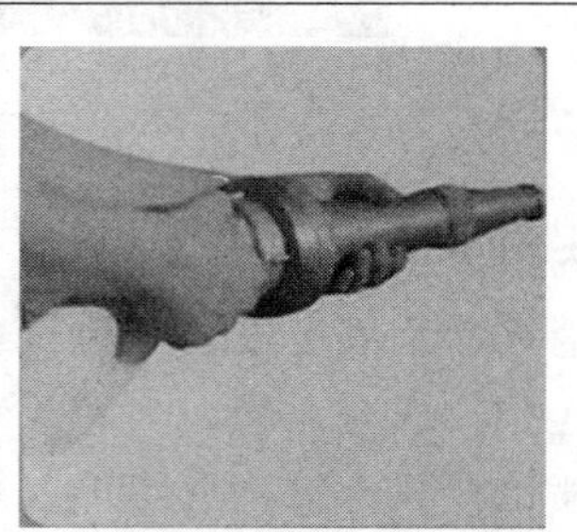 ⑥ 对准火焰根部进行灭火
灭火结束后,要把水带清洗干净并晾干,按折叠或者盘卷方式放入箱内,再把水枪卡在枪夹内,装好箱锁,安装玻璃,关紧箱门	

图 1-84 消防栓的使用

2. 室外消防栓

室外消火栓主要有地上消火栓和地下消火栓两种。地上消火栓多用于气候温暖的地区，地下消火栓多用于气候寒冷的地区。室外地上消防栓见图 1-85，室外地下消防栓见图 1-86。

室外消火栓主要由阀体、阀座、阀瓣、排水阀、阀杆和接口等零部件组成，有双出口和单出口两种类型。用于向消防车供水或连接水带、水枪进行灭火。室外消防栓的使用见图 1-87。

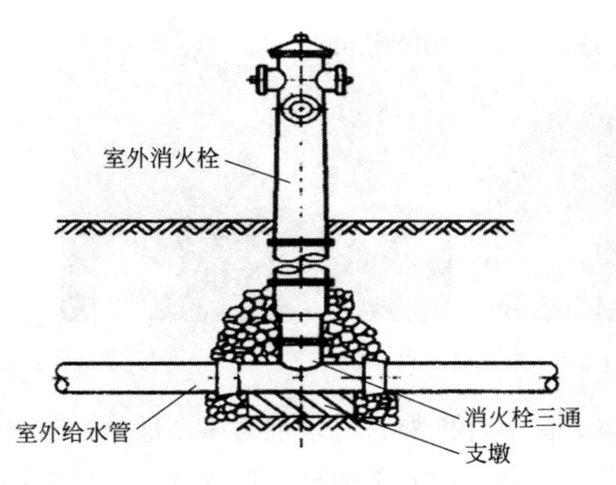

图 1-85　室外地上消防栓

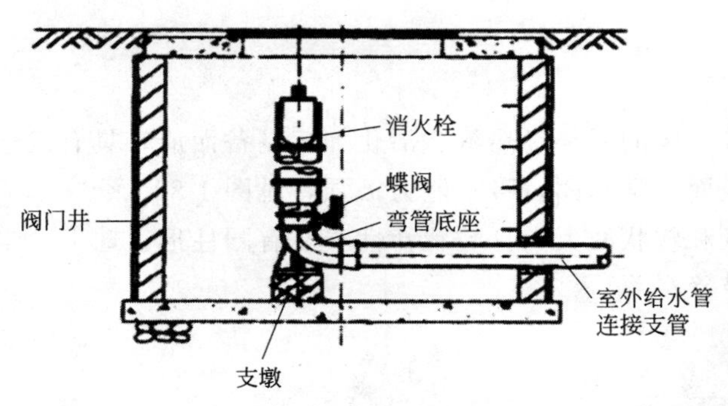

图 1-86　室外地下消防栓

图 1-87　室外消防栓的使用

五、消防炮选用

消防炮是喷射灭火剂的一种灭火系统。它能及时、有效扑灭远距离、大面积一般物质火灾或油类火灾。主要应用于各类易燃易爆的石化企业、油罐区、输油码头、机库、船舶等场所，也用于商贸中心、展览中心、大型博物馆、高大厂房等室内大空间场所。消防水炮距被保护对象不宜小于 15m。消防水炮的出水量宜为 30～50L/s。消防炮灭火系统见图 1-88。

消防炮灭火系统按喷射介质可分为水炮灭火系统、泡沫炮灭火系统和干粉炮灭火系统；按控制方式可分为远控消防炮灭火系统和手动消防炮灭火系统；按应用方式可分为固定式消防炮灭火系统和移动式消防炮灭火系统。

图 1-88　消防炮灭火系统

使用方法：将移动炮抬到指定地点，固定好炮架，将水带与移动炮的进水口连接好，打开上下、左右移动锁销，开启进水控制阀，调整控制手柄将水炮调至适当角度，握住手炮操作杆对准着火点或冷却点。

六、活性炭选用

活性炭是由木质、煤质和石油焦等含碳的原料经热解、活化加工制备而成，具有发达的孔隙结构、较大的比表面积和丰富的表面化学基团，吸附能力极强，见图 1-89。

根据活性炭的外形，通常分为粉状和粒状两大类。粒状活性炭又有圆柱形、球形、空心圆柱形和空心球形以及不规则形状的破碎炭等。

图 1-89　活性炭和活性炭包

活性炭作为一种具有优良理化性质、巨大比表面积和选择性吸附性能的炭质吸附剂，已被广泛应用于军工、食品、冶金、化工、环境保护、制药、医药、生物化工等相关行业的净化、精制过程，可以去除多种微量有毒、有害的化学物质，如去除废水中的微量污染物，含氰废液中的氰化物、含铬废液中的铬等。

子任务二　急救药箱的选用

急救药箱用于盛放常规外伤和化学伤害急救所需的敷料、药品和器材，可随身携带或直接挂于墙壁上，见图 1-90。当受到意外伤害时，在专业医生赶到之前可提供有效的紧急医疗救助。急救药箱有以下物品：

（1）创可贴　止血。

（2）药棉　消毒。

（3）棉签　涂药用。

（4）纱布　包扎伤口。

（5）镊子　辅助使用棉球、纱布消毒。

（6）腕带　识别病人身份。

（7）压舌板　暴露咽部，以便清除咽喉部污物。

（8）胶布　包扎伤口。

（9）医用手套　包扎等作业。

（10）剪刀　裁剪、清理受伤皮肤外衣服，辅助其他器材的使用。

（11）云南白药　消炎、止血、化瘀消肿。

（12）京万红　烧伤、烫伤、消炎止痛。

（13）消毒水　消炎、消毒、清洗伤口，如双氧水、碘伏、乙醇等。

（14）口罩　防止施救者被感染。

（15）手电筒　在漆黑环境下施救时，可用它照明，也可为晕倒的人做瞳孔反应。

（16）注射器　医用注射。

图 1-90　急救药箱

技能训练考核标准分析

本项目技能训练，需要从企业真实职业活动对从业人员操作技能要求的本质入手，以消防和急救器材选用的技术内涵为基本原则，采用模块化结构，按照操作步骤的要求，编制具体操作技能考核评分表（表 1-46）。

通过标准和规范的制定实施，要求学生必须在规定的时间内，规范化完成消防和急救器材的选用训练，正确合理地处理实训数据，形成正确的安全生产习惯，树立良好的职业素养。

教师在实践教学中也需要强化工作规范，加强操作示范与辅导相结合的技能操作训练，加强对训练进度和中间效果的监测与科学评估，客观、公正、科学、合理地评价学生，及时调整和优化教学内容及教学方法，保证技能训练的质量。

表 1-46　操作技能考核评分表

序号	考核项目	考核内容	分值	得分
1	任务 1	找出所有的消防器材	5 分	
		说出每种消防器材的使用方法	20 分	
		口语表达能力	5 分	
2	任务 2	找出急救药箱	5 分	
		说出急救药品和器材的用途	10 分	
		口语表达能力	5 分	

续表

序号	考核项目	考核内容	分值	得分
3	任务3	解释灭火器上的型号 MF/ABC5-5kg 含义	20分	
4	安全文明生产	着装穿戴符合安全生产与文明操作要求	5分	
		保持现场环境整齐、清洁、有序	10分	
		沟通交流恰当，文明礼貌、尊重他人	5分	
		安全生产，如发生人为的操作安全事故、设备人为损坏、伤人等情况，安全文明生产不得分		
5	团队协作	团队合作能力	5分	
		自主参与程度	3分	
		是否为主讲人	2分	

技能训练组织

（1）学生以小组为单位，按照任务要求，在规定的时间内完成消防器材和急救器材的选用。

（2）学生参照评分标准进行检查评价并查找不足。

（3）教师按照评分标准进行考核评价。

（4）师生总结评价，改进不足，将来在学习或工作中做得更好。

消防和急救器材选用操作

1. 在器材存放区找出所有消防器材（表1-47），说出其使用方法。

表1-47　消防器材

序号	名称/用途	序号	名称/用途
1		6	
2		7	
3		8	
4		9	
5		10	

2. 在工具柜找出急救药箱，并说出各药品和器材的名称及用途，填写表1-48。

表1-48　药品和器材的名称及用途

序号	名称/用途	序号	名称/用途
1		6	
2		7	
3		8	
4		9	
5		10	

3. 解释灭火器上的型号 MF/ABC5-5kg 含义。

模块二

识读装置工艺流程

学习目标

1. 能力目标

（1）能够参照图例和标准读懂精馏生产装置的工艺流程图。

（2）能够现场找到工艺流程图中所有设备、仪表、管路。

2. 素质目标

（1）通过规范学生的着装、现场卫生、工具使用等，培养学生文明操作和安全意识。

（2）通过信息收集、小组讨论、练习、考核等教学活动，培养学生的语言表达能力、团队协作意识和吃苦耐劳的精神。

3. 知识目标

（1）掌握化工工艺流程图的识读方法。

（2）掌握工业管道中安全色和安全标志的相关规定。

任务描述

工艺流程图以其形象的图形、符号、代号，表示出工艺过程选用的化工设备、管路、附件和仪表自控等的排列及连接，借以表达出了在一个化工生产中物料和能量的变化过程。流程图是管道、仪表、设备设计和装置布置等专业的设计基础，也是操作运行及检修的指南。识读装置工艺流程，是从事化工生产岗位的基础。

某公司小王是精馏生产车间的一名外操人员，为履行岗位职责，要求小王熟知生产装置中的所有工艺物料管线、辅助辅料管线、设备、阀门、仪表和盲板位置。图 2-1 是精馏生产实训装置。

图 2-1　精馏生产实训装置

任务实施

子任务一　识别工业管道安全色

为了便于工业管道内的物质识别，确保安全生产，避免在操作、设备检修上发生错误判断，国家标准 GB 7231—2003《工业管道的基本识别色、识别符号和安全标识》对管道工程做了统一规定，颜色按 GB 2893—2008《安全色》规定施工。管道标识只适用于工业生产中的非地下埋设的气体和液体输送管道。

识别色是用以识别工业管道内物质种类的颜色。识别符号是用以识别工业管道内的物质名称和状态的记号。危险标识表示工业管道内的物质为危险化学品。消防标识表示工业管道内的物质专用于灭火。

一、认识基本识别色

1. 识别色规定

根据管道内物质的一般性能，分为八类，并相应规定了八种基本识别色和相应的颜色标准编号及色样，如表 2-1 所示。SH/T 3043—2014《石油化工设备管道钢结构表面色和标志规定》规定的部分管道识别色见表 2-2。Q/SY 134—2012《石油化工管道安全标志色管理规范》规定的部分管道识别色见表 2-3。

表 2-1　管道识别色（摘自 GB 7231—2003）

物质种类	基本识别色	颜色标准编号
水	艳绿色	G03
水蒸气	大红色	R03
空气	浅灰色	B03
气体	中黄色	Y07
酸或碱	紫色	P02
可燃液体	棕色	TR05
其他液体	黑色	
氧	淡蓝色	PB06

表 2-2　管道识别色（摘自 SH/T 3043—2014）

<table>
<tr><th>序号</th><th colspan="2">名称</th><th>表面色</th></tr>
<tr><td rowspan="2">1</td><td rowspan="2">物料管道</td><td>一般物料</td><td>银色</td></tr>
<tr><td>酸、碱</td><td>紫色 P02</td></tr>
<tr><td rowspan="6">2</td><td rowspan="6">公用物料管道</td><td>水</td><td>艳绿色 G03</td></tr>
<tr><td>污水</td><td>黑色</td></tr>
<tr><td>蒸汽</td><td>银色</td></tr>
<tr><td>空气及氧</td><td>天(酞)蓝色 PB09</td></tr>
<tr><td>氮</td><td>淡黄色 Y06</td></tr>
<tr><td>氨</td><td>淡黄色 Y06</td></tr>
<tr><td>3</td><td colspan="2">排大气紧急放空管</td><td>大红色 R03</td></tr>
<tr><td>4</td><td colspan="2">消防管道</td><td>大红色 R03</td></tr>
<tr><td>5</td><td colspan="2">电气、仪表保护管</td><td>黑色</td></tr>
<tr><td rowspan="2">6</td><td rowspan="2">仪表管道</td><td>仪表风管</td><td>天(酞)蓝色 PB09</td></tr>
<tr><td>气动信号管、导压管</td><td>银色</td></tr>
</table>

表 2-3 管道识别色（摘自 Q/SY 134—2012）

管道类别	名称	安全标志色（颜色标准编号）	安全标志符号（箭头）颜色（颜色标准编号）
工艺介质管道	一般物料	黑色	大红色（R03）
	可燃液体	棕色（YR05）	大红色（R03）
	石油	棕色（YR05）	大红色（R03）
	汽油	棕色（YR05）	大红色（R03）
	柴油	棕色（YR05）	中灰色（B02）
	煤油	棕色（YR05）	中黄色（Y07）
	天然气	中黄色（Y07）	大红色（R03）
	酸、碱	紫色（P02）	大红色（R03）
公用工程管道	水	艳绿色（G03）	白色
	污水	黑色	白色
	水蒸气	大红色（R03）	白色
	气体	中黄色（Y07）	大红色（R03）
	氧气	淡蓝色（PB06）	大红色（R03）
	空气	浅灰色（B03）	大红色（R03）
	消防管道	大红色（R03）	白色
	紧急放空管	大红色（R03）	白色
	放火炬线	大红色（R03）	白色

2. 基本识别色标识

工业管道的基本识别色标识方法，应从以下五种方法中选择。如图 2-2 所示。

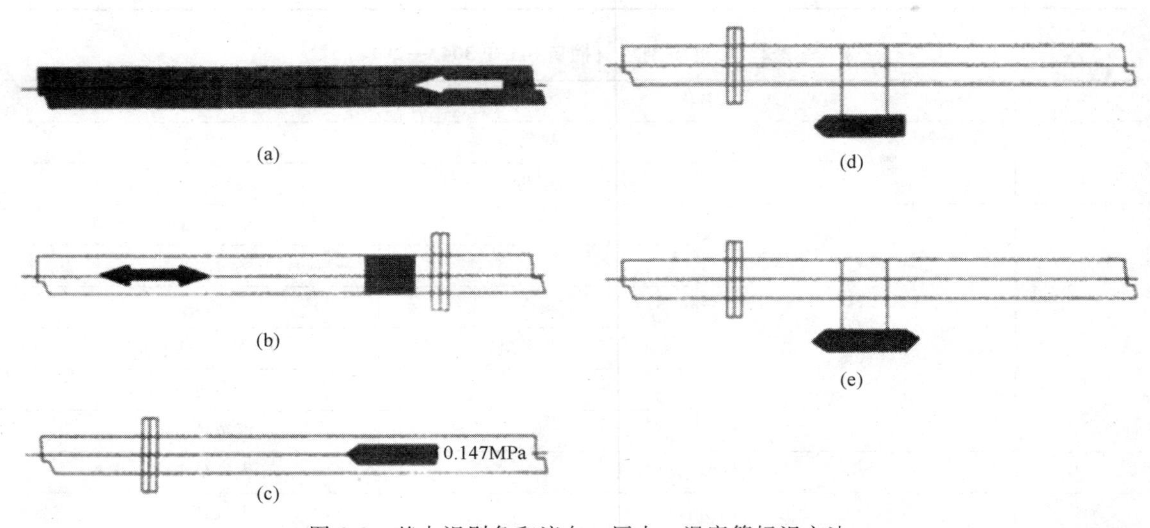

图 2-2 基本识别色和流向、压力、温度等标识方法

标识包括：

① 管道全长上标识；

② 在管道上以宽为150mm的色环标识；

③ 在管道上以长方形的识别色标牌标识；

④ 在管道上以带箭头的长方形识别色标牌标识；

⑤ 在管道上以系挂的识别色标牌标识。

当采用图2-2(b)～(e) 方法时，两个标识之间的最小距离应为10m，其标识的场所应该包括所有管道的起点、终点、交叉点、转弯处，阀门和穿墙孔两侧等的管道上和其他需要标识的部位。图2-2(c)～(e) 的标牌最小尺寸应以能清楚观察识别色的要求来确定。

二、识别符号

工业管道的识别符号由物质名称、流向和主要工艺参数等组成，其标识应符合下列要求。

1. 物质名称的标识

① 用物质全称标识。例如，氮气、硫酸、甲醇。

② 用化学分子式标识。例如，N_2、H_2SO_4、CH_3OH。

2. 物质流向的标识

① 工业管道内物质的流向用箭头表示，如图2-2(a) 所示；如果管道内物质的流向是双向的，则以双向箭头表示，如图2-2(b) 所示。

② 当基本识别色的标识方法采用图2-2(d)、(e) 时，则标牌的指向就表示管道内的物质流向。

3. 工艺参数的标识

物质的压力、温度、流速等主要工艺参数的标识，使用方法可按需自行确定采用。

4. 识别符号

标识中的字母、数字的最小字体，以及箭头的最小外形尺寸，应以能清楚观察识别符号的要求来确定。

不锈钢、有色金属、非金属材质的管路，以及保温管外有铝皮或不锈钢保护罩时，均不安装基本识别色，但应有识别符号，见图2-3。

图2-3　识别符号

三、安全标识

1. 危险标识

① 适用范围：管道内的物质，凡属于GB 13690—2009《化学品分类和危险性公示　通则》中所列的危险化学品，其管道应设置危险标识。

② 表示方法：在管道上涂150mm宽黄色，在黄色两侧各涂25mm宽黑色的色环或色带。

③ 表示场所：基本识别色的标识上或附近。

2. 消防标识。

工业生产中设置的消防专用管道应遵守GB 13495.1—2015的规定，并在管道上标识“消防专用”识别符号。消防管道见图2-4。

图 2-4　消防管道

子任务二　识别安全标志

安全标志是向工作人员警示工作场所或周围环境的危险状况，指导人们采取合理行为的标志。安全标志能够提醒工作人员预防危险，从而避免事故发生。当危险发生时，能够指示人们尽快逃离，或者指示人们采取正确、有效的措施，对危害加以遏制。

国家标准 GB 2894—2008《安全标志及其使用导则》，规定了四类传递安全信息的安全标志：禁止标志表示不准或制止人们的某种行为；警告标志是提醒人们注意可能发生的危险；指令标志表示必须遵守，用来强制或限制人们的行为；提示标志示意目标地点或方向。

在进行设备检修时，应在作业现场树立安全警告标志，以保护检查人员及现场工人，防护好设备，防止损坏，维护好检查区域的总体安全。如有些电器开关标上“不许合闸”标志，有些阀门标上“不能开启”标志，上方有人作业时标上“上方有人作业，注意高空落物”标志，受限空间作业时标上“受限空间进入需许可”标志等。高处作业、动火作业、受限空间作业安全警示标志分别见图 2-5、图 2-6、图 2-7。

图 2-5　高处作业安全警示标志

禁止明火作业

当心瓦斯

可动火区

避险处

图 2-6　动火作业安全警示标志

图 2-7　受限空间作业安全警示标志

子任务三　识读装置生产工艺流程图

精馏生产装置工艺流程图及图例分别见图 2-8、图 2-9。

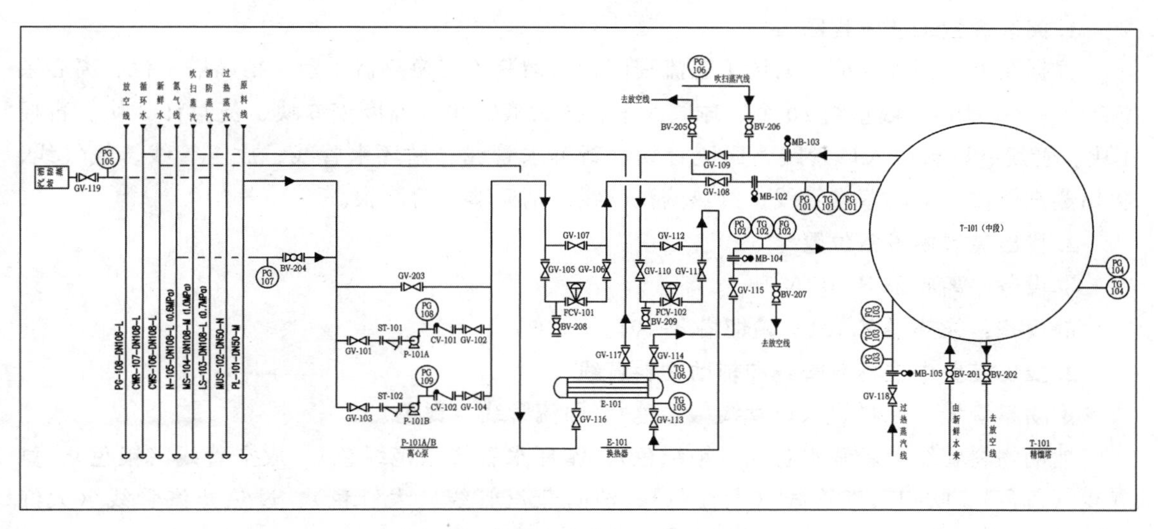

图 2-8　精馏生产装置工艺流程图

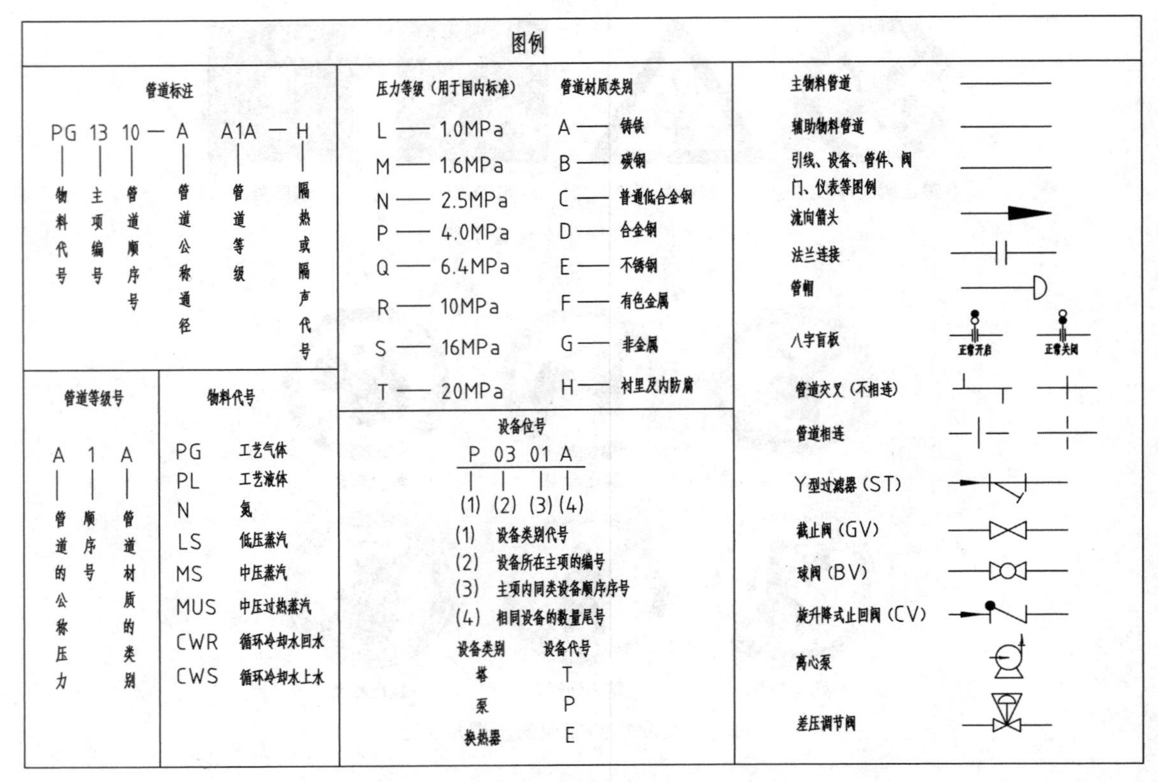

图 2-9 精馏生产装置工艺流程图图例

查找计划制定 

1. 阅读装置工艺流程图

根据图例和相关标准，阅读工艺流程图，精馏装置有换热器 1 台、精馏塔 1 台、离心泵 2 台（一备一用）、截止阀 20 个、球阀 8 个、压力表 9 块、温度表 6 块、流量计 3 块、盲板 4 块。管线有原料线入口管线、回流管线、新鲜水管线、循环水管线、放空管线、氮气线、吹扫蒸汽管线、消防蒸汽管线、过热蒸汽管线。消防蒸汽管 1 根。

2. 找出装置中设备位置

动设备：离心泵 P-101A/B。

静设备：换热器 E-101，精馏塔 T-101。

3. 找出装置中主物料管线和辅助物料管线

主物料管线：原料线入口管线（银色）、回流管线（银色）。

辅助物料管线：新鲜水管线（艳绿色）、循环水管线（艳绿色）、放空管线（银色）、氮气线（黄色）、吹扫蒸汽管线（大红色）、消防蒸汽管线（大红色）、过热蒸汽管线（大红色）。消防蒸汽管 1 根。

4. 找出装置中阀门位置

截止阀：GV-101～GV-119，GV-203。

球阀：BV-201、BV-202，BV-204～BV-209。

5. 找出装置中仪表位置

压力表：PG101、PG102、PG103、PG104、PG105、PG106、PG107、PG108、PG109。

温度表：TG101、TG102、TG103、TG104、TG105、TG106。

流量计：FG101、FG102、FG103。

6. 找出装置中盲板位置

盲板：MB-102、MB-103、MB-104、MB-105。

技能训练考核标准分析

本项目技能训练，需要从企业真实职业活动对从业人员操作技能要求的本质入手，以装置工艺流程图查找训练的技术内涵为基本原则，采用模块化结构，按照操作步骤的要求，编制具体操作技能考核评分表（表 2-4）。

通过标准和规范的制定实施，要求学生必须在规定的时间内，规范化完成装置工艺流程图查找训练，正确合理地处理实训数据，形成正确的安全生产习惯，树立良好的职业素养。

教师在实践教学中也需要强化工作规范，加强操作示范与辅导相结合的技能操作训练，加强对训练进度和中间效果的监测与科学评估，客观、公正、科学、合理地评价学生，及时调整和优化教学内容及教学方法，保证技能训练的质量。

表 2-4　操作技能考核评分表

序号	考核项目	考核内容	分值	得分
1	查找设备	精馏塔	1分	
		离心泵	1分	
		换热器	1分	
2	查找管线	原料线入口管线	2分	
		回流管线	1分	
		冷却水管线	2分	
		氮气吹扫管线	2分	
		低压水冲洗、放空管线	2分	
		过热蒸汽管线	2分	
		消防蒸汽管线	2分	
		吹扫蒸汽管线	2分	
		原料线入口管线放空、回流管线放空	4分	
3	查找阀门	截止阀 GV-101～GV-119、截止阀 GV-203，共 20 个	20分	
		球阀 BV-201、球阀 BV-202， 球阀 BV-204～BV-209，共 8 个	8分	
4	查找温度表	压力表 PG101～PG109，共 9 个	9分	
		温度表 TG101～TG106，共 6 个	6分	
5	查找流量计	流量计 FG101～FG103，共 3 个	3分	
6	安全文明生产	着装穿戴符合安全生产与文明操作要求	5分	
		保持现场环境整齐、清洁、有序	10分	

续表

序号	考核项目	考核内容	分值	得分
6	安全文明生产	正确操作设备、使用工具	2分	
		沟通交流恰当，文明礼貌、尊重他人	5分	
		安全生产，如发生人为的操作安全事故、设备人为损坏、伤人等情况，安全文明生产不得分		
7	团队协作	团队合作能力	5分	
		自主参与程度	3分	
		是否为班长	2分	

技能训练组织 

（1）学生分组，按照任务要求，在规定的时间内完成装置工艺流程的查找。

（2）学生参照评分标准进行检查评价并查找不足。

（3）教师按照评分标准进行考核评价。

（4）师生总结评价，改进不足，将来在学习或工作中做得更好。

装置工艺流程查找训练 

装置工艺流程查找训练见表2-5。

表 2-5　装置工艺流程查找

1.精馏装置中的设备

离心泵

换热器

精馏塔

续表

2. 工艺物料管线和辅助物料管线	
 物料管线	
 原料线入口管线	 塔顶回流管线
 原料入口放空管线	 循环冷却水管线
 氮气吹扫管线	 回流放空管线、精馏塔放空管线、低压水洗塔管线

续表

3. 精馏装置的阀门	
 泵入口管线 Y 型过滤器和截止阀	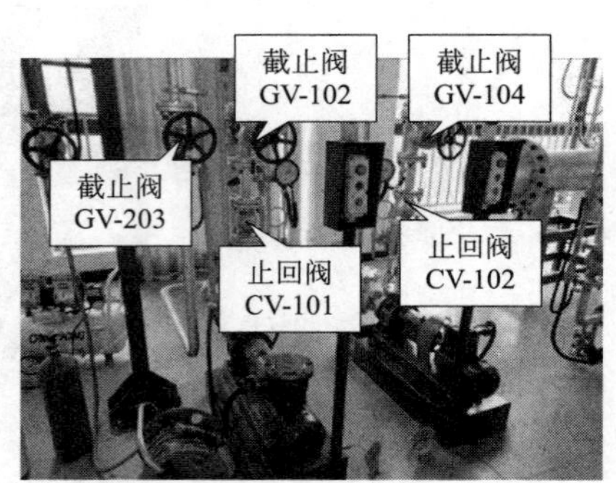 泵出口管线止回阀和截止阀
 换热器工艺物料管线截止阀	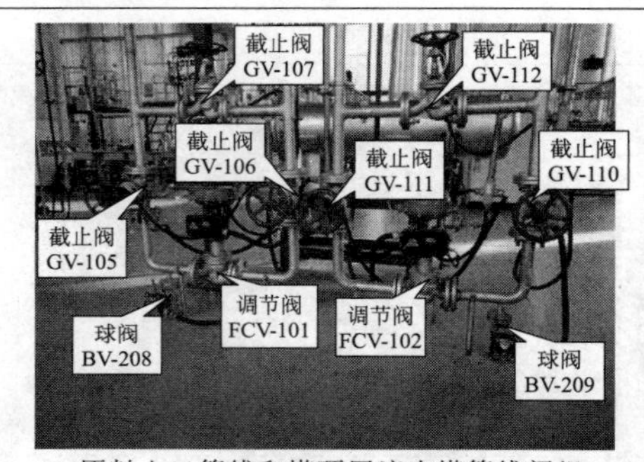 原料入口管线和塔顶回流出塔管线阀组 （每组 3 个截止阀、1 个调节阀、1 个球阀）
 换热器冷却水管线截止阀	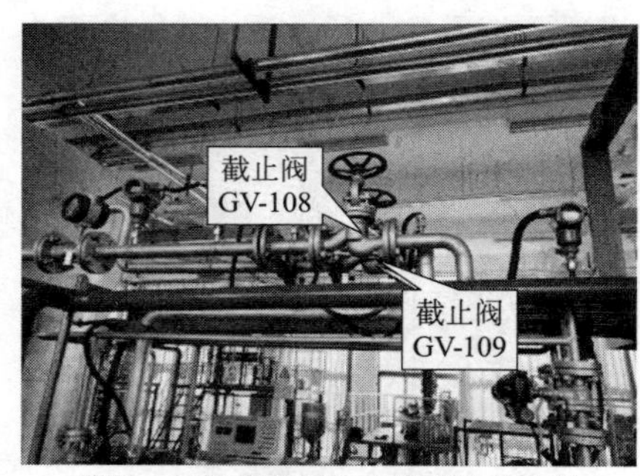 原料入口和塔顶回流出塔管线截止阀
 氮气吹扫管线球阀	 消防蒸汽管线截止阀

续表

 蒸汽吹扫和原料入口管线球阀	 过热蒸汽和塔顶回流入塔管线截止阀
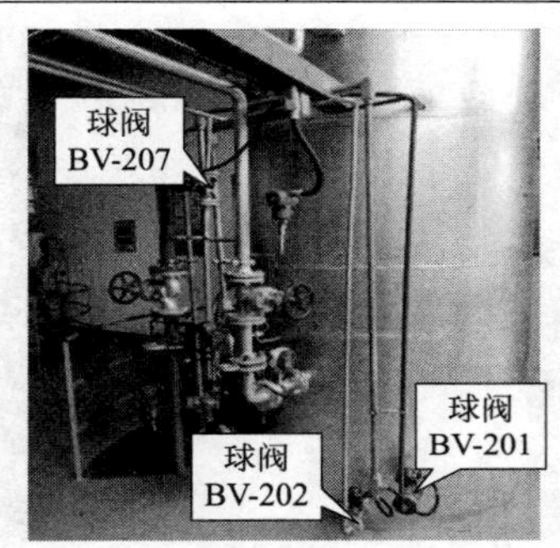 塔顶回流入塔、低压水冲洗和塔放空管线球阀	
4. 精馏装置的仪表	
 离心泵出口管线压力表	 氮气管线压力表
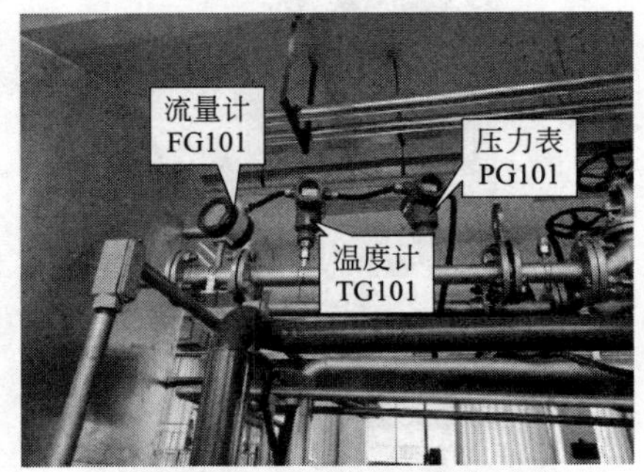 原料线入口管线压力表、温度表、流量计	 过热蒸汽管线压力表、温度表、流量计

续表

吹扫蒸汽管线压力表

消防蒸汽管线压力表

塔顶回流管线压力表、温度表、流量计

换热器工艺物料管线温度表

精馏塔压力表、温度表

5.精馏装置的盲板

原料线入口管线盲板 MB-102、
塔顶回流出口管线盲板 MB-103

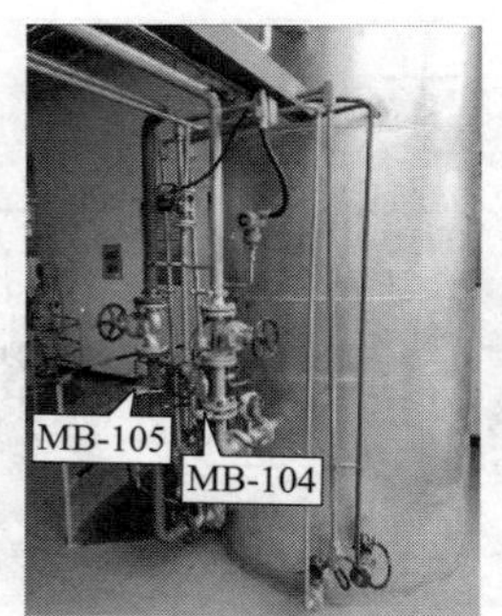

塔顶回流入口管线盲板 MB-104、
过热蒸汽管线盲板 MB-105

模块三

计划外检修

学习目标

1. 能力目标

（1）能够正确处置法兰垫片处乙酸乙酯（氰化钠）物料泄漏事故。

（2）能够正确处置管线处乙酸乙酯（氰化钠）物料泄漏事故。

2. 素质目标

（1）通过规范学生的着装、现场卫生、工具使用等，培养学生的安全意识和文明操作意识。

（2）通过信息收集、小组讨论、练习、考核等教学活动，培养学生的语言表达能力、团队协作意识和吃苦耐劳的精神。

3. 知识目标

（1）掌握化工管路管法兰垫片更换方法。

（2）掌握化工管路带压堵漏技术。

任务实施

计划外检修，也称为非计划性维修、应急抢修，是指在生产过程中机械设备突然发生故障或事故，必须进行不停车或临时停车检修。非计划性维修不是按预定的进度计划，而是在发现产品状态的异常迹象后实施的维修，这种检修事先难以预料，无法安排检修计划，而且要求检修时间短，检修的环境及工况复杂，故难度相当大。随着日常的保养技术、检测管理技术和预测技术的不断完善和发展，此类检修日趋减少，但在目前的化工生产中，仍然是不可避免的。

子任务一　管路泄漏分析

管道系统泄漏分内漏和外漏两种类型。内漏是夹套管、阀门等在管道系统内部产生的泄漏，外漏是指管内的介质漏至管外。化工管路中易燃、易爆、有毒介质的外漏，严重威胁管道内流体的正常输送和人身安全，甚至可能造成重大事故及停车、停产。管道泄漏多发生在连接件及其管段上，法兰、连接螺纹、阀门体及填料上发生的泄漏，属于管道连接件泄漏，而管段上的泄漏，则多发生在焊口、流体转向的弯头、三通及蚀孔等部位。

一、法兰处泄漏

法兰密封是化工装置中应用最广泛的一种密封结构形式。这种密封形式一般是依靠其连接螺栓所产生的预紧力，通过各种垫片达到足够的工作密封比压，来阻止被密封流体介质的外泄，属于强制密封范畴。法兰处泄漏的形式有以下几种，见图 3-1。

（1）界面泄漏　密封垫片压紧力不足、法兰结合面上的粗糙度不恰当、管道热变形、机械振动等都会引起密封垫片与法兰面之间密合不严而发生泄漏，这种由于金属面和密封垫片交界面不能很好地吻合而发生的泄漏称为界面泄漏。可通过拧紧紧固件消除。

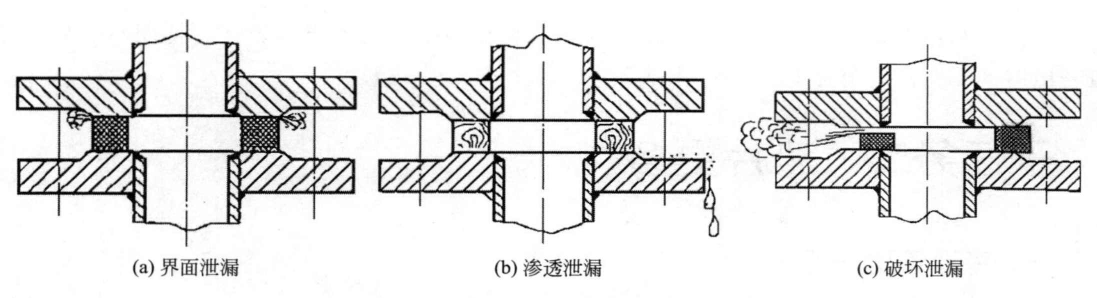

图 3-1　法兰处泄漏的形式

（2）渗透泄漏　垫片材料的纤维和纤维之间有一定的缝隙，流体介质在一定条件下能够通过这些缝隙而产生的泄漏现象称为渗透泄漏。渗透泄漏一般与被密封的流体介质的工作压力有关，压力越高，泄漏流量越大。另外渗透泄漏还与被密封的流体介质的物理性质有关，黏性小的介质易发生渗透泄漏，而黏性大的介质则不易发生渗透泄漏。选用合适的垫片可以减小或消除泄漏。

（3）破坏泄漏　由于安装质量欠佳而产生密封垫片压缩过度或密封比压不足导致的泄漏称为破坏泄漏。可重新安装管法兰消除泄漏。

（4）连接处泄漏　对于选用焊接连接形式的法兰，焊接过程中存在的各种焊接缺陷，也可能导致连接焊缝上发生泄漏；对于选用螺纹连接形式的法兰，也可能在螺纹连接处发生界面泄漏。

二、管段处泄漏

管段处泄漏的原因主要有以下几种。

（1）焊缝缺陷引起的管道泄漏　在焊接过程中，由于人为的因素及其他自然因素的影响，在焊缝成形过程中不可避免地存在着各种缺陷，如裂纹、未焊透、未熔合、夹渣、气孔等。焊缝上发生的泄漏现象，很大一部分是由焊接过程中所遗留下的焊接缺陷导致。在管道使用过程中由于使用条件如交变应力、振动等的影响，使缺陷扩展，以致引起管道泄漏。

（2）腐蚀引起的管道泄漏　有些管道系统在腐蚀介质、环境因素及应力等的作用下会造成腐蚀，如应力腐蚀、氢腐蚀、点腐蚀、晶间腐蚀及大面积的均匀腐蚀等，使管壁变薄，造成管道局部穿孔，发生泄漏。

（3）冲刷引起管道泄漏　由于高速运动的流体在改变方向时，会对管壁产生较大的冲刷力，使管壁逐渐变薄，这种过程就像滴水穿石一样，最终造成管道穿孔而泄漏。如蒸汽管道的弯头处常发生冲刷引起的管道泄漏。

（4）振动引起的管道泄漏　强烈的机械振动或流体的气锤、水锤的冲击作用，使管材承受交变载荷产生疲劳裂纹，导致泄漏。凡是经常振动的管道，发生泄漏的比率要比正常管道大得多。振动能使法兰的连接螺栓松动，垫片上的密封比压下降，还会使管道焊缝内的缺陷扩展，最终导致严重的泄漏事故。

（5）冻裂引起的管道泄漏　因管子内的介质冻胀将管道冻裂，或因管道周围的土产生冻胀使管道移位而造成管道泄漏。

（6）外力作用引起的管道泄漏　因外部静载荷或冲击载荷超过管道的允许限度而使管道泄漏，如管道在道路下埋设较浅，在车辆冲击、振动载荷作用下会产生泄漏。

（7）管材本身缺陷引起的管道泄漏　由于管材存在细小的砂眼、裂缝，初期不明显，经过一段时间运行后，缺陷扩大，产生泄漏。

子任务二　垫片更换

一、旁通管路分析

通常化工管路上减压阀、控制阀、蒸汽疏水阀、离心泵等重要设备都设置有旁通管路，见图 3-2。旁通管路主要起到以下几点作用。

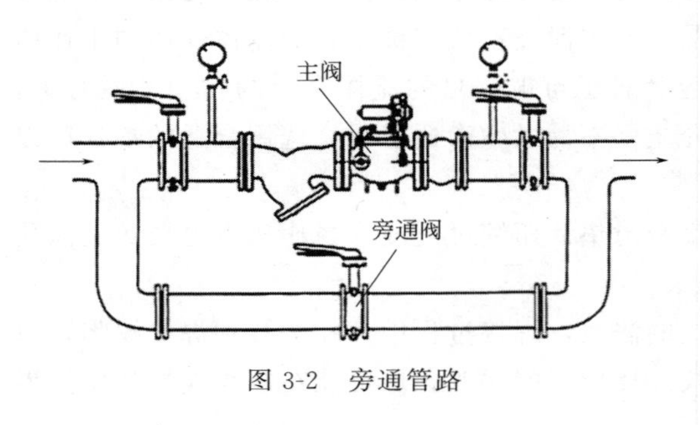

图 3-2　旁通管路

① 检修时，作为备用管线来使用。当主阀或设备出现故障时，或者需要检维修的时候，可以通过打开旁通阀让旁通管路代替主路流通，不影响正常生产。

② 流量调节作用。手动操作旁路管路上的阀门，可以进行管路的流量或压力调节，如当用户燃气需求量降低时，天然气压缩机机组通过旁通阀“打回流”调节燃气流量。

③ 保护作用。高压管路主阀（尤其是闸阀）前后两侧压差较大，阀门开启阻力大，为避免扭力损伤阀门，可以通过旁通阀泄压后，再开启主阀。此外也可以避免高压突然涌出，对下游管道形成冲击。

设有旁通管路的主路上的设备法兰连接处垫片损坏发生泄漏时，可以通过工艺切换后，拆卸法兰直接更换垫片。

二、管法兰用垫片更换

① 安装前，应检查法兰的形式是否符合要求，密封面的粗糙度是否合格，有无机械损伤、径向刻痕和锈蚀等。

② 检查螺栓及螺母的材质、形式、尺寸是否符合要求；螺母在螺栓上转动应灵活自如，不晃动；对于螺纹，不允许有断缺现象；螺栓不允许有弯曲现象。

③ 检查垫片的材质、形式、尺寸是否符合要求，是否与法兰密封面相匹配；垫片表面不允许有机械损伤、径向刻痕、严重锈蚀、内外边缘破损等缺陷。

④ 安装椭圆形、八角形截面金属垫圈前，应检查垫圈的截面尺寸是否与法兰的梯形槽尺寸一致，槽内表面粗糙度是否符合要求。

⑤ 安装垫片前，应检查管道及法兰是否存在偏口、张口、错孔等安装质量问题。两法兰必须在同一中心线上并且平行。不允许用螺栓或尖头钢插在螺孔内对法兰进行校正，以免螺栓承受过大剪应力。两法兰间只准加一张垫片，不允许用多加垫片的办法来消除两法兰间隙过大的缺陷。

⑥ 垫片必须安装准确，以保证受压均匀。

⑦ 为防止石棉橡胶垫粘在法兰密封面上不便于清理，可在垫片两面均匀涂上一层薄薄

的石墨涂料，石墨可用少量甘油或机油调和。金属包垫、缠绕垫表面不需要涂石墨粉。

⑧ 选择合适长度的螺栓或螺柱，通常螺母拧紧后，螺栓螺柱两端各长出 1～2 个螺距。

子任务三　带压堵漏

生产过程中的设备、管线、容器、阀门等一旦发生泄漏，原介质压力与大气压力必然有一个压力差，这个压力差有时要高达上百公斤，压力差越大，堵漏的难度也就越大。为了堵住漏点就必须重新设计一个密封装置，并用合适的密封剂充满密封装置堵住漏点，这一操作过程就是带压堵漏。

带压堵漏技术是泄漏事故发生后，在不降低压力、温度及泄漏流量的条件下，采用各种带压堵漏方法，在泄漏缺陷部位上重新创建密封装置的一门新兴的工程技术。

一、夹具堵漏

夹具是最常用的消除低压泄漏的专用工具，俗称“卡箍”“卡具”，见图 3-3，由钢（或不锈钢）管夹、密封垫（如铅板、石棉橡胶板）和紧固螺栓组成。

常用的夹具是对开两半的，使用时，先将夹具扣在穿孔处附近后穿上螺栓，以用力能使卡子左右移动为宜；然后将卡子慢慢移动至穿孔部位，上紧螺丝固定。密封垫（如铅板）的厚度必须适中，太薄没有补偿作用，太厚则不能完全压缩，不易堵漏，而且漏点的位置及介质压力、温度等因素都要认真考虑。

这种方法只要一把扳手即可，费用低，安装方便快速，适用于压力不高（一般低于 2MPa）的情况。

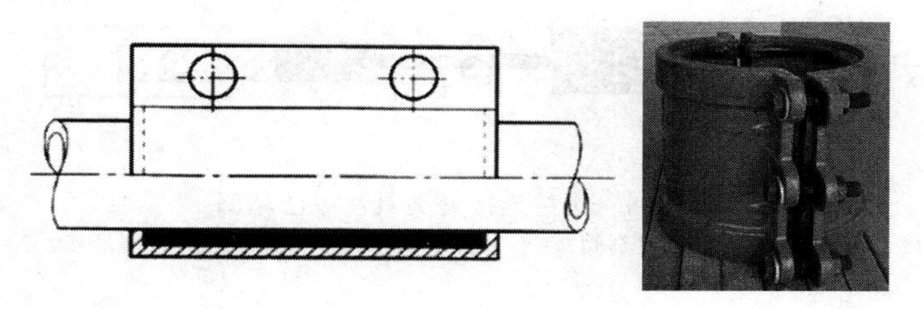

图 3-3　卡箍堵漏示意图

二、夹具注胶堵漏

夹具注胶法是在人为外力的作用下，将密封注剂强行注射到夹具与泄漏部位部分外表面所形成的密封空腔内，迅速地弥补各种复杂的泄漏缺陷。在注剂压力远远大于泄漏介质压力的条件下，泄漏被强行止住，密封注剂自身能够维持住一定的工作密封比压，并在短时间内由塑性体转变为弹性体，形成一个坚硬的、富有弹性的新的密封结构，达到重新密封的目的。夹具注胶法见图 3-4。

操作步骤：先按泄漏部位的外形制作一个两半的钢制夹具，安装固定在泄漏处；然后把密封剂用高压注射枪注入夹具和泄漏部位之间的空腔内。当注射压力大于泄漏压力时，泄漏停止，直到注射压力稳定，关闭注剂阀，堵漏结束。

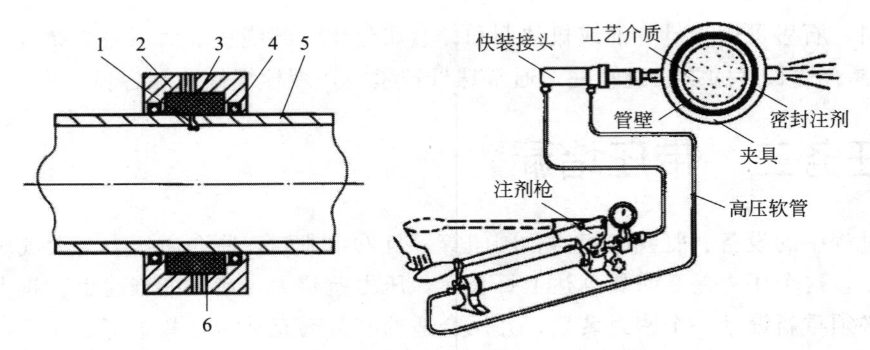

图 3-4　夹具注胶法

1—泄漏缺陷；2—夹具；3—密封注剂；4—密封元件；5—管壁；6—注剂孔

法兰连接处夹具注胶法堵漏见图 3-5，过程如下：首先将注剂阀安装在夹具的注剂孔上，并使阀处在全开的位置上；然后把夹具迅速安装在泄漏部位上，关闭泄漏点相反方向上的一个注剂阀，把已装好密封注剂的高压注剂枪及高压软管连接在这个旋塞阀上，拧开注剂阀，使其处于全开位置。这时掀动提供动力源的手动高压油泵的手柄，压力油就会通过高压输油管进入高压注剂枪尾部的油缸内，推动挤压活塞 6 向前移动，在注剂枪的前端是剂料腔 5，在挤压活塞的作用下，剂料腔内的密封注剂通过注剂阀被强行注射到夹具与泄漏部位部分外表面所形成的密封空腔内，高压注剂枪一般可产生 20～100MPa 的挤压力。因此在密封空腔内流动的密封注剂能够阻止小于上述压力下的任何介质的泄漏。一个注剂孔注射完毕后，关闭注剂阀，接着注射邻近的一个注剂孔，直到将整个密封空腔充满为止，这时泄漏会立刻停止，关闭最后一个注剂阀，拆下高压注剂枪，一个堵漏密封作业过程结束。

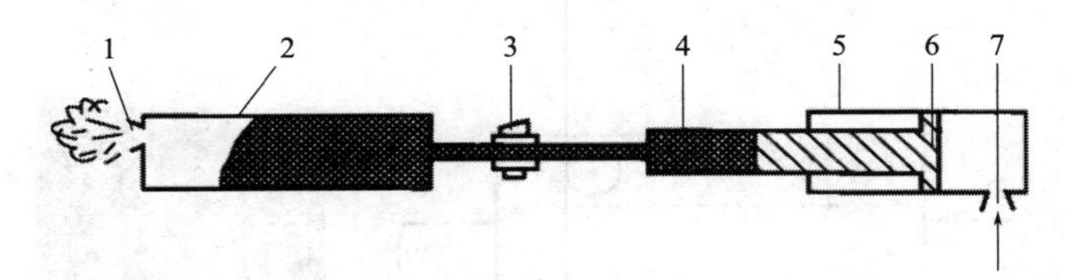

图 3-5　法兰连接处夹具注胶法堵漏

1—泄漏介质；2—护剂夹具；3—注剂阀；4—密封注剂；5—剂料腔；6—挤压活塞；7—压力油接管

三、塞楔堵漏

塞楔法利用韧性大的金属、木质、塑料等材料挤塞入泄漏孔、裂缝、洞内，实现带压堵漏的目的，见图 3-6。目前国外已经规范化了多种尺寸规格的标准木楔，专门用于处理裂缝及孔洞状的泄漏事故。

当用手力难以制止泄漏时，可先用木楔子塞在穿孔处，堵住泄漏。一般用于压力较低(一般小于 0.5MPa)、穿孔不大的场合。嵌入式木楔堵漏工具见图 3-7。

根据泄漏点的大小和形状，选择合适的干燥红松（或竹签、筷子、干枯树枝）削成前细后粗的楔子，一般长 60～100mm。在木楔的小头尖端缠紧聚四氟乙烯带后，再均匀地涂上一层糊状的氯丁橡胶，随后用手锤将木楔子打入漏孔，把木楔塞的出头锯掉，就完成了临时堵漏。也可用棉纱蘸上胶，顶在木楔头上打进去。

最后还需进行加固。可打管卡、用胶黏剂涂抹或缠绕玻璃钢补强。

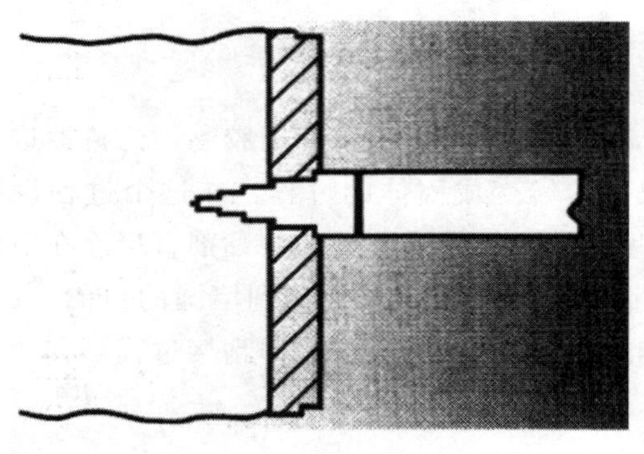

图 3-6　塞楔法示意图

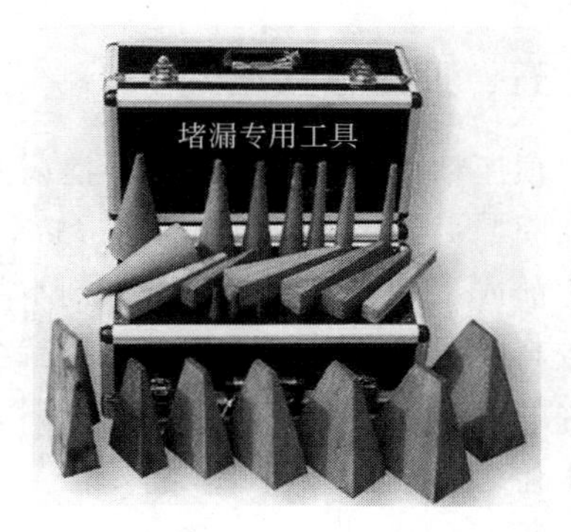

图 3-7　嵌入式木楔堵漏工具

四、填塞粘接堵漏

填塞粘接法的基本原理是依靠外力，将事先调配好的堵漏胶压在泄漏缺陷部位上，形成填塞效应，强行止住泄漏，并借助此种胶黏剂能与泄漏介质共存，形成平衡相的特殊性能，完成固化过程，达到堵漏密封的目的，见图 3-8。

堵漏胶是专供带压粘接密封条件下封闭各种泄漏介质使用的特殊胶黏剂，也常称为堵漏剂、冷焊剂、铁腻子、尺寸恢复胶等，见图 3-9。

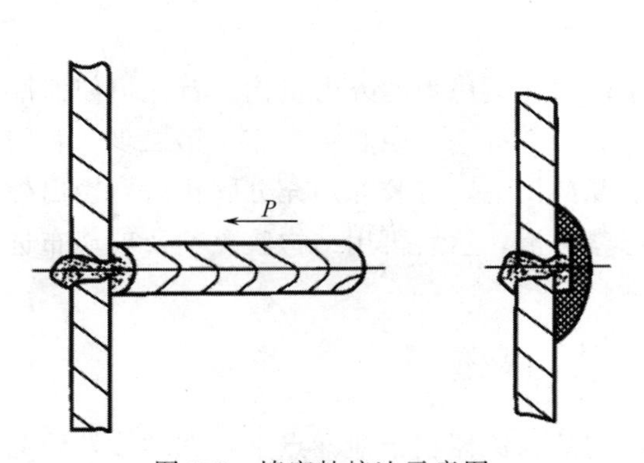

图 3-8　填塞粘接法示意图

图 3-9　快速堵漏胶棒

操作方法如下。

① 根据泄漏介质物化参数选择相应的堵漏胶品种。

② 清理泄漏点，除去泄漏介质外的一切污物及铁锈。

③ 按堵漏胶使用说明调配好堵漏胶（双组分而言），在堵漏胶的最佳状态下，将堵漏胶迅速压在泄漏缺陷部位上，待堵漏胶充分固化后，再撤出外力；单组分的堵漏胶则压在泄漏缺陷部位上，止住泄漏即可。

④ 泄漏停止后，对泄漏缺陷周围进行二次清理并修整圆滑，然后再用结构胶黏剂及玻璃布进行粘接补强，以保证新的带压密封结构有较长的使用寿命。

⑤ 泄漏介质对人体有伤害或泄漏缺陷位于人手难以接触的部位，可制作专用的顶压工具，将调配好的堵漏胶放在顶压工具的凹槽内，压向泄漏缺陷部位，待堵漏胶固化后，再撤出顶压工具。

五、顶压粘接堵漏

顶压粘接法首先借助大于泄漏介质的外力，止住泄漏，然后再利用胶黏剂的特性进行修补加固，见图 3-10。一般的胶黏剂都有一个从流体转变成固体的过程，在这个过程没有完成之前或是正在进行中，胶黏剂本身是没有强度的，如果把调配好的胶黏剂直接涂在泄漏压力较高的泄漏缺陷部位上，马上就会被喷出的泄漏介质带走，无法达到堵漏的目的。因此，最好的做法是让胶黏剂在没有泄漏介质干扰的情况下完成固化过程，即粘接过程是在泄漏介质止住之后进行的。

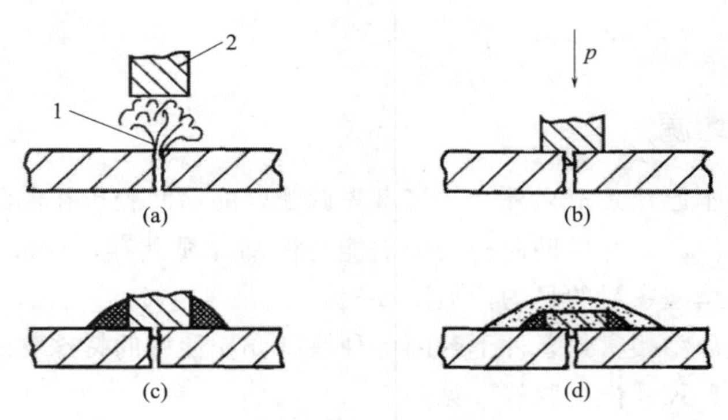

图 3-10　顶压粘接法

1—泄漏部位；2—顶压块

顶压粘接法的操作方法。第一步，利用大于泄漏介质压力的外力机构，首先迫使泄漏止住，然后对泄漏区域进行必要的处理，如除锈、去污、打毛、脱脂等工序。第二步，利用胶黏剂的特性将外力机构的止漏部件牢固地粘在泄漏部位上，待胶黏剂充分固化后，撤出外力机构。最后，对泄漏缺陷周围进行二次清理并修整圆滑，然后再用结构胶黏剂及玻璃布进行粘接补强。

六、引流粘接堵漏

引流粘接法是应用胶黏剂或堵漏胶把某种特制的引流器粘于泄漏点上，在粘接及胶黏剂的固化过程中，泄漏介质通过引流通道及排出孔被排放到作业点以外，这样就有效地实现了降低胶黏剂或堵漏胶承受泄漏介质压力的目的，待胶黏剂充分固化后，再封堵引流孔，实现堵漏的目的，见图 3-11。有一些特殊的泄漏点，如存在严重腐蚀的气柜壁上的泄漏孔洞、燃气管道及非金属管道上出现的泄漏，可以考虑采用引流粘接法进行堵漏作业。

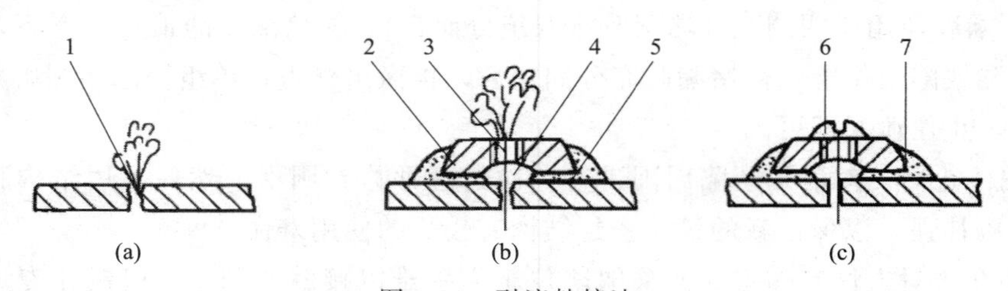

图 3-11　引流粘接法

1—泄漏缺陷；2—引流器；3—引流螺孔；4—引流通道；5—胶黏剂；6—螺钉；7—加固胶黏剂

引流粘接法的操作方法。首先根据泄漏点的情况设计制作引流器，做好后的引流器应与泄漏部位有较好的吻合性。对泄漏表面进行处理，根据泄漏介质的物化参数选择快速固化胶黏剂或堵漏胶，并按比例调配好，涂于引流器的粘接表面，迅速与泄漏点粘接，这时泄漏介质就会沿着引流通道及引流螺孔排出作业区域以外，而且不会在引流器内腔产生较大的压力，待胶黏剂或堵漏胶充分固化后，再用结构胶黏剂或堵漏胶及玻璃布对引流器进行加固，待加固胶黏剂或堵漏胶充分固化后，用螺钉封闭引流螺孔，完成堵漏作业。

七、钢带缠绕堵漏

钢带缠绕法使用钢带拉紧器，将钢带紧密地缠绕捆扎在漏点处的密封垫或密封胶上，制止泄漏，见图 3-12。这种方法简便易行，容易掌握，适合于压力低于 3MPa、直径小于 500mm、外圆齐整的管道、法兰；缺点是弹性很小。

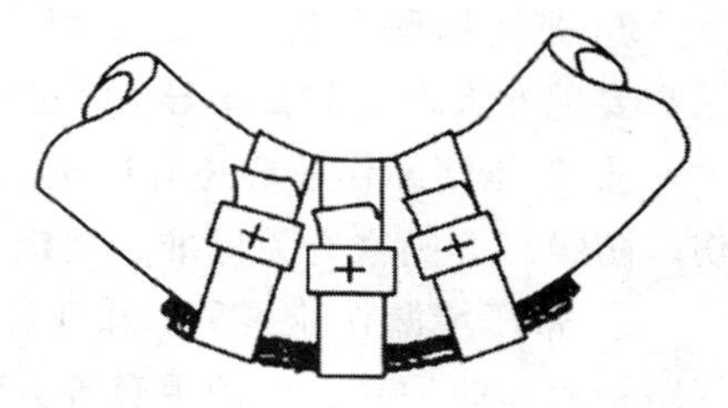

图 3-12　缠绕堵漏示意图

钢带拉紧器是拉紧钢带的专用工具，它由夹紧钢带的夹持手柄、拉紧钢带的扎紧手柄组成。

钢带拉紧器使用方法如下：

① 将钢带套在钢管上，其长度按钢管外周长及接扣长度截取，如图 3-13(a) 所示。

② 将钢带尾端 15mm 处折转 180°，钩住钢带卡扣，然后将钢带首端穿过钢带卡扣并围在泄漏部位外表面上，如图 3-13(b) 所示。

③ 使钢带穿过钢带拉紧器扁嘴，然后按住压紧杆，以防钢带退滑，如图 3-13(c) 所示。

④ 转动拉紧手把，施加紧缩力，逐渐拉紧钢带至足够的拉紧程度，如图 3-13(d) 所示。

⑤ 锁紧钢带卡上的紧定螺钉，防止钢带滑松，如图 3-13(e) 所示。

⑥ 推动切割把手，切断钢带，拆下钢带拉紧器，如图 3-13(f) 所示。

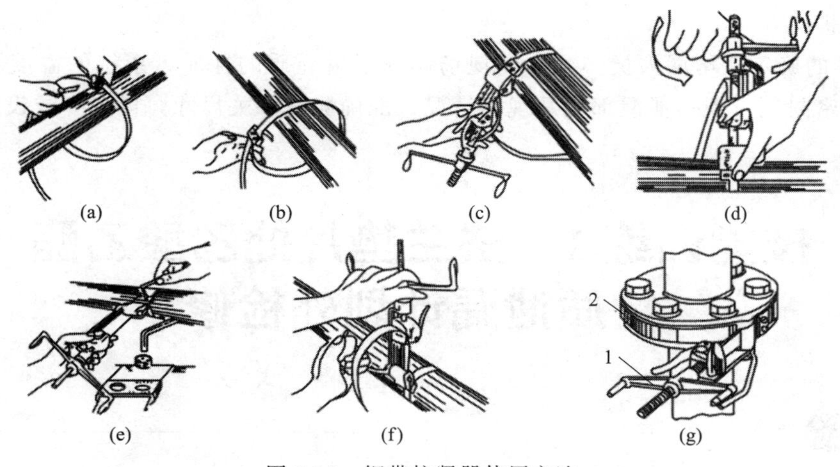

图 3-13　钢带拉紧器使用方法

1—钢带；2—钢带拉紧器

八、带压堵漏施工

① 带压堵漏人员必须经过专业部门的培训，考核合格后，方可上岗工作。

② 设置专业技术人员负责组织现场测绘，夹具设计及判定安全作业措施。

③ 施工方案的技术人员应全面掌握各种泄漏介质的物理、化学参数，特别是有毒有害、易燃易爆介质的物理、化学参数。

④ 对危险程度大的泄漏点，应由专业技术人员做出带压堵漏作业危险预测表，交由安全技术部门审批后，方可施工。

⑤ 带压堵漏作业必须有专职或兼职的安全员进行现场监督指导。必要时安全处、气防站都要配专人现场监督指导。

⑥ 带压堵漏作业要遵守防火、防爆、防静电、防化学品爆炸、防冻伤、防坠落、防碰伤、防噪声等国家有关标准、规定。

⑦ 带压堵漏作业人员，作业施工时必须佩戴适合工作需要的带有面罩的安全帽，穿戴好防护服、防护鞋、防护手套等劳动保护用品。

⑧ 高空施工作业，要办登高作业证。根据实际特点，架设带防护围栏的防滑平台，同时设有便于人员撤离泄漏点的安全通道。

⑨ 堵漏施工现场需进行用电、动火作业时，必须按相关安全防火技术操作规程办理用电、动火作业证，严禁在无任何手续的情况下进行用电、动火作业。

⑩ 在生产装置区堵漏易燃易爆泄漏介质钻孔时，应在钻孔表面上连续浇冷却液或喷蒸汽，降低温度使之无法出现火花。

⑪ 堵漏施工作业操作人员要站在泄漏点的上风口，或者用压缩空气、水蒸气把泄漏介质吹向一边，避免喷射到作业人员。

⑫ 对易燃易爆介质施工时，应采用防爆工具，且通风性要好，消防队、医务人员要在现场跟踪监护。

⑬ 方案的确定。堵漏人员必须先到现场详细了解介质的性质，系统的温度和压力，以选择合适的密封剂。观察泄漏部位及现场情况，准确测量有关尺寸，以选择或设计制造夹具及堵漏方案。

技能训练 1　法兰垫片处乙酸乙酯物质泄漏计划外检修

任务描述

某公司外操人员小王巡检时，发现乙酸乙酯物料精馏装置某管法兰用垫片因长时间受到物料腐蚀、振动等因素的影响，力学性能下降、弹性降低，引起了管法兰泄漏，见图 3-14。目前企业不在停车检修期，请完成应急抢修，尽快恢复生产。泄漏管线公称直径 DN50，公称压力 PN16，材质 16Mn。乙酸乙酯性质参见附录八。

图 3-14　乙酸乙酯物料精馏装置法兰垫片处泄漏

现场处置方案制定

1. 事故汇报

内操在中控室监视表盘，操作 DCS 系统控制生产装置各工艺指标在正常范围，保证安全生产。

外操按照巡回检查路线按时检查重要设备、管道、阀门、电器、仪表的运行情况，确保无安全隐患，并挂牌。装置有五个巡检点，分别是 P-101A，P-101B，E-101，FCV-101，FCV-102。巡检过程中，发现调节阀 FCV-101 法兰垫片处发生泄漏，使用对讲机报告班长和内操。

报告内容："报告，FCV-101 法兰垫片处乙酸乙酯物料泄漏。"

2. 启动应急预案

内操收到外操事故报告后，启动应急预案，并电话通知上级（调度室）。

报告内容："报告调度室，××班组发生乙酸乙酯泄漏。"

3. 工艺切换

外操现场进行工艺切换。先打开旁通阀 GV-107，再关闭后线阀门 GV-106，最后关闭 GV-105，然后迅速离开现场。

4. 选择个人防护用品和工具

个人防护用品和工具见表 3-1。

表 3-1　个人防护用品和工具

序号	项目	名称及规格	数量
1	作业工具	M24 铜制防爆扳手	4 把
		撬棍	1 根
		接液盒	1 个
2	个人防护用品	防静电服	2 套
		防静电手套	2 副
3	消防器材	干粉灭火器	1 个
		消防蒸汽	1 套
4	备品配件	金属缠绕垫片	1 个

5. 垫片更换

打开消防蒸汽阀门 GV-119，使用橡胶软管接引消防蒸汽到作业现场，预防初期火灾。作业工具一次性拿到现场。

打开 BV-208，使用接液盒收集放出的物料，直到物料不再流出。使用扳手拆卸法兰，用撬棍撬开法兰更换垫片，注意不能撬到阀门密封面。最后关闭阀门 BV-208。作业时操作员要背对法兰，两人合作分 2～3 次对角拆卸和安装螺栓或螺母，第一动作螺栓应为下螺栓。紧固件顺序为螺母、弹垫、平垫、法兰、平垫、弹垫、螺栓。工具随用随取，不用的工具及时放到工具箱，关闭工具箱盖。

6. 阀组恢复

先打开前线阀门 GV-105，再打开后线阀门 GV-106，最后关闭旁通阀门 GV-107。

7. 事故后处理

事故处理完后，用扫把清扫现场，归还作业工具。用干粉灭火器对泄漏物质覆盖喷射，消除安全隐患。还原消防蒸汽管，关闭消防蒸汽阀门 GV-119。废液倾倒入废料桶中。

8. 事故记录

用生产记录表记录本次生产事故。化工生产记录单参见附录七。

记录内容：××班组，在正常生产中，原料管线入口调节阀 FCV-101 处发生泄漏，泄漏物质为乙酸乙酯（溶液）。本班组已完成相关处理。

技能训练考核标准分析

本项目技能训练，需要从企业真实职业活动对从业人员操作技能要求的本质入手，以易燃易爆物料管线法兰垫片更换操作的技术内涵为基本原则，采用模块化结构，按照操作步骤的要求，编制具体操作技能考核评分表（表 3-2）。

通过标准和规范的制定实施，要求学生必须在规定的时间内，规范化完成垫片更换操作，正确合理地处理实训数据，形成正确的安全生产习惯，树立良好的职业素养。

教师在实践教学中也需要强化工作规范，加强操作示范与辅导相结合的技能操作训练，加强对训练进度和中间效果的监测与科学评估，客观、公正、科学、合理地评价学生，及时调整和优化教学内容及教学方法，保证技能训练的质量。

表 3-2　操作技能考核评分表

序号	考核项目	考核内容	分值	得分
1	岗前工作	现场巡检，挂巡检牌。 P-101A、P-101B、换热器 E-101、调节阀 FCV-101、调节阀 FCV-102，每检查一个点得 1 分	5 分	
		内操监视表盘	1 分	
2	事故汇报	外操报告：FCV-101 法兰垫片处乙酸乙酯物料泄漏	2 分	
3	应急预案选择	选择“法兰垫片处易燃易爆物质泄漏”应急预案	2 分	
4	专线通知上级	报告调度室，××班组发生乙酸乙酯泄漏	2 分	

续表

序号	考核项目	考核内容	分值	得分
5	个人防护工具	防静电服	1分	
		M24铜制防爆扳手	1分	
		干粉灭火器	1分	
		消防蒸汽(打开GV-119)	1分	
		防静电手套	1分	
		金属缠绕垫片	1分	
		废液盒	1分	
6	工艺处理	打开GV-107	6分	
		关闭GV-106		
		关闭GV-105		
7	垫片的更换	打开BV-208收集放空物料	2分	
		垫片的更换操作	16分	
		关闭BV-208	2分	
8	阀组恢复	打开阀门GV-105	6分	
		打开阀门GV-106		
		关闭阀门GV-107		
9	事故后处理	① 用干粉灭火器对泄漏物质覆盖喷射; ② 现场清理	5分	
10	事故记录	××班组××月××日××时,在正常生产过程中,发生FCV-101法兰垫片处泄漏,泄漏物质为乙酸乙酯,已处理完成	4分	
11	安全文明生产	个人防护用品穿戴符合安全生产与文明操作要求	10分	
		保持现场环境整齐、清洁、有序	5分	
		正确操作设备、使用工具	5分	
		沟通交流恰当,文明礼貌、尊重他人	5分	
		记录及时、完整、规范、真实、准确	5分	
		安全生产,如发生人为的操作安全事故、设备人为损坏、伤人等情况,安全文明生产不得分		
12	团队协作	团队合作能力	5分	
		自主参与程度	3分	
		是否为班长	2分	

技能训练组织

(1) 学生分组，按照任务要求，在规定的时间内完成垫片更换。

(2) 学生参照评分标准进行检查评价并查找不足。

(3) 教师按照评分标准进行考核评价。

(4) 师生总结评价，改进不足，将来在学习或工作中做得更好。

法兰垫片更换操作

法兰垫片更换操作见表 3-3。

表 3-3　法兰垫片更换操作

<table>
<tr><td colspan="2">1. 内操监盘、外操巡检</td></tr>
<tr><td>① 内操监盘
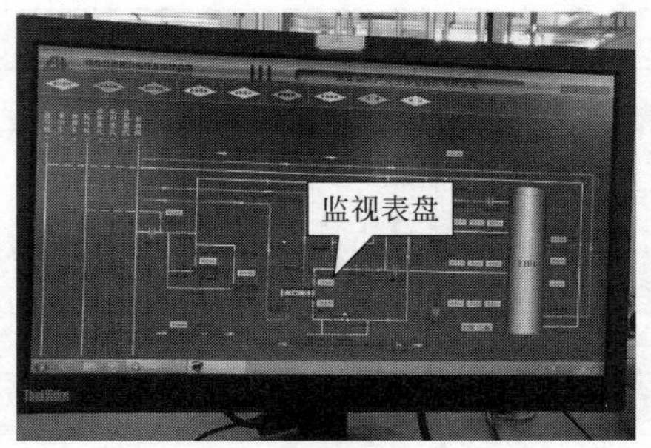
</td><td>② 外操巡检挂牌
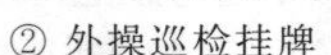

</td></tr>
<tr><td>③ 检查换热器、调节阀

</td><td>④ 检查离心泵

</td></tr>
<tr><td colspan="2">2. 发现事故，启动应急预案</td></tr>
<tr><td>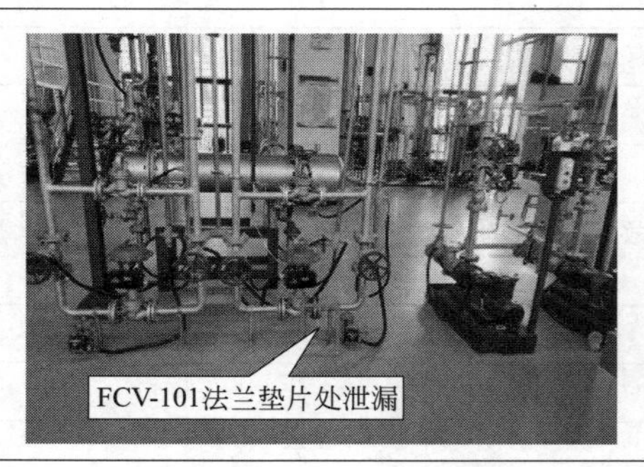
</td><td>
</td></tr>
<tr><td colspan="2">
</td></tr>
</table>

续表

3. 外操现场进行工艺切换	

4. 选择个人防护和工具	
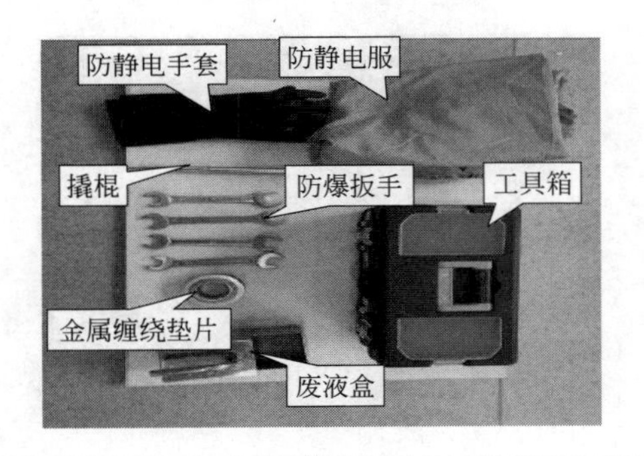	

续表

5. 垫片的更换	

6. 阀组恢复	

续表

7. 事故后处理

8. 清理现场

9. 事故记录

<table>
<tr><td colspan="12">生产记录表</td></tr>
<tr><td colspan="4">生产代码</td><td colspan="4">××班组</td><td colspan="4">××年××月××日</td></tr>
<tr><td colspan="4">班长</td><td colspan="4">签字</td><td colspan="4">本班××人</td></tr>
<tr><td colspan="12">生产记事</td></tr>
<tr><td colspan="12">××班组，在正常生产中，原料管线入口调节阀 FCV-101 处发生泄漏，泄漏物质为乙酸乙酯(溶液)。本班组已完成相关处理</td></tr>
<tr><td colspan="3">填写人</td><td colspan="3">签字</td><td colspan="3">班长确认</td><td colspan="3">签字</td></tr>
</table>

技能训练 2　法兰垫片处氰化钠溶液泄漏计划外检修

任务描述

某公司外操人员小王巡检时，发现氰化钠物质精馏装置某管法兰用垫片因长时间受到物料腐蚀、振动等因素的影响，力学性能下降、弹性降低，引起了管法兰泄漏（图 3-15），泄漏情况可控。目前企业不在停车检修期，请完成应急抢修，尽快恢复生产。泄漏管线公称直径 DN50，公称压力 PN16，材质 16Mn。氰化钠性质参见附录九。

图 3-15　法兰垫片处氰化钠溶液泄漏

现场处置方案制定

1. 事故汇报

内操在中控室监视表盘，操作 DCS 系统控制生产装置各工艺指标在正常范围，保证安全生产。

外操按照巡回检查路线按时检查重要设备、管道、阀门、电器、仪表的运行情况，确保无安全隐患，并挂牌。装置有五个巡检点，分别是 P-101A，P-101B，E-101，FCV-101，FCV-102。巡检过程中，发现调节阀 FCV-101 法兰垫片处发生泄漏，使用对讲机报告班长和内操，然后迅速离开现场。

报告内容：“报告，FCV-101 法兰垫片处氰化钠物质泄漏。”

2. 启动应急预案

内操收到外操事故报告后，启动应急预案，并电话通知上级（调度室）。

报告内容：“报告调度室，××班组发生氰化钠溶液泄漏，请求紧急疏散周围人员。”

3. 选择个人防护用品和工具

个人防护用品和工具见表 3-4。

表 3-4　个人防护用品和工具

序号	项目	名称及规格	数量
1	作业工具	M24 普通扳手	4 把
		撬棍	1 根
		接液盒	1 个
2	个人防护用品	轻型防化服	2 套
		化学防护手套	2 副
		化学防护眼镜	2 副
		过滤式防毒半面罩	2 个
3	消防器材	泡沫灭火器	1 个
		活性炭包	1 包
4	备品配件	金属缠绕垫片	1 个

4. 工艺切换

先打开旁通阀 GV-107，再关闭后线阀门 GV-106，最后关闭 GV-105，然后迅速离开现场。

5. 更换垫片

活性炭直接放到泄漏物质上，吸附溶液中的氰化物。作业工具一次性拿到现场。

打开 BV-208，使用接液盒收集放出的物料，直到物料不再流出。使用扳手拆卸法兰，用撬棍撬开法兰更换垫片，注意不能撬到阀门密封面。最后关闭阀门 BV-208。作业时操作员要背对法兰，两人合作分 2～3 次对角拆卸和安装螺栓或螺母，第一动作螺栓应为下螺栓。紧固件顺序为螺母、弹垫、平垫、法兰、平垫、弹垫、螺栓。工具随用随取，不用的工具及时放到工具箱，关闭工具箱盖。

6. 阀组恢复。

先打开前线阀门 GV-105，再打开后线阀门 GV-106，最后关闭旁通阀门 GV-107。

7. 事故后处理

事故处理完后，用扫把清扫现场，归还作业工具。用泡沫灭火器对泄漏物质覆盖喷射，消除安全隐患。废液倾倒入废料桶中。

8. 事故记录

生产记录表记录本次生产事故。化工生产记录单参见附录七。

记录内容：××班组，在正常生产中，原料管线入口调节阀 FCV-101 处发生泄漏，泄漏物质为氰化钠（溶液）。本班组已完成相关处理。

技能训练考核标准分析

本项目技能训练，需要从企业真实职业活动对从业人员操作技能要求的本质入手，以有毒物料管线法兰垫片更换操作的技术内涵为基本原则，采用模块化结构，按照操作步骤的要求，编制具体操作技能考核评分表（表 3-5）。

通过标准和规范的制定实施，要求学生必须在规定的时间内，规范化完成垫片更换操作，正确合理地处理实训数据，形成正确的安全生产习惯，树立良好的职业素养。

教师在实践教学中也需要强化工作规范，加强操作示范与辅导相结合的技能操作训练，加强对训练进度和中间效果的监测与科学评估，客观、公正、科学、合理地评价学生，及时调整和优化教学内容及教学方法，保证技能训练的质量。

表 3-5　操作技能考核评分表

序号	考核项目	考核内容	分值	得分
1	岗前工作	现场巡检，挂巡检牌。 P-101A、P-101B、换热器 E-101、调节阀 FCV-101、调节阀 FCV-102，每检查一个点得 1 分	5 分	
		内操监视表盘	1 分	
2	事故汇报	外操报告：FCV-101 法兰垫片处氰化钠物料泄漏	2 分	
3	应急预案选择	选择“法兰垫片处有毒有害物质泄漏”应急预案	2 分	
4	专线通知上级	报告调度室，××班组发生氰化钠泄漏	2 分	
5	个人防护用品和工具	轻型防化服	1 分	
		化学防护手套	1 分	
		化学防护眼镜	1 分	
		过滤式防毒半面罩	1 分	
		活性炭包	1 分	
		泡沫灭火器	1 分	
		金属缠绕垫片	1 分	
		普通扳手	1 分	
		废液盒	1 分	
6	工艺处理	打开 GV-107	6 分	
		关闭 GV-106		
		关闭 GV-105		
7	垫片的更换	打开 BV-208 收集放空物料	2 分	
		垫片的更换操作	16 分	
		关闭 BV-208	2 分	
8	阀组恢复	打开阀门 GV-105	6 分	
		打开阀门 GV-106		
		关闭阀门 GV-107		
9	事故后处理	① 泡沫灭火器对泄漏物质覆盖喷射； ② 现场清理	4 分	
10	事故记录	××班组××月××日××时，在正常生产过程中，发生 FCV-101 法兰垫片处泄漏，泄漏物质为氰化钠溶液，已处理完成	3 分	
11	安全文明生产	个人防护用品穿戴符合安全生产与文明操作要求	10 分	
		保持现场环境整齐、清洁、有序	5 分	
		正确操作设备、使用工具	5 分	
		沟通交流恰当，文明礼貌、尊重他人	5 分	
		记录及时、完整、规范、真实、准确	5 分	
		安全生产，如发生人为的操作安全事故、设备人为损坏、伤人等情况，安全文明生产不得分		
12	团队协作	团队合作能力	5 分	
		自主参与程度	3 分	
		是否为班长	2 分	

技能训练组织

（1）学生分组，按照任务要求，在规定的时间内完成垫片更换。
（2）学生参照评分标准进行检查评价并查找不足。
（3）教师按照评分标准进行考核评价。
（4）师生总结评价，改进不足，将来在学习或工作中做得更好。

法兰垫片更换操作

法兰垫片更换操作见表 3-6。

表 3-6　法兰垫片更换操作

1. 内操监盘、外操巡检	
① 内操监盘  	② 外操巡检挂牌 
③ 检查换热器、调节阀  	④ 检查离心泵 
2. 发现事故，启动应急预案	
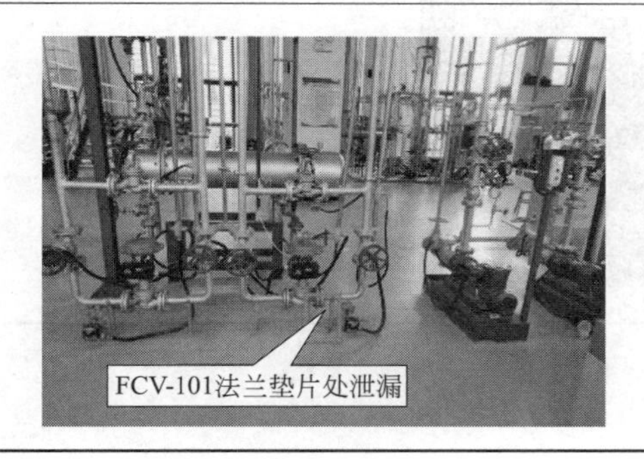 	

续表

3. 选择个人防护用品和工具

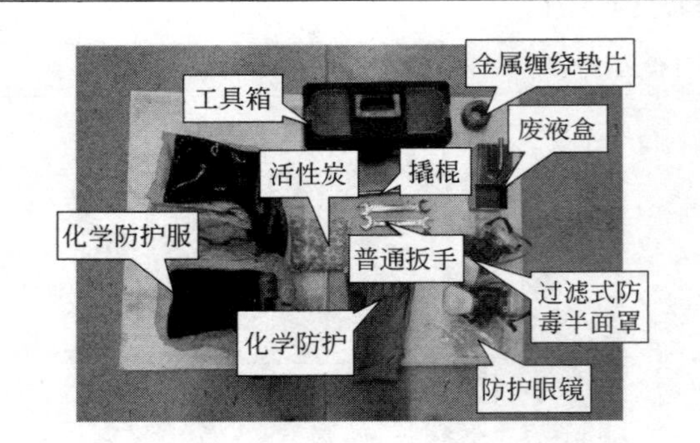

4. 工艺切换

续表

5. 垫片的更换	

6. 阀组恢复	

续表

7. 事故后处理

① 归还工具

② 覆盖喷射

③ 倾倒废液

④ 清理现场

8. 事故记录

生产记录表		
生产代码	××班组	××年××月××日
班长	签字	本班××人
生产记事		
××班组，在正常生产中，原料管线入口调节阀 FCV-101 处发生泄漏，泄漏物质为氰化钠(溶液)。本班组已完成相关处理		

填写人	签字	班长确认	签字

技能训练3　管线乙酸乙酯物质泄漏计划外检修

任务描述

某公司外操人员小王巡检时，发现乙酸乙酯物质精馏装置回流管线直管段因本身制造缺陷，且长时间受到物料腐蚀作用，管线穿孔，引起了泄漏（图 3-16）。目前企业不在停车检修期，请完成应急抢修，尽快恢复生产。泄漏管线公称直径 DN50，公称压力 PN16，材质 16Mn。乙酸乙酯性质参见附录八。

图 3-16　管线乙酸乙酯物质泄漏示意图

现场处置方案制定

1. 事故汇报

内操在中控室监视表盘，操作 DCS 系统控制生产装置各工艺指标在正常范围，保证安全生产。

外操按照巡回检查路线按时检查重要设备、管道、阀门、电器、仪表的运行情况，确保无安全隐患，并挂牌。装置有五个巡检点，分别是 P-101A，P-101B，E-101，FCV-101，FCV-102。巡检过程中，发现回流管线直管段发生泄漏，使用对讲机报告班长和内操。然后，迅速撤离现场。

报告内容："报告，回流管线直管段乙酸乙酯物料泄漏。"

2. 启动应急预案

内操收到外操事故报告后，启动应急预案，并电话通知上级（调度室）。

报告内容："报告调度室，××班组发生乙酸乙酯泄漏。"

3. 选择个人防护用品和工具

个人防护用品和工具见表 3-7。

表 3-7　个人防护用品和工具

序号	项目	名称及规格	数量
1	作业工具	M19 铜制防爆扳手	4 把
		M17 铜制防爆扳手	4 把
2	个人防护用品	防静电服	2 套
		防静电手套	2 副
3	消防器材	干粉灭火器	1 个
		消防蒸汽	1 套
4	备品配件	哈夫节(配套 8 个螺栓)	2 套

4. 哈夫节带压堵漏

打开消防蒸汽阀门 GV-119，使用橡胶软管接引消防蒸汽到作业现场，预防初期火灾。

作业工具一次性拿到现场。

哈夫节的橡胶垫应紧贴泄漏管道，两人合作分2～3次对角安装螺栓，螺栓朝向一致。紧固件顺序为螺母、平垫。工具随用随取，不用的工具及时放到工具箱，关闭工具箱盖。

5. 事故后处理

事故处理完后，用扫把清扫现场，归还作业工具。用干粉灭火器对泄漏物质覆盖喷射，消除安全隐患。还原消防蒸汽管，关闭消防蒸汽阀门GV-119。

6. 事故记录

生产记录表记录本次生产事故。化工生产记录单参见附录七。

记录内容：××班组，在正常生产中，回流管线直管段发生泄漏，泄漏物质为乙酸乙酯（溶液）。本班组已完成相关处理。

技能训练考核标准分析

本项目技能训练，需要从企业真实职业活动对从业人员操作技能要求的本质入手，以易燃易爆物料管线带压堵漏操作的技术内涵为基本原则，采用模块化结构，按照操作步骤的要求，编制具体操作技能考核评分表（表3-8）。

通过标准和规范的制定实施，要求学生必须在规定的时间内，规范化完成管线带压堵漏操作，正确合理地处理实训数据，形成正确的安全生产习惯，树立良好的职业素养。

教师在实践教学中也需要强化工作规范，加强操作示范与辅导相结合的技能操作训练，加强对训练进度和中间效果的监测与科学评估，客观、公正、科学、合理地评价学生，及时调整和优化教学内容及教学方法，保证技能训练的质量。

表3-8 操作技能考核评分表

序号	考核项目	考核内容	分值	得分
1	岗前工作	现场巡检，挂巡检牌。 P-101A、P-101B、换热器E-101、调节阀FCV-101、调节阀FCV-102，每检查一个点得2分	5分	
		内操监视表盘	1分	
2	事故汇报	外操报告：回流管线直管段乙酸乙酯物料泄漏	2分	
3	应急预案选择	选择“回流管线直管段易燃易爆物质泄漏”应急预案	2分	
4	专线通知上级	报告调度室，××班组发生乙酸乙酯泄漏	2分	
5	个人防护和工具	防静电服	1分	
		防静电手套	1分	
		M19铜制防爆扳手	1分	
		M17铜制防爆扳手	1分	
		干粉灭火器	1分	
		消防蒸汽（打开GV-119）	1分	
		哈夫节	1分	
		哈夫节配套螺栓	1分	

续表

序号	考核项目	考核内容	分值	得分
6	带压堵漏作业	哈夫节带压应急堵漏作业	30分	
7	事故后处理	① 干粉灭火器对泄漏物质覆盖喷射； ② 现场清理	5分	
8	事故记录	××班组××月××日××时，在正常生产过程中，发生回流管线直管段泄漏，泄漏物质为乙酸乙酯，已处理完成	5分	
9	安全文明生产	个人防护用品穿戴符合安全生产与文明操作要求	10分	
		保持现场环境整齐、清洁、有序	5分	
		正确操作设备、使用工具	5分	
		沟通交流恰当，文明礼貌、尊重他人	5分	
		记录及时、完整、规范、真实、准确	5分	
		安全生产，如发生人为的操作安全事故、设备人为损坏、伤人等情况，安全文明生产不得分		
10	团队协作	团队合作能力	5分	
		自主参与程度	3分	
		是否为班长	2分	

技能训练组织

（1）学生分组，按照任务要求，在规定的时间内完成管线带压堵漏。

（2）学生参照评分标准进行检查评价并查找不足。

（3）教师按照评分标准进行考核评价。

（4）师生总结评价，改进不足，将来在学习或工作中做得更好。

管线带压堵漏操作

管线带压堵漏操作见表3-9。

表3-9 管线带压堵漏操作

<table>
<tr><td colspan="2">1. 内操监盘、外操巡检</td></tr>
<tr><td>① 内操监盘
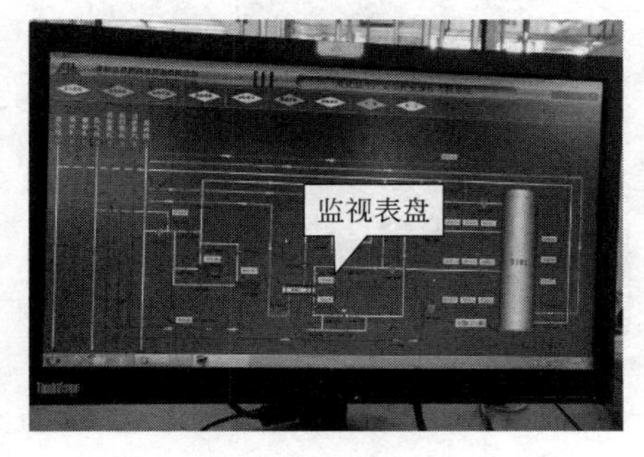
</td><td>② 外操巡检挂牌

</td></tr>
</table>

续表

③ 检查换热器、调节阀	④ 检查离心泵
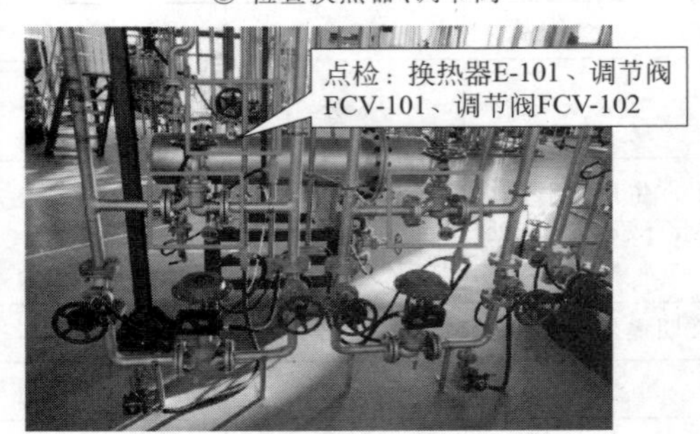	
2. 发现事故，启动应急预案	
	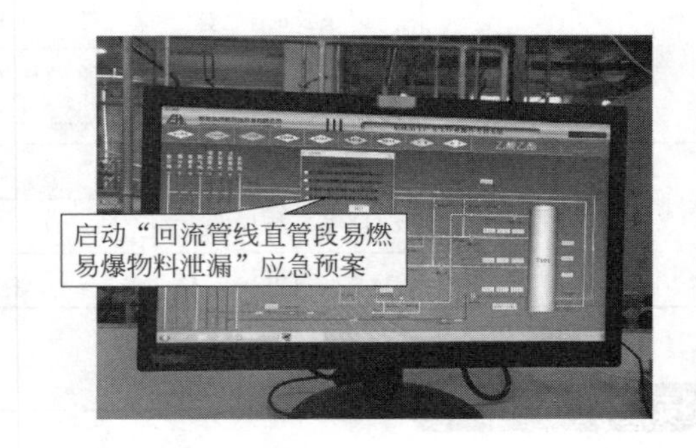

3. 选择个人防护和工具	
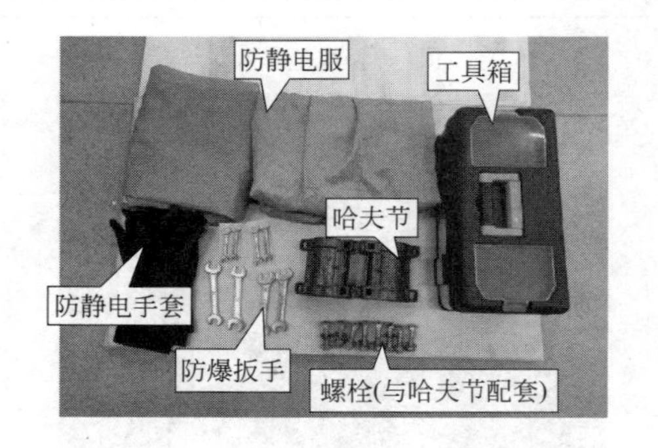	

续表

4. 哈夫节带压堵漏

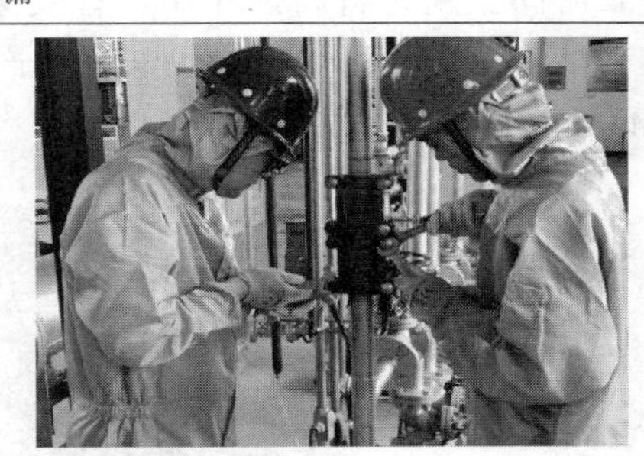

5. 事故后处理

6. 事故记录

<table>
<tr><td colspan="4">生产记录表</td></tr>
<tr><td>生产代码</td><td colspan="2">××班组</td><td>××年××月××日</td></tr>
<tr><td>班长</td><td colspan="2">签字</td><td>本班××人</td></tr>
<tr><td colspan="4">生产记事</td></tr>
<tr><td colspan="4">××班组，在正常生产中，回流管线直管段发生泄漏，泄漏物质为乙酸乙酯(溶液)。本班组已完成相关处理</td></tr>
<tr><td>填写人</td><td>签字</td><td>班长确认</td><td>签字</td></tr>
</table>

技能训练 4　管线氰化钠溶液泄漏计划外检修

任务描述

某公司外操人员小王巡检时，发现氰化钠物质精馏装置回流管线直管段因本身制造缺陷，且长时间受到物料腐蚀作用，管线穿孔，引起了泄漏，见图 3-17。目前企业不在停车检修期，请完成应急抢修，尽快恢复生产。泄漏管线公称直径 DN50，公称压力 PN16，材质 16Mn。氰化钠性质参见附录九。

图 3-17　管线氰化钠溶液泄漏

现场处置方案制定

1. 事故汇报

内操在中控室监视表盘，操作 DCS 系统控制生产装置各工艺指标在正常范围，保证安全生产。

外操按照巡回检查路线按时检查重要设备、管道、阀门、电器、仪表的运行情况，确保无安全隐患，并挂牌。装置有五个巡检点，分别是 P-101A，P-101B，E-101，FCV-101，FCV-102。巡检过程中，发现回流管线直管段发生泄漏，使用对讲机报告班长和内操。然后，迅速撤离现场。

报告内容："报告，回流管线直管段氰化钠物质泄漏。"

2. 启动应急预案

内操收到外操事故报告后，启动应急预案，并电话通知上级（调度室）。

报告内容："报告调度室，××班组发生氰化钠溶液泄漏，请求紧急疏散周围人员。"

3. 选择个人防护用品和工具

个人防护用品和工具见表 3-10。

表 3-10 个人防护用品和工具

序号	项目	名称及规格	数量
1	作业工具	M19 普通扳手	4 把
		M17 普通扳手	4 把
2	个人防护用品	轻型防化服	2 套
		化学防护手套	2 副
		化学防护眼镜	2 副
		过滤式防毒半面罩	2 个
3	消防器材	泡沫灭火器	1 个
		活性炭包	1 包
4	备品配件	哈夫节(配套 8 个螺栓)	2 套

4. 哈夫节带压堵漏

活性炭直接放到泄漏物质上，吸附溶液中的氰化物。作业工具一次性拿到现场。

哈夫节的橡胶垫应紧贴泄漏管道，两人合作分 2～3 次对角安装螺栓，螺栓朝向一致。紧固件顺序为螺母、平垫。工具随用随取，不用的工具及时放到工具箱，关闭工具箱盖。

5. 事故后处理

事故处理完后，用扫把清扫现场，归还作业工具。用泡沫灭火器对泄漏物质覆盖喷射，消除安全隐患。

6. 事故记录

生产记录表记录本次生产事故。化工生产记录单参见附录七。

记录内容：××班组，在正常生产中，回流管线直管段发生泄漏，泄漏物质为氰化钠(溶液)。本班组已完成相关处理。

技能训练考核标准分析

本项目技能训练，需要从企业真实职业活动对从业人员操作技能要求的本质入手，以有毒物料管线带压堵漏操作的技术内涵为基本原则，采用模块化结构，按照操作步骤的要求，编制具体操作技能考核评分表（表 3-11）。

通过标准和规范的制定实施，要求学生必须在规定的时间内，规范化完成管线带压堵漏操作，正确合理地处理实训数据，形成正确的安全生产习惯，树立良好的职业素养。

教师在实践教学中也需要强化工作规范，加强操作示范与辅导相结合的技能操作训练，加强对训练进度和中间效果的监测与科学评估，客观、公正、科学、合理地评价学生，及时调整和优化教学内容及教学方法，保证技能训练的质量。

表 3-11 操作技能考核评分表

序号	考核项目	考核内容	分值	得分
1	岗前工作	现场巡检，挂巡检牌。 P-101A、P-101B、换热器 E-101、调节阀 FCV-101、调节阀 FCV-102，每检查一个点得 1 分	5 分	
		内操监视表盘	1 分	

续表

序号	考核项目	考核内容	分值	得分
2	事故汇报	外操报告:回流管线直管段氰化钠物质泄漏	2分	
3	应急预案选择	选择“回流管线直管段氰化钠物质泄漏”应急预案	2分	
4	专线通知上级	报告调度室,××班组发生氰化钠物质泄漏	2分	
5	个人防护用品和工具	轻型防化服	1分	
		化学防护手套	1分	
		化学防护眼镜	1分	
		过滤式防毒半面罩	1分	
		活性炭包	1分	
		泡沫灭火器	1分	
		哈夫节(带配套螺栓)	1分	
		M19 普通扳手	1分	
		M17 普通扳手	1分	
6	带压堵漏作业	哈夫节带压应急堵漏作业	30分	
7	事故后处理	① 泡沫灭火器对泄漏物质覆盖喷射; ② 现场清理	5分	
8	事故记录	××班组××月××日××时,在正常生产过程中,发生回流管线直管段泄漏,泄漏物质为氰化钠,已处理完成	4分	
9	安全文明生产	个人防护用品穿戴符合安全生产与文明操作要求	10分	
		保持现场环境整齐、清洁、有序	5分	
		正确操作设备、使用工具	5分	
		沟通交流恰当,文明礼貌、尊重他人	5分	
		记录及时、完整、规范、真实、准确	5分	
		安全生产,如发生人为的操作安全事故、设备人为损坏、伤人等情况,安全文明生产不得分		
10	团队协作	团队合作能力	5分	
		自主参与程度	3分	
		是否为班长	2分	

技能训练组织

(1) 学生分组,按照任务要求,在规定的时间内完成管线带压堵漏。

(2) 学生参照评分标准进行检查评价并查找不足。

(3) 教师按照评分标准进行考核评价。

(4) 师生总结评价,改进不足,将来在学习或工作中做得更好。

管线带压堵漏操作

管线带压堵漏操作见表 3-12。

表 3-12　管线带压堵漏操作

1. 内操监盘、外操巡检	
① 内操监盘 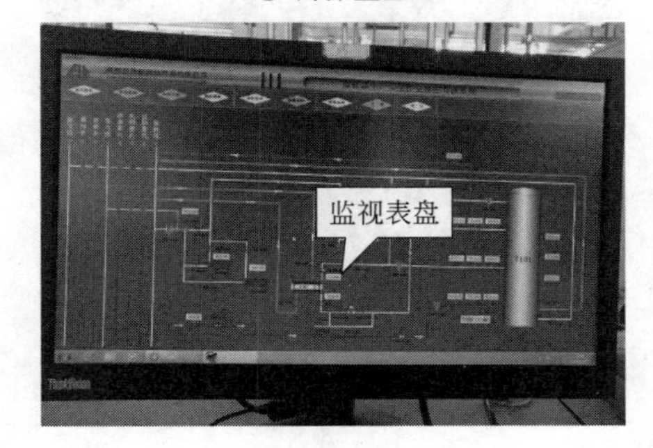 	② 外操巡检挂牌 
③ 检查换热器、调节阀  	④ 检查离心泵 
2. 发现事故，启动应急预案	
 	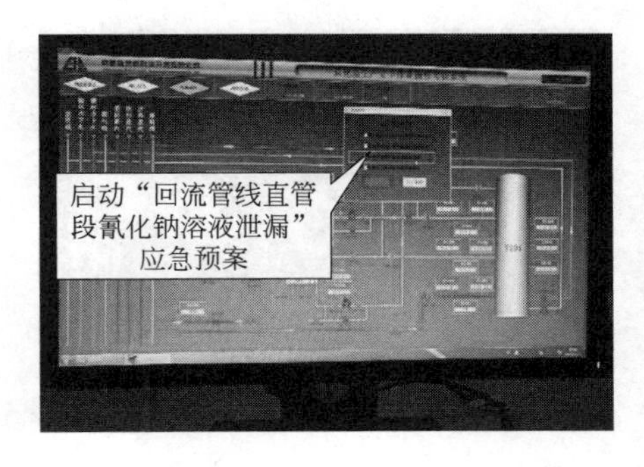

续表

3. 选择个人防护用品和工具	
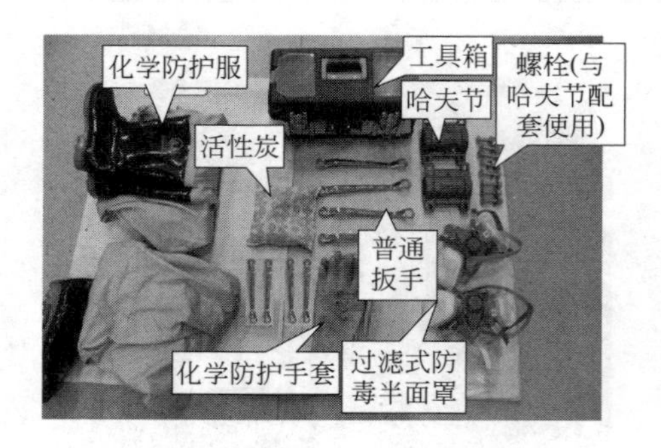	
4. 哈夫节带压堵漏	
	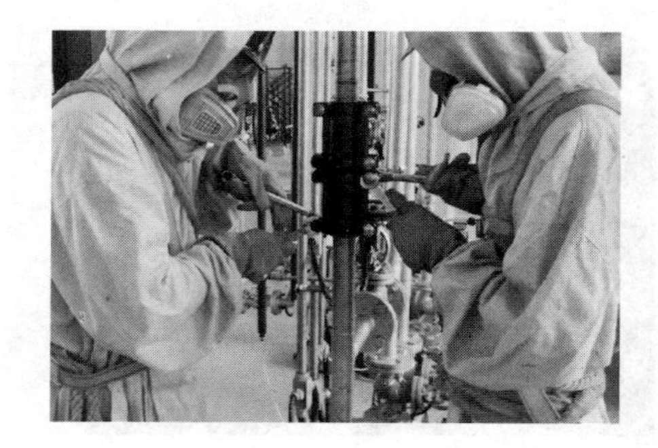
5. 事故后处理	

6. 清理现场	

续表

7.事故记录

<table>
<tr><td colspan="12">生产记录表</td></tr>
<tr><td colspan="4">生产代码</td><td colspan="4">××班组</td><td colspan="4">××年××月××日</td></tr>
<tr><td colspan="4">班长</td><td colspan="4">签字</td><td colspan="4">本班××人</td></tr>
<tr><td colspan="12">生产记事</td></tr>
<tr><td colspan="12">××班组，在正常生产中，回流管线直管段发生泄漏，泄漏物质为氰化钠(溶液)。本班组已完成相关处理</td></tr>
<tr><td colspan="3">填写人</td><td colspan="3">签字</td><td colspan="3">班长确认</td><td colspan="3">签字</td></tr>
</table>

模块四

计划性检修

学习目标

1. 能力目标

（1）能够进行含易燃易爆物料精馏装置的计划性检修。

（2）能够进行含有毒有害物料精馏装置的计划性检修。

2. 素质目标

（1）通过规范学生的着装、现场卫生、工具使用等，培养学生文明操作和安全意识。

（2）通过信息收集、小组讨论、练习、考核等教学活动，培养学生的语言表达能力、团队协作意识和吃苦耐劳的精神。

3. 知识目标

（1）熟悉高处作业、抽堵盲板作业、受限空间作业等特殊作业的安全技术要求。

（2）掌握化工装置计划性停车检修的安全操作流程。

任务实施

计划性检修指企业根据设备管理、使用经验和生产规律，对设备进行有组织、有准备、有安排、按计划进行的检修。根据检修内容、周期和要求的不同，计划检修又可分为大修、中修、小修。由于装置为设备、机器、公用工程的综合体，因此装置检修比单台设备（或机器）检修要复杂得多。

子任务一　检修前准备

化工装置检修前的准备工作是保证装置停好、修好、开好的主要前提条件，必须做到集中领导、统筹规划、统一安排，并做好“四定”（定项目、定质量、定进度、定人员）和“八落实”[组织、思想、任务、物资（包括材料与备品条件）、劳动力、工器具、施工方案、安全措施落实] 工作。除此以外，准备工作还应做到以下几点。

1. 组织准备

为了加强检修工作的集中领导和统一计划、统一指挥，以确保停车检修的安全顺利进行，中修和大修应建立检修指挥部，负责检修计划、调度，安排人力、物力运输及安全工作，在各级检修指挥机构中要设立安全组。各车间负责安全的负责人及安全员与厂指挥部安全组构成安全联络网。小修也要指定专人负责安全工作。

各级安全机构负责对安全规章制度的宣传、教育、监督、检查，办理动火、动土及检修许可证。

2. 制定检修方案

在检修计划中，根据生产工艺过程及公用工程之间的相互关联，制定详细的检修方案，主要包括检修时间、设备名称、检修内容、质量标准、工作程序、施工方法、起重方案、采取的安全技术措施，明确施工负责人、检修项目安全员、安全措施的落实人等。方案中还应包括设备置换、吹洗、盲板抽堵流程示意图等。

方案编制好后，编制人经检查确认无误并签字，经检修单位的设备主任审查并签字，然后送机动、生产、调度、消防及安全技术部门，逐级审批，经补充、修改使方案进一步完善。重大项目或危险性较大项目的检修方案、安全措施，由主管厂长或总工程师批准，书面公布，严格执行。

3. 进行技术交底，做好安全教育

检修前，安全检修方案的编制人负责向参加检修的全体人员进行检修方案技术交底，使其明确检修内容、步骤、方法、质量标准、人员分工、注意事项、存在的危险因素和由此而采取的安全技术措施等，达到分工明确、责任到人。同时还要组织检修人员到检修现场，了解和熟悉现场环境，进一步核实安全措施的可靠性。

技术交底工作结束后，由检修单位的安全负责人或安全员，根据本次检修的难易程度、存在的危险因素、可能出现的问题和工作中容易疏忽的地方，结合典型事故案例，进行系统全面的安全技术和安全思想教育，以提高执行各种规章制度的自觉性和落实安全技术措施重要性的认识，从思想上、劳动组织上、规章制度上、安全技术措施上进一步落实，从而为安全检修创造必要的条件。

4. 制定检修安全措施

为确保化工检修的安全，除了已制定的动火、动土、受限空间、登高、电气、起重等作业安全措施外，应针对检修作业的内容、范围，制定相应的安全措施，明确检修作业程序、进入施工现场的安全纪律，并指派人员负责现场的安全宣传、检查和监督工作。

5. 全面检查，消除隐患

装置停车检修前，应由检修指挥部统一组织，对作业现场及作业涉及的设备、设施、工器具等进行检查。检查人要将检查结果认真登记，并签字存档。检查包括以下几个方面。

（1）技术资料　AQ/T 9006—2010《企业安全生产标准化基本规范》规定：企业应严格执行文件和档案管理制度，确保安全规章制度和操作规程编制、使用、评审、修订的效力。企业应建立主要安全生产过程、事件、活动、检查的安全记录档案，并加强对安全记录的有效管理。化工生产记录单，参见附录七。

检修的技术资料主要包括：施工项目、内容的审定；施工方案和开、停车方案的制定；综合计划进度的制定；施工图纸、施工部门和施工任务以及施工安全措施的落实等。

（2）材料备件　根据检修的项目、内容和要求，准备好检修所需的材料、附件和设备，并严格检查是否合格，不合格的不可以使用。

（3）防护装备　根据检修的项目、内容和要求，准备好检修所需的安全及消防用具。如安全帽、安全带、防毒面具以及测氧、测爆、测毒等分析化验仪器和消防器材、消防设施等。

（4）检修器具合理堆放　检修用的设备、工具、材料等运到现场后，应按施工器材平面布置图或环境条件妥善布置，不能妨碍通行，不能妨碍正常检修，避免因工具布置不妥而造成工种间相互影响，负责设备检修的单位在检修前需将准备工作内容及要求向检修人员说明。

在检修过程中，要组织安全监察人员到现场巡回检查，发现问题及时纠正、解决，如有严重违章者，安全检查人员有权责令其停止作业。

子任务二　停车检修前的安全处理

做好设备检修前的化工处理是保证安全检修的前提条件，是工艺车间为安全检修创造良好条件的重要内容，化工处理上的任何疏忽都将给检修工作带来困难，甚至可能引起火灾、爆炸、中毒事故的发生。

化工处理包括停车、卸压、降温、排料、抽堵盲板、置换、清洗吹扫等内容，液体介质与固体残留物则必须进行排放、吹扫、清洗、清铲等工作。

化工工艺处理的主要任务是将交出的检修设备与运行系统或不置换系统进行有效的隔绝，并处于常温、常压、无毒、无害的安全状态。交出检修的设备不但要隔绝有毒有害、易燃易爆的物料来源，而且还应与氮气、蒸汽、空气、水等系统隔绝，以防止有害物质串入其他系统和设备中，具体措施和步骤如下所述。

一、停车操作

停车方案一经确定，应严格按照停车方案确定的时间、停车步骤、工艺变化幅度以及确认的停车操作顺序图表，有秩序地进行。停车操作应注意下列问题。

① 降温降压的速度应严格按工艺规定进行。高温部位要防止设备因温度变化梯度过大产生泄漏。化工装置中的介质多为易燃、易爆、有毒、腐蚀性介质，这些介质漏出会造成火灾、爆炸、中毒窒息、腐蚀、灼伤事故。

GB 30871—2014《化学品生产单位特殊作业安全规范》规定：

a. 作业时，作业点压力应降为常压，并设专人监护。

b. 介质温度较高，可能造成烫伤的情况下，作业人员应采取防烫措施。

需要打开的管线或设备必须与系统隔离，其中的物料应采用排尽、冲洗、置换、吹扫等方法除尽，使系统温度介于－10～60℃之间。塔内作业温度低于45℃后才可入塔。

② 停车阶段执行的各种操作应准确无误，关键操作采取监护制度。必要时，应重复指令内容，克服麻痹思想。执行每一种操作时都要注意观察是否符合操作意图。例如，开关阀门动作要缓慢等。

③ 装置停车时，所有的机、泵、设备、管线中的物料要处理干净，各种油品、液化石油气、有毒和腐蚀性介质严禁就地排放，以免污染环境或发生事故。可燃、有毒物料应排至火炬烧掉。残留物料排放时，应采取相应的安全措施。停车操作期间，装置周围应杜绝一切火源。

二、吹扫置换

为保证检修动火和罐内作业的安全，设备检修前内部的易燃、有毒气体应进行置换。易燃、有毒有害气体的置换，大多采用蒸汽、氮气等惰性气体作为置换介质，也可采用注水排气法将易燃、有害气体压出，达到置换要求。设备经惰性气体置换后，若需要进入其内部工作，则事先必须用空气置换惰性气体，以防窒息。置换作业的安全注意事项如下：

1. 可靠隔离

被置换的设备、管道与运行系统相连处，除关紧连接阀门外还应加上盲板，达到可靠隔离要求，并卸压和排放余液。

2. 制定方案

置换前应制定置换方案，绘制置换流程图。根据置换和被置换介质比重不同，选择置换介质进入点和被置换介质的排出点，确定取样分析部位，以免遗漏，防止出现死角。置换介质的比重大于被置换介质的比重时，应由设备或管道的最低点送入置换介质，由最高点排出被置换介质，取样点宜放在顶部位置及易产生死角的部位；反之，置换介质的密度比被置换介质小时，从设备最高点送入置换介质，由最低点排出被置换介质，取样点宜放在设备的底部位置和可能成为死角的位置。

3. 置换要求

用注水排气法置换气体时，一定要保证设备内被水充满，所有易燃气体被全部排出。故一般应在设备顶部最高位置的接管口有水溢出，并外溢一段时间后，方可动火。严禁注水未满的情况下动火。注水未满，会使设备顶聚集可燃性混合气体，一遇火种而发生爆炸事故，可能造成重大伤亡。用惰性气体置换时，设备内部易燃、有毒气体的排出除合理选择排出点位置外，还应将排出气体引至安全的场所。所需的惰性气体用量一般为被置换介质容积的3倍以上。对被置换介质有滞留的性质或者其密度和置换介质相近时，还应注意防止置换的不彻底或者两种介质相混合的可能。因此，置换作业是否符合安全要求，不能根据置换时间的长短或置换介质用量，而是应根据气体分析化验是否合格为准。

4. 取样分析

在置换过程中应按照置换流程图上标明的取样分析点（一般位于置换系统的终点和易成死角的部位附近）取样分析。

一般化工厂、炼油厂的蒸汽分为高、中、低压三个系统。高压系统的压力常为＞4～12MPa（A），中压系统的压力为1～4MPa，低压系统的压力小于1MPa。通常由锅炉或工业装置的废热锅炉提供蒸汽驱动压缩机和泵的透平，或作为换热器的热源。抽气式透平可提供低一级的中压蒸汽或低压蒸汽，蒸汽除供工艺加热外，还供吹扫、蒸汽伴热甚至采暖等使用。中、低压蒸汽系统蒸汽量不够时，可用高一级的蒸汽通过减温、减压后补入。

GB 50160—2008《石油化工企业设计防火标准（2018年版）》规定：灭火蒸汽管应从主管上方引出，蒸汽压力不宜大于1MPa。炼油和化工企业灭火蒸汽源的压力一般是0.6～1MPa。

GB 50517—2010《石化金属管道工程施工质量验收规范》规定：管道系统采用蒸汽吹扫时，管道系统的保温宜基本完成。蒸汽吹扫应先进行暖管，暖管过程中管道的热位移应在设计文件允许范围。管道系统蒸汽吹扫的气体流速不应低于30m/s。化工厂和炼油厂，吹扫蒸汽一般选用压力为1MPa的蒸汽。

用惰性气体作置换介质时，必须保证惰性气体用量（一般为被置换介质容积的3倍以上）。氮气吹扫压力一般为0.6MPa或2.5MPa，但不得超过设计压力，并设专人监视压力表。

三、安全隔离

停工检修的设备必须和运行系统可靠隔离，这是化工安全检修必须遵循的安全规定之一。以往检修，由于没有隔离措施或隔离措施不符合安全要求，致使运行系统内的有毒、易燃、腐蚀、窒息和高温介质进入检修设备造成事故，教训极为深刻。

检修设备和运行系统隔离的最保险的办法是将与检修设备相连的管道、管道上的阀门、伸缩接头等可拆部分拆下，然后在管路侧的法兰上安装盲板。如果无可拆部分或拆卸十分困难，则应在和检修设备相连的管道法兰接头之间插入盲板。

抽堵盲板属于危险作业，应办理作业许可证的审批手续，并指定专人负责制定作业方案和检查落实相应的安全措施。除此以外，抽堵盲板应做好如下安全技术措施。

1. 保持正压抽堵

抽堵盲板前应检查确认系统内的压力、温度降到规定要求，并在整个作业期间有专人监视和控制压力变化，保持正压，严防负压吸入空气造成事故。

2. 严防中毒

作业前要穿戴好防护用品，使用前认真检查，按规定要求正确使用并在专人监护下进行工作，作业时间不宜过长，一般不超过 0.5h，超过应轮换休息。

3. 防止着火

带有可燃易爆介质抽堵盲板时应准备好消防器材、水源，作业期间周围 25m 内停止一切动火作业并派专人巡查，禁止用铁器敲击，应使用专用的防爆工具，如用手提灯照明时则应使用 36V 的防爆灯具。

4. 注意高处作业安全

2m 以上作业应严格遵守高处作业安全规定。

5. 安全拆卸法兰螺栓

拆卸法兰螺栓时应隔一两个松一个，应对称缓慢进行，待压力温度降到规定要求，并将管道中的热水、酸碱等余液排尽至符合作业条件时方可将螺栓全部拆下。拆卸法兰螺栓时，不得面对法兰或站在法兰的下方，防止系统内介质喷出伤人。

四、清扫与清洗

对置换和吹扫都无法清除的油垢和沉积物，应用蒸汽、热水、溶剂、洗涤剂或酸、碱来清洗，有的还需人工铲除。这些油垢和残渣如铲除不彻底，即使在动火前分析设备内可燃气体含量合格，动火时由于油垢、残渣受热分解出易燃气体，也可能导致着火爆炸。

1. 水洗

水洗适用于对水溶性物质的清洗。常用的方法是将设备内灌满水，浸渍一段时间。如有搅拌或循环泵则更好，使水在设备内流动，这样既可节省时间，又能清洗彻底。

2. 水煮

冷水难溶的物质可加满水后用蒸汽煮。此法可以把吸附在垫圈中的物料清洗干净，防止垫圈中的吸附物在动火时受热挥发，造成燃爆。有些不溶于水的油类物质，经热水煮后，可能化成小液滴而悬浮在热水中，随水排出。此法可以重复多次，也可在水中放入适量的碱或洗涤剂开动搅拌器加热清洗。

3. 蒸汽冲

对不溶于水、常温下不易汽化的黏稠物料，可以用蒸汽冲的办法进行清洗。要注意蒸汽压力不宜过高，喷射速度不宜太快，防止高速摩擦产生静电。

4. 化学清洗

对设备、管道内不溶于水的油垢、水垢、铁锈及盐类沉积物，可用化学清洗的方法除去。碱洗法是用氢氧化钠液、磷酸氢钠、碳酸氢钠并加适量的表面活性剂清洗，在适当的温度下进行。酸洗法是用盐酸加缓蚀剂清洗，对不锈钢及其他合金钢则用柠檬酸等有机酸清洗。

一般说来，较大的设备和容器在物料排出后，都应进行蒸煮水洗，如炼化厂塔、容器、油品储罐，乙烯装置、分离区脱丙烷塔、脱丁烷塔等。

为了做好设备检查和维修，一般在压力容器和操作系统的其他重要设备上都设置了排放接管，用以排放吹扫过程的废气、惰性气体或蒸汽，以及排空聚集的残留液体或其他物料。在打开排放管及人孔时，要特别小心注意，要注意在排放管及人孔中有可能还积存着某些液体、沥青、焦炭或类似的残留物料。这些残留物料有时可能温度很高，也可能还带有压力，一不小心会伤害人体，引起意外事故的发生。

停车检修作业的一般安全要求，原则上也适用于小修和计划外检修等停车检修，特别是临时停车抢修，更应树立“安全第一”的思想。临时停车抢修和计划检修有两点不同：一是动工的时间几乎无法事先确定；二是为了迅速修复，一旦动工就要连续作业直至完工，所以在抢修过程中更要冷静考虑，充分估计可能发生的危险，采取一切必要的安全措施，以保证检修的安全顺利。

子任务三　作业安全分析

作业安全分析（JSA），又称为作业危险分析（JHA），是一种定性风险分析方法，实施作业安全分析能够识别作业中潜在的危害，确定相应的预防与控制措施，提供适当的个体防护装置，以防止事故的发生，防止人员受到伤害。

一、危害因素辨识

危险因素是指对人造成伤亡或对物造成突发性损害的因素，强调伤害突发性；有害因素是指影响人的身体健康、导致疾病或对物造成慢性损害的因素，强调危害的长期性。危险因素和有害因素统称为危害因素。

根据危险源在事故发生、发展中的作用，把危险源划分为两大类，即第一类危险源（能量或危险物质）和第二类危险源（四种失控状态）。危害因素辨识时，首先识别第一类危险源可能导致的事故是什么，然后再去寻找导致事故的原因是什么，也就是第二类危险源。危害因素辨识的内容如表 4-1 所示。

表 4-1　危害因素辨识清单

第一类危险源(根源)		
能量	机械能	包括运动物体以及静止物体的运动部分,可造成物体打击、车辆伤害、机械伤害
	热能	包括高温、低温物质,可造成灼烫、冻伤、火灾、爆炸
	电能	包括所有类型和所有电压等级的电,如高压电、电池、静电等。可能造成触电、火灾、灼伤等
	化学能	各种形态的(气体、液体、粉尘或固体)物质内部固有的能量的释放,包括毒性、可燃性、可爆性、腐蚀性等,可导致中毒、窒息、职业病、火灾、爆炸、腐蚀
	重力势能	可导致人或物体倒地、倒塌、坍塌、高处坠落、冒顶、片帮、起重伤害
	压力势能	各种气体、液体以及弹簧等都可能存在压力势能。释放时可造成危害,如钢炉爆炸、压力容器爆炸
	声能	声能也是压力能量的一种,可能造成耳鸣、耳聋等听力伤害,一般要单独考虑
	人体能量	人体自身活动产生的能量,比如人工搬运、推、拉、跑、爬、固定姿势等
	辐射	包括核辐射、同位素辐射、太阳辐射等,可造成急性或慢性伤害、职业病等
	生物能	各种生物产生的危害,比如细菌、动物(如毒蛇)、有毒植物、病毒、病原体载体等,可能导致各类中毒、疾构和伤害
危险物质	如硫化氢、一氧化碳、甲醛、氰化钾等有毒有害的气、液、固态等化学物质	

续表

第二类危险源(状态)	
人的失误	如工作态度不正确、技能或知识不足、生理/心理状况不佳、劳动强度过大或工作时间过长、劳保用品穿戴不当等
机(物)故障	如设备/材料质量低劣、腐蚀造成设备泄漏、电气设备绝缘损坏造成漏电或短路、联锁控制系统失效、报警装置误报、安全泄放装置失效等
管理缺陷	目标制定不合理、制度建设不完善、培训计划未有效完成、变更管理不到位、监督检查工作执行不力等
环境不良	室内外作业环境不良,如照明、气温、湿度、作业空间大小、有害气体含量、建筑物结构等

在实际操作过程中,进行危害因素识别,可参考事先编制好的危害因素辨识提示表。表4-2为工作前安全分析清单,供参考。

表 4-2 工作前安全分析清单

危险性	控制措施				
	在适合处打钩				需要时补充
物理方面					
1.1 噪声(桩机、压缩机、泵)	限制暴露时间		噪声监测		
	报警标志/通告		屏蔽/防护栏		
	安装消声器/消音器		成套 PPE 耳塞+耳套		
	单个 PPE 耳塞		低噪声设备		
1.2 温度(与冷热表面接触,如邻近设备、保温、低温、自动制冷、裸法兰;作业环境高温/低温)	限制暴露时间		温度/湿度测量		
	机械通风		个人防护设备(规定)		
	遮蔽/挡板		休息 & 恢复精力		
1.3 恶劣气候(冰雪、下雨、海上情况、大小风、沙尘暴等)	停止工作		有系带的安全帽		
	限制进入		个人防护设备(规定)		
	提供掩蔽处		提前预报		
1.4 振动(敲击工作、重型装置使用或设备保养不良等)	支架/减振器		定期休息		
	检查设备灵敏度				
1.5 挖掘(污染土壤、掩埋、护边)	防护栏/照明		交通管制		
	道路封闭		道路盖板		
	如果深度大于1.3m,办理受限空间作业证		通道/出口/支护/斜坡		
1.6 照明(强烈、照明不良、散光等)	手提灯		照明灯柱		
	危险区域设备		临时供电		
1.7 滑坡/绊倒/坠落(不平/滑表面、作业环境不整洁、冰等)	表面去除油脂		防滑涂层		
	坠落防护设备		表面不均匀的步屋板		
	边缘设扶手		警告标志		
	危险警示带		安全设备位置		
	防滑踏板		防护栏		
	高处的固定缆绳				

续表

危险性	控制措施				
	在适合处打钩				需要时补充
物理方面					
1.8 压力/储存能量/高压水喷射(压缩空气、高压蒸汽,带压流体或气体等)	泄压/排放		限制管线移动		
	控制进入该区域		使用认证的设备		
	隔离				
	防护服和护目镜		警示标志(通告)		
1.9 压力试验(悬挂负荷、液压系统等)	作业区域设置防护栏		遵守安全工作程序		
	在白天作业		附加的 PPE(规定)		
	控制作业区的人员		排水		
	排出气泡		逐渐增加压力		
1.10 手工处理(如人工搬运、吊升、推拉等)	使用机械		卸去负荷		
	手工处理评估		两个以上人员		
	体力测试		个人防护设备,培训		
1.11 粉尘	保持地面湿润		抽吸		
	个人防护设备(规定)		通风		
	呼吸保护设备(规定)		设备接地以免静电		
……	……		……		……
电气方面					
2.1 静电	设备接地		设备屏蔽接地		
	泡沫地毯				
2.2 电压	剩余电流装置		设备检查		
2.3 使用电动工具	便携式工具的测试		危险区域		
	最大 110V		动火作业许可证/临时用电许可证		
	工作位置有防护措施		适当的 PPE		
2.4 照明	手提灯		保证供电		
	照明灯塔				
……	……		……		
着火/爆炸					
3.1 起火源(明火,打磨、切割、钻孔、焊接产生的火花,表面温度高,摩擦静电,接地无/损坏,附近工艺排空和导凝产生的残余烃类化合物等)	动火作业许可证		惰性气体		
	灭火器		火灾探测器		
	消防水管		消防备用品		
	水幕		连续的气体监测		
	屏障/防火布				
3.2 气瓶	正确存放		连接软管状况		
	防火装置		使用前检查		
	限制车辆进入		火花抑制装置		

续表

危险性	控制措施				
	在适合处打钩				需要时补充
着火/爆炸					
3.2 气瓶	定期气体测试		连续的气体试验		
	正确的个人防护设备		通风		
	压力表		锁紧扳手		
3.3 爆炸(内破)化学品、压力(真空)、灰尘。雾气、低点燃能量材料(如氢气)等	压力监控		泄压设施		
	火灾探测器		屏障/防火布		
	水幕		连续的气体监测		
	消防水管		灭火器		
	消防备用品				
……	……		……		……
化学品与健康					
4.1 与化学品或危险物品(烟雾、蒸气、粉尘)接触(腐蚀性、有毒、有害、刺激性、氧化、易燃、敏感等)	对健康有害物质控制的评估		就地排气通风		
	材料安全数据		监控		
	个人防护设备(规定)		呼吸保护设备(规定)		
	呼吸装置		限制暴露时间		
	密封罐车		作业区设置防护栏		
	机械通风		安全警示标识(安全标签)		
	洗眼设备		培训		
4.2 化学品的存放	就地通风		对该区域筑堤隔开		
	警告标志/通告		急救/洗眼设施		
	分类存放		危险化学品评估		
	材料安全数据单信息		应急处置设施		
4.3 电离辐射	查阅现场程序				
4.4 医疗健康	由护士进行健康检查		限制工作活动		
环境					
5.1 气味/散发	关闭蒸气		通知联络人员和 HSE 人员		
	空气采样		控制该区域		
5.2 向地表水中排放	测试 pH 值		封闭易引起火灾建筑物		
	该区域筑堤		有备用真空罐		
5.3 固体/液体废物	处理方式		罐车/废物箱		
	堆放区		废物上贴标签		
5.4 存在淹溺的环境(波浪、潮水、湿滑表面、水池、污油地等)	气候警示		防护围栏		
	防滑设施		完好的盖板		
	警示标识		个人防护设备		
……	……		……		

续表

危险性	控制措施				
	在适合处打钩				需要时补充
吊装作业					
6.1 地下设施/电缆	检查地基		审视图纸		
	履带式推土机		起重机合格证		
6.2 地面状况	钢垫板		用长吊臂起重机		
6.3 可操纵性/摆动限制性	防护栏		增加起重信号工		
	安全巡逻员				
6.4 区域/进入/出口的控制	道路封闭通告		交通管制		
	起重信号工		隔开起重区域		
	设备离孔洞保持 2m 远		标志/通告		
	较小的负载		选择合适的时间进行		
6.5 在带电设备上方吊装	对意外情况作出计划		脚手架平台		
	隔离设备		减少提升高度		
6.6 在电缆上方/下方吊装	竖立杆		驾驶舱隔离		
	警示带		通知电气部门		
6.7 照明/可见度	塔式照明		增加起重信号工		
6.8 负载没有标记	检查记录		与上级联络		
	核对安全工作负载指示				
6.9 人员升降	指定的升降设备		安全降落区		
	坠落防护吊绳		与吊装设备分开		
	最大风速 30m/h		与上级联络		
	只用认证合格的设备		对区域控制		
……	……		……		
隔离					
7.1 未经证实的隔离	通风/排水		氮气吹扫		
	开放蒸汽		注水		
	检查管线压力		个人防护设备		
	气体试验				
7.2 断开安全外壳/疏水口/下水道	防护镜/护目镜		安全外壳/筑堤		
	盖住疏水口		呼吸保护设备		
	呼吸器械		PPE 个人防护设备		
7.3 不良的搬运方案	起重机		临时提升梁		
	人工搬运评估		结构		
7.4 不合适的通道/出口	安装临时脚手架		清理平台		
	增加起重信号工		提供 2 个通道		
……	……		……		……

续表

危险性	控制措施				
	在适合处打钩				需要时补充
人员					
8.1 学员/实习生	增加培训		不断的监督		
	作业危险评估		限制体力活动		
8.2 能力	评估合同细节		证书检查		
	附加作业培训		不断的监督		
	精通工作前安全分析				
8.3 对其他工作/人员的影响	工作前安全分析或许可证审核		用防护栏控制区域		
	审核其他工作		现场检查和监督		
……	……		……		……
限制空间的进入					
9.1 缺氧	氧气监测/连续呼吸器		如 19.5%<O_2 浓度<20.5%，不需要呼吸器即可进入		
	如 O_2 浓度<19.5%，应使用专业呼吸器		通风		
9.2 可燃物品的使用	通风		气体/低爆炸限监视		
	个人保护设备/呼吸保护设备		可燃气体的浓度应为最低量		
	危险化学品的评估		使用防爆设备和消防设备		
	储存在外边				
9.3 危险物/气体的进入	建盖当地的排水沟		连续空气监测		
	防止排放				
9.4 产生有毒烟雾/剩余物	通风		呼吸器械		
	个人防护设备/呼吸保护设备		气体监测(连续)		
	污泥分析				
9.5 灰尘	监视空气中的灰尘		就地排气通风		
	危险化学品评估		呼吸保护设备(规定)		
	加强空气通风		使地面保持湿润		
9.6 身体限制	限制个人嗅闻		机械通风		
	避免内部储存		限制物体移动		
	减震帽				

续表

危险性	控制措施				
	在适合处打钩				需要时补充
限制空间的进入					
9.7 温度/湿度	温湿度测量		限制暴露时间		
	间断性休息		个人防护设备/呼吸保护器		
	强制通风		人员的交替		
	最大 40℃限制				
9.8 静电/限制导体地点	设备接地		安全开关		
	低压设备(＜12V)		和电力部门商议		
9.9 应急安排	应急道路通畅		道路交通管制		
	消防车就绪		安全带/救生索		
	安全部门的指导		有救援队伍		
	救护车备用		计划道路路线		
	区域控制				
9.10 进/出口	临时平台		防护栏/标志		
	露天保护设施		良好的照明		
	手电筒		个人照明		
	救生索				
9.11 通信/进入控制	有限空间进出的记录		监护人		
	设置道路看守人		无线电		
	火灾探测器		警笛/雾号/哨子		
9.12 限制搬运	拆卸设备		人工搬运评估		
	啮合装置		提供“A”框架		
9.13 放射源	参考现场程序		警告标记		
	防护栏/通告		工作许可证		
	PPE 个人防护设备				
9.14 绝缘	参照现场程序		污染物掩蔽		
	空气监测		个人防护设备/呼吸保护设备		
9.15 照明	标识危险区域		低电压:24V		
	闪光灯		泛光照明		
	接地				
9.16 着火/爆炸	减少粉尘的累积		动作许可证		
	连续气体监测		防止火花飞溅措施		
	火灾探测器		防止弧光眼的隔板		
	灭火器		消防水管		

续表

危险性	控制措施				
	在适合处打钩				需要时补充
限制空间的进入					
9.17 涉及其他的影响	烟气排放方案		工作区域隔离		
	许可证审核		进入容器/监护人		
9.18 穿戴呼吸器进入	只有经过呼吸器使用培训的人员		作业许可证		
……	……		……		
高空作业					
10.1 高空坠落	提供和强制穿戴 PPE 以防止坠落(即防滑鞋、安全带、保险带、吊绳、坠落制动设备)		尽可能提供专用的稳定的工作平台		
	锚固点		人工复原		
	停止工作		提供护栏		
	提供固定在货车上的平台		根据设计按顺序搭建和拆除		
	在工作平台范围内作业		提供吊车吊篮		
	安装防风屏		提供可升降平台		
	提供吊篮		提供合适的边缘保护		
10.2 坠落部件	不足以支持结构物的地面支承		不恰当的踢脚板保护		
	恶劣气候		扇形落物保护装置		
	密目安全网				
……	……		……		……
交通控制					
11.1 车辆碰撞	交通路线计划		交通指挥人员		
	单行道系统		车辆检查表		
……	……		……		……

此外，在识别危害因素时还应参考表 4-3。

二、风险控制

危险是指系统中存在导致发生不期望后果的可能性超过人们的承受程度。危险是人们对事物的具体认识，必须指明具体对象，如危险环境、危险条件、危险状态、危险物质、危险场所、危险人员、危险因素等。

风险是指发生危险事件或有害暴露的可能性，与随之引发的人身伤害或健康损害的严重性的组合。危险是风险的前提，风险是由危害事件出现的概率和可能导致的后果严重程度的乘积来表示。风险是衡量危险的指标。危险客观存在，不能客观改变；风险则是人们用来判断危险性的表征，通过人的主观意志和合理的控制措施，能够在一定程度上降低风险值。

表 4-3 作业危害分析表（PPEME）

人员		
1		特殊作业是否具备资质
2		作业人员是否有足够的与本工作相关的知识和培训
3		新员工/新手占作业队伍的比例是否太大(60%以上)
4		作业人员选择是否合适
	a	体力和身材是否合适
	b	是否有视力-色盲/近视,听觉缺陷
	c	是否适合女工,如怀孕、经期等
	d	是否适合有年龄限制
	e	是否患有影响工作的疾病,如心脏病、高血压、残疾、恐高症、血糖低、癫痫等
5		人员身体移动和站位
	a	长时间重复弯腰,扭腰,过度用力等
	b	上下/爬高作业
	c	站在移动和固定物体之间
	d	站在吊装的重物之下或路径上,或落物伤害范围内
	e	站/工作在没有保护的洞口或邻边
	f	手放在容易受伤害的挤压点

程序/计划	
1	是否有相关安全作业程序
2	现有安全作业程序是否足够
3	是否需要专门为该项作业制定程序
4	是否有应急程序
5	现有应急程序是否足够
6	是否需要专门为该项作业制定程序
7	大型重物吊装是否有吊装方案
8	是否有吊装设备的检查程序
9	对有放射源的设备是否有安全使用要求
10	本项工作是否有相关的事故数据或者经验教训
11	职责分配是否不清,或有冲突
12	施工方案计划是否充分
13	作业时间是否太紧,是否需要夜晚作业
14	作业方案是否考虑到了可能影响到的交叉作业
15	是否制定了倒班人员的交接计划/方案
16	作业人员是否清楚事故/隐患的报告程序
17	是否规定了紧急集合点,作业人员是否清楚

设备/工具		
1		完成工作所需要的设备/工具是否符合要求
	a	工具是否防爆
	b	工具是否合适
	c	工具是否损坏/有缺陷
	d	工具是否经过校验(如仪表等)
	e	吊装设备是否有三方检验证书、SWL标志、破损等
	f	吊装设备使用前是否经过检查
	g	压缩气瓶是否摆放合理、相关附件是否经过检查
	h	所用电气设备、电线和接地保护状态是否完好(防电击)
	i	是否使用带有辐射源的设备
	j	是否使用易爆炸设备
	k	脚手架是否已检查挂牌
	l	各种车辆状态是否完好,且按功能正确使用
	m	是否使用了高压力设备(如高压清洗设备、喷砂/喷涂设备以及压缩气瓶等)
	n	移动式工作台是否状态良好,包括结构、梯子、护栏、踢脚板轮子及其制动机构

材料		
1		是否为有腐蚀性的材料:酸、碱等
2		是否为易燃易爆材料
	a	气割使用的压缩气
	b	油漆/稀料
	c	燃料油/气和其他油料
	d	易燃易爆化学品
	e	炸药/雷管
3		是否为有毒有害材料
	a	石棉/含石棉材料
	b	硫化氢(H_2S)、汞有毒有害化学品
	c	含铅油漆
	d	自然放射物质
	e	惰性气体泄漏如:压缩气瓶泄漏,惰性气体灭火系统释放/泄漏等
4		使用的化学品是否有MSDS(化学品安全技术说明书)

工作环境		
1		内部环境是否符合要求
	a	工作场所布局是否狭小
	b	设备是否被布局造成工作障碍,影响工作人员行动、视线和沟通
	c	工作场所照明是否足够
	d	工作场所通风是否足够
	e	工作场所温度是否过高或过低(中暑、冻伤)
	f	工作场所噪声是否过高
	g	工作场所地面光滑,如:有积水/油、结冰、积雪等
	h	工作场所工具、物品、设备存放是否整洁规范
	i	有无合适的警示标志
	j	工作场所的警报系统是否足够
	k	洞口,临边有无防护(可能造成人员、工具、设备坠落等)
	l	工作场所是否适当隔离
	m	是否有足够的应急通道
	n	应急设备和通道是否保持随时可用和畅通
	o	梯子和上下楼梯是否合格和状况良好
	p	上空是否有高压线、工艺设施/设备等

续表

人员		程序/计划	设备/工具			材料		工作环境		
6	作业/安全要求是否与相关人员沟通足够(班前会等)		1	o	工具和机械是否按要求装上了保护装置,如安全阀、安全销、自动保护装置等	5	材料使用过程中是否有粉尘产生	1	q	地下是否有电线、通信线和管路等
7	是否影响到本作业区域交叉作业人员					6	材料使用过程中是否有有害废物产生		r	作业是否会产生明火、火花或高温表面造成(造成火灾,烧伤)
8	是否影响到社会公众		2		工作所涉及的工艺流程和设备是否符合要求	7	材料使用过程中是否有易燃易爆产物产生,如:电池充电过程中产生 H_2,电石遇水或受潮产生 CH_4 等		s	作业是否会产生有毒有害物质
9	是否影响到邻居单位员工			a	是否需要能源隔离/挂牌/锁定/试开机				t	作业是否会产生泄漏或污染环境
10	是否每个人都知道应急的电话号码和电话机的地点			b	是否有残余压力	8	不同的材料有无不合理存放混放		u	下水道和地漏是否需要适当保护
11	是否每个人都知道自己的工作职责和应急职责			c	是否有有毒、有害、可燃气体和缺氧的可能	9	油抹布在炎热的天气长堆放可能自燃		v	是否有合适的休息吃饭场所
12	是否需要人工(单人,或多人一起)搬运重物			d	是否有静电产生和防止措施	10	是否涉及活泼的金属如钾、钠等		w	是否把重的货物放在货架上部,而轻的货物放在下部
13	是否超速驾驶车辆,如:叉车、绞车、汽车			e	接地措施是否完好	11	是否使用了不能与水接触的化学品		x	作业场所和工具是否会产生持续强烈的全身/局部震动
14	是否错误使用工具、材料和 PPE			f	机械传动和转动部分是否有防护罩				y	是否存在同一区域内交叉作业带来的其他风险或其他不可控制的风险
15	是否超负荷使用吊装设备、电气和线路			g	安全设备是否被正确旁通					
16	是否影响到邻居单位员工			h	是否有锋利的边角			2		外部环境是否有影响
17	是否有人因其他事情分心,如纠纷、矛盾、紧张的同事关系			i	周边设备和流程对工作安全进行有无影响				a	公共交通影响
				j	如果不是同种设备更换,是否已经过 MOC(技术设施变更管理)审批				b	外部资源的取得难易程度:专业和应急资源等
				k	周边的感光、感烟、感热探测设备是否会受到作业过程中产生的强光、烟雾、热能或辐射的影响而导致误动作				c	自然灾害:洪水、滑坡、泥石流、雪崩、塌方等

续表

人员		程序/计划		设备/工具			材料		工作环境		
				3		所需的劳动保护用品是否已配备			2	d	公共治安：人为破坏、恐怖活动、盗抢等
					a	是否已配备了适合本项工作的劳动保护用品				e	恶劣天气：风、雨、雾、雷电、雪、冰雹、强烈的阳光
					b	PPE 状况是否良好					
					c	作业人员是否会正确使用 PPE					
					d	特殊的 PPE 是否需要，如：呼吸器、护目镜、绝缘鞋/手套、防酸手套等					
				4		是否需要必要的应急设备					
					a	消防设备/人员（必要时包括外部专业资源）					
					b	急救设备和专业人员					
					c	急救药箱/担架/眼睛冲洗设备等					

要实现风险能够被控制在可接受的范围内，则需要在危害辨识和风险评价的工作基础上，进行风险控制。在选择风险控制措施时，应考虑控制措施的优先顺序。首先考虑的是如何消除风险，不能消除的情况下考虑如何降低风险，不能降低的情况下考虑采取个体防护措施。消除风险是最先应采取的手段，个体防护是最后应采取的手段，图 4-1 是风险控制措施优先次序示意图。

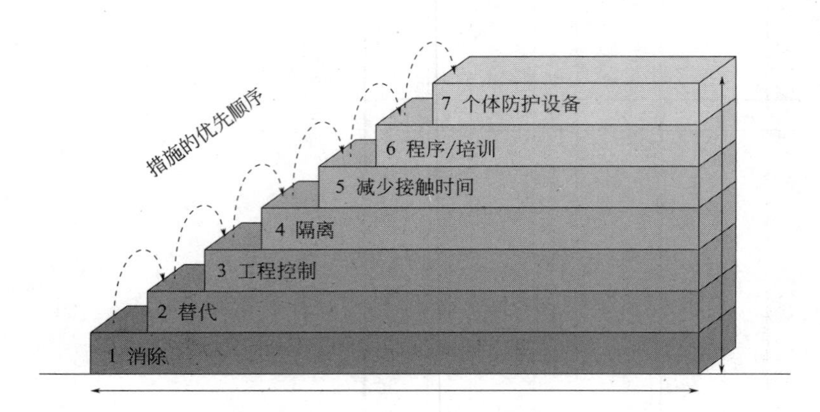

图 4-1 风险控制措施优先次序

1. 消除

从根本上消除危害因素，这是风险控制的最优选择。如果可能，应完全消除危害或消灭风险来源。该工作任务必须做吗？对于存在严重危害因素的场所，是否可以用机械装置、自动控制技术取代手工操作？如使用机器人进行清罐作业。

2. 替代

当危害因素无法根除时，可以用其他替代品来降低风险，如使用低压电器替代常压电器，使用冷切割代替气割，用安全物质取代危险物质，对盛装过易燃品的容器进行惰化处理，使用危害更小的材料或者工艺设备，减小物件的大小或重量等。

3. 工程控制

通过危险最小化设计减少危险或者使用相关设施降低风险。

局部通风：对拟进入的受限空间进行常规通风或者强制通风。

安全防护：消除粗糙的棱边、锐角、尖端和出现缺口、破裂表面的可能性，即可大大减少皮肤割破、擦伤和刺伤类事故。

替换：在填料、液压油、溶剂和电绝缘等类产品中使用不易燃的材料，即可减少火灾发生；用气压或液压系统代替电气系统，就可以减少电气事故；用液压系统代替气压系统，即可避免压力容器或管路的破裂而产生的冲击波；用整体管路取代有多个接头的管路，可消除因接头处泄漏造成的事故。

设置薄弱环节：利用薄弱组件，如保险丝、安全阀、爆破片，使危害因素未达到危险值之前就被预先破坏，以防止重大破坏性事故发生。

联锁：以某种方法使一些组件相互制约以保证机器在违章操作时不能启动，或处在危险状态时自动停止。如起重机械的超载限制器和行程开关；利用液面控制装置，防止液位过高或溢出等。

锁定：锁定是指保持某事件或状态，在各类开关、阀门上上锁，防止误开启，或避免人、物脱离安全区域。例如在螺栓上的保险销可防止因振动造成的螺母松动，停车后在车轮前后放置石块等物体，可防止车辆意外移动而引发事故等。

危害告知：运用组织手段或技术信息告诫人员避开危害，或禁止进入危险或有害区域。如向操作人员发布安全指令，设置声、光安全标志、信号。

4. 隔离

隔离是最常用的一种安全技术措施。当根除和减弱均无法做到时，则对已识别能量、危险物质等，使之在空间上与人分离，使之无法对人造成伤害。如对危险区域上锁挂牌，避免交叉作业，设置安全罩、防护屏、盲板，设置安全距离、防护栏、防护罩、隔热层、防护网、外壳、警示带、盖板、屏蔽间、护板和栅栏等将无关人员与危害源分开。

5. 减少接触时间

使人处在危害因素作用的环境中的时间缩短到安全限度之内。限制接触风险的人员数目，控制接触时间，通过合理安排轮班减少员工暴露于噪声、辐射或有害化学品挥发物中的时间。在低活动频率阶段进行危险性工作，如周末、晚上。

6. 程序/培训

可以用规定的安全管理程序降低风险，如工作许可、主动测量、检查单、操作手册、防护装置的维护、施工作业方案、风险评估办法、工作安全分析、工艺图等。员工应知道这些危害，了解这些相关程序，接受相关技能和知识培训。

7. 个体防护设备

对于个体防护设备的使用，只有在其他可选择的控制措施均被考虑之后，才可作为最终手段予以考虑。个体防护用品应充足适用。员工通常都需要使用劳保用品，即便是使用了劳保用品，危害还是存在，并不能消除危害，只能降低其对员工身体造成的伤害。

另外，如果某些危害因素的后果比较严重，则应考虑制定相应的应急处置措施，将应急反应作为其中一个控制措施。例如，在进入受限空间时准备好救援设备及救援人员；在进行电气作业时，安排熟悉触电救助的人员看护；在进行动火作业时，安排经验丰富的监督员，准备好消防设备。

在以上的风险控制措施优先次序中，控制风险的可靠性在依次减弱。因此，对于后果严重的风险，必须选择可靠性高的措施，至少应当选择隔离措施。比如，如果存在裸露带电体，则附近不能有人，不能依靠人员的站位来控制此类风险。上述这些措施可以单独采用，但更多的时候是综合应用。如在增加结构强度的同时，设置薄弱环节；在减弱有害因素的同时，增加有害因素与人之间的距离等。当然，在实际工作中，还要考虑生产效率、成本及可行性等问题，应针对生产工艺或设备的具体情况，综合地加以分析考虑，不能一概而论。但对于风险较大的危害因素，仅仅依赖于管理措施或者在操作说明中予以叙述和强调，而不采取可行的工程技术手段，是绝对不可取的。

最后，要提醒大家注意的是，所采取的有些风险控制措施可能会带来新的风险，其中有些风险甚至是致命的。因此，在制定措施时要充分考虑这一点。

子任务四 登高作业

一、高处作业分级

高处作业分级应按 GB/T 3608 的规定，分为一级、二级、三级和特级高处作业。

① 作业高度在大于等于 2m 小于 5m 时，称为一级高处作业。

② 作业高度在大于等于 5m 小于 15m 时，称为二级高处作业。

③ 作业高度在大于等于 15m 小于 30m 时，称为三级高处作业。

④ 作业高度在大于等于 30m 以上时，称为特级高处作业。

二、高处作业前的安全要求

① 应针对作业内容，进行危险辨识，制定相应的作业程序及安全措施。将辨识出的危害因素写入“高处作业许可证”（以下简称“作业证”），参见附录二，并制定出对应的安全措施。

② 高处作业人员及搭设高处作业安全设施的人员，应经过专业技术培训及专业考试，合格后持证上岗，并应定期进行体格检查。对患有职业禁忌证（如高血压、心脏病、恐高症、贫血病、癫痫病和精神疾病等），年老体弱、疲劳过度、视力不佳及其他不适于高处作业的人员，不得进行高处作业。

③“作业证”审批人员应赴高处作业现场检查确认安全措施后，方可批准高处作业。

④ 从事高处作业的单位应办理“作业证”，落实安全防护措施。

⑤ 高处作业中的安全标志、工具、仪表、电气设施和各种设备，应在作业前加以检查，确认其完好后投入使用。

⑥ 要制定高处作业应急预案，内容包括作业人员在遇到紧急状况时的逃生路线和救护方法，现场应配备的救生设施和灭火器材等。有关人员应熟知应急预案的内容。

⑦ 作业单位现场负责人应对高处作业人员进行必要的安全教育，交代现场环境和作业安全要求以及作业中可能遇到意外时的处理和救护方法。

⑧ 作业人员应查验“作业证”，检查验收安全措施落实后方可作业。

⑨ 高处作业人员应按照规定穿戴符合国家标准的劳动保护用品，安全带符合 GB 6095 的要求，安全帽符合 GB 2811 的要求等，作业前要检查。

⑩ 作业单位应制定安全措施并填入“作业证”内。

⑪ 高处作业使用的材料、器具和设备应符合有关安全标准要求。

⑫ 高处作业用的脚手架的搭设应符合有关国家标准。高处作业应根据实际要求配备符合安全要求的吊笼、梯子、防护围栏和挡脚板等。跳板应符合安全要求，两端应捆绑牢固。作业前，应检查所用的安全设施是否坚固和牢靠。夜间高处作业应有充足的照明。

⑬ 供高处作业人员上下用的梯道、电梯和吊笼等要符合有关标准要求；作业人员上下时要有可靠的安全措施。

三、高处作业中的安全要求与防护

① 应设监护人对高处作业人员进行监护，监护人应坚守岗位。

② 应正确使用防坠落用品与登高器具和设备。高处作业人员应系用与作业内容相适应的安全带，安全带应系挂在作业处上方的牢固构件上或专为挂安全带用的钢架或钢丝绳上，不得系挂在移动或不牢固的物件上；不得系挂在有尖锐棱角的部位。安全带不得低挂高用。系安全带后应检查扣环是否扣牢。

③ 作业场所有坠落可能的物件，应一律先行撤除或加以固定。高处作业所使用的工具、材料和零件等应装入工具袋，作业人员上下时手中不得持物。工具在使用时应系安全绳，不用时放入工具袋中。不得投掷工具、材料及其他物品。易滑动、易滚动的工具和材料堆放在脚手架上时，应采取防坠落措施。高处作业中所用的物料，应堆放平稳，不妨碍通行和装卸。作业中的走道、通道板和登高用具，应随时清扫干净；拆卸下的物件及余料和废料均应及时清理运走，不得任意乱置或向下丢弃。

④ 雨天和雪天进行高处作业时，应采取可靠的防滑、防寒和防冻措施。凡水、冰霜和雪均应及时清除。对进行高处作业的高耸建筑物，应事先设置避雷设施。遇有 6 级以上强风和浓雾等恶劣气候，不得进行高处作业、露天攀登与悬空高处作业。暴风雪及台风暴雨后，应对高处作业安全设施逐一加以检查，发现有松动、变形、损坏或脱落等现象，应立即修理完善。

⑤ 在临近有排放有毒、有害气体和粉尘的放空管线或烟囱的场所进行高处作业时，作业点的有毒物浓度应在允许浓度范围内，并采取有效的防护措施。在应急状态下，按应急预案执行。

⑥ 带电高处作业应符合 GB/T 13869 的有关要求。高处作业涉及临时用电时应符合 JCJ 46 的有关要求。

⑦ 高处作业应与地面保持联系，根据现场配备必要的联络工具，并指定专人负责联系。尤其是在危险化学品生产、储存场所或附近有放空管线的位置进行高处作业时，应为作业人员配备必要的防护器材，应事先与车间负责人或工长（值班主任）取得联系，确定联络方式，并将联络方式填入“作业证”的补充措施栏内。

⑧ 不得在不坚固的结构上作业，作业前应保证结构承重的立柱、梁和框架的受力能满足所承载的负荷，应铺设牢固的脚手板，并加以固定，脚手板上要有防滑措施。

⑨ 作业人员不得在高处作业处休息。

⑩ 高处作业与其他作业交叉进行时，应按指定的路线上下，不得上下垂直作业，如果需要垂直作业时应采取可靠的隔离措施。

⑪ 发现高处作业的安全技术设施有缺陷和隐患时，应及时解决；危及人身安全时，应停止作业。

⑫ 因作业必需，临时拆除或变动安全防护设施时，应经作业负责人同意，并采取相应的措施，作业后应立即恢复。

⑬ 作业人员在作业中如果发现情况异常，应发出信号，并迅速撤离现场。

四、高处作业完工后的安全要求

① 作业现场清扫干净，作业用的工具、拆卸下的物件及余料和废料应清理运走。

② 脚手架和防护棚拆除时，应设警戒区，并派专人监护。拆除脚手架和防护棚时不得上部和下部同时施工。

③ 临时用电的线路应由具有特种作业操作证书的电工拆除。

五、“作业证”的管理

① 作业负责人应根据高处作业的分级和类别向审批单位提出申请，办理“作业证”一式三联，作业证由办理部门、作业人和监护人各执一份，办理部门的“作业证”应该存档备查，保存期至少为一年。

②“作业证”有效期 7 天，若作业时间超过 7 天，应重新审批。对于作业期较长的项目，发现隐患及时整改，并做好记录。若作业条件发生重大变化，应重新办理“作业证”。

子任务五　盲板抽堵作业

一、盲板及垫片要求

① 盲板应按管道内介质的性质、压力和温度选用适合的材料。高压盲板应按设计规范设计、制造并经超声波探伤，合格后才能使用。

② 盲板的直径应依据管道法兰密封面直径制作，厚度应经强度计算。

③ 一般盲板应有一个或两个手柄，便于辨识和抽堵，8 字盲板可不设手柄。

④ 应按管道内介质性质、压力和温度选用合适的材料作盲板垫片。

二、盲板抽堵作业的安全要求

① 盲板抽堵作业实施作业证管理，作业前应办理“盲板抽堵作业许可证”（以下简称“作业证”）。

② 盲板抽堵作业人员应经过安全教育和专门的作业培训。

③ 生产单位应预先绘制盲板位置图，对盲板进行统一编号，并设专人负责。盲板抽堵作业单位应按图作业。

④ 作业人员应对现场作业环境进行有害因素辨识并执行相应的安全措施。

⑤ 盲板抽堵作业应设专人监护，监护人不得离开作业现场。

⑥ 在作业复杂和危险性大的场所进行盲板抽堵作业，应制定应急预案。

⑦ 在运行有毒介质的管道和设备上进行盲板抽堵作业时，系统压力应降到尽可能低的程度，作业人员应穿戴适合的防护用具。

⑧ 在易燃易爆场所进行盲板抽堵作业时，作业人员应穿防静电工作服和工作鞋；距作业地点 30m 内不得有动火作业；工作照明应使用防爆灯具；作业时应使用防爆工具，禁止用铁器敲打管线和法兰等。

⑨ 在强腐蚀性介质的管道和设备上进行盲板抽堵作业时，作业人员应采取防止酸碱灼伤的措施。

⑩ 在介质温度较高或较低、可能对作业人员造成烫伤或冻伤的情况下，作业人员应采取防烫或防冻措施。

⑪ 高处盲板抽堵作业应按 HG 30013 的规定进行。

⑫ 不得在同一管道上同时进行两处或两处以上的盲板抽堵作业。

⑬ 抽堵盲板时，应按盲板位置图及盲板编号，由生产单位设专人统一指挥作业，逐一

确认并做好记录。

⑭ 每个盲板应设标牌进行标识，标牌编号应与盲板位置图上的盲板编号一致。

⑮ 作业结束，由盲板抽堵作业单位和生产单位派专人共同确认。

三、“作业证”的管理

①“作业证”由生产车间（分厂）办理，格式参见附录五。

② 盲板抽堵作业宜实行一块盲板一张作业证的管理方式。

③ 严禁随意涂改和转借“作业证”，变更盲板位置或增减盲板数量时，应重新办理“作业证”。

④“作业证”由生产车间（分厂）负责填写、盲板抽堵作业单位负责人确认以及单位生产部门审批。

⑤ 经审批的“作业证”一式两份，盲板抽堵作业单位和生产车间（分厂）各一份，生产车间（分厂）负责存档，“作业证”保存期限至少为1年。

子任务六　受限空间作业

一、安全隔绝

① 设备上所有与外界连通的管道和孔洞均应与外界有效隔绝。设备上与外界连接的电源应有效切断，转动设备应有效隔绝。

② 管道安全隔绝可通过插入盲板或拆除一段管道进行隔绝，不能用水封或阀门等代替盲板或拆除管道。

③ 用电设备电源有效切断，上锁并加挂警示牌。

二、清洗和置换

进入设备内作业前，应根据设备内盛装（过）的物料特性，对设备进行清洗或置换，并达到下列要求：

① 氧含量达到18%～21%；

② 有毒气体浓度应符合GBZ 2的规定；

③ 可燃气体浓度：当被测气体或蒸气的爆炸下限大于等于4%时，其被测浓度不大于0.5 %（体积分数）；当被测气体或蒸气爆炸下限小于4%时，其被测浓度不大于0.2%（体积分数）。

三、通风

① 应采取措施，保持设备内空气良好流通。

② 打开所有人孔、手孔、料孔、风门和烟门进行自然通风。

③ 必要时，可采取机械通风。

④ 采用管道空气送风时，通风前应对管道内介质和风源进行分析确认。

⑤ 不准向设备内充氧气或富氧空气。

四、监测

① 作业前30min内，应对设备内气体采样分析，分析合格后方可进入设备。

② 分析仪器应在校验有效期内，使用前应保证其处于正常工作状态。

③ 采样点应有代表性，容积较大的受限空间，应采取上、中和下各部位取样。

④ 作业中应定时监测，至少每2h监测一次，如监测分析结果有明显变化，则应加大监测频率；作业中断超过30min应重新进行监测分析，对可能释放有害物质的受限空间，应连续监测。情况异常时应立即停止作业，撤离人员，经对现场处理，并取样分析合格后方可恢复作业。

⑤ 涂刷具有挥发性溶剂的涂料时，应做连续分析，并采取强制通风措施。

⑥ 采样人员伸入或探入受限空间采样时，应采取相应规定的防护措施。

五、个体防护

① 在特殊和异常条件下，受限空间经清洗或置换不能达到进入设备内作业要求时，应采取相应的防护措施方可作业。

② 在缺氧或有毒的受限空间作业时，应佩戴隔离式防护面具，必要时作业人员应拴带救生绳。

③ 在易燃易爆的受限空间作业时，应穿防静电工作服和工作鞋，使用防爆型低压灯具及工具。

④ 在有酸、碱等腐蚀性介质的受限空间作业时，应穿戴好防酸碱工作服、工作鞋和手套等防护品。

⑤ 在产生噪声或粉尘的受限空间作业时，应佩戴耳塞或耳罩等防噪声护具。

六、照明及用电安全

① 受限空间照明电压应小于等于36V，在潮湿容器、狭小容器内作业电压应小于等于12V。

② 使用超过安全电压的手持电动工具作业或进行电焊作业时，应配备漏电保护器。在潮湿容器中，作业人员应穿绝缘鞋站在绝缘板上，同时保证金属容器接地可靠。

③ 临时用电应办理用电手续，按GB/T 13869的规定架设和拆除。

七、监护

① 受限空间作业，在受限空间外应设有专人监护。

② 进入受限空间前，监护人应同作业人员检查安全措施，统一联系信号。

③ 在风险较大的受限空间作业，应增设监护人员，并随时保持与受限空间作业人员的联络。

④ 监护人员不得脱离岗位，并应掌握受限空间作业人员的人数和身份，对人员、工具和器具进行清点。

八、其他安全要求

① 在受限空间作业时，应在受限空间外设置安全警示标志。

② 受限空间出入口应保持畅通。

③ 多工种、多层交叉作业应采取互相之间避免伤害的措施。

④ 作业人员不得携带与作业无关的物品进入受限空间，作业中不得抛掷材料、工具和器具等物品。

⑤ 受限空间外应备有空气呼吸器（氧气呼吸器）、消防器材和清水等相应的应急用品。

⑥ 严禁作业人员在有毒和窒息环境下摘下防毒面具。

⑦ 难度大、劳动强度大和时间长的受限空间作业应采取人员轮换作业。

⑧ 在受限空间进行高处作业应按 HG 30013 执行，应搭设安全梯或安全平台。

⑨ 在受限空间进行动火作业应按 HG 30010 的规定进行。

⑩ 作业前后应清点作业人员、作业工具和器具。作业人员离开受限空间作业点时，应将作业工具和器具带出。

⑪ 作业结束后，由受限空间所在单位和作业单位共同检查受限空间内外，确认无问题后方可封闭受限空间。

九、“作业证”的管理

① 受限空间作业应办理“受限空间作业许可证”（以下简称“作业证”），参见附录三。

②“作业证”由作业单位或设备交出单位负责办理。

③“作业证”所列项目应逐项填写，安全措施栏应填写具体的安全措施。

④“作业证”应由受限空间所在单位负责人审批。

⑤ 一处受限空间、同一作业内容办理一张“作业证”，当受限空间工艺条件和作业环境条件改变时，应重新办理。

⑥“作业证”一式三联，第一联由受限空间所在单位存查，二联和三联分别由作业人和监护人持有，保存期限至少为 1 年。

子任务七　临时用电作业

一、一般要求

① 在正式运行的电源上所接的一切临时用电，应办理“临时用电作业许可证”，参见附录四。

② 在运行的化工生产装置、具有火灾爆炸等危险场所内不应随意引接临时电源。确属装置生产、检修施工需要临时用电时，由配电运行管理单位指定临时电源接入点。

③ 安装、维修、拆除临时用电线路的作业，应由持有效电工作业证的电气人员进行，操作过程中应正确穿戴劳保用品，非电气人员不得擅自装接临时电源。

④ 风险防范与危害识别，临时用电票签发前，供电单位应针对作业内容进行风险及危害辨识，制定相应作业程序及安全措施。

⑤ 临时电源停用或检修时应在接入点切断电源，并挂上“有人工作，禁止合闸！”标志牌；移动或拆除临时用电线路和设备时，应先切断电源并对电源端导线进行保护处理。

⑥ 现场临时用电设备和机具等应有专人进行维护和管理。

⑦ 检修及施工单位的各类移动电源或自备电源，不得接入企业公用电网。

⑧ 临时用电单位不应擅自增加用电负荷，变更用电地点及用途。

⑨ 各单位电气管理部门负责临时用电归口管理；安全监督管理部门负责临时用电的安全监督；供电单位负责其管辖范围内临时用电的审批；施工检修单位负责所接临时用电的现场运行、设备维护、安全监护和管理。

⑩ 使用手持行灯应注意下列事项：

a. 手持行灯电压不应超过 36V。在特别潮湿或有金属导体的狭小容器受限空间内作业，行灯的电压不应超过 12V。灯泡外部应有保护罩。

b. 行灯电源应由隔离变压器供给，隔离变压器不应放在金属容器或特别潮湿场所内部。

c. 携带式行灯变压器的高压侧，应带插头，低压侧带插座，并采用两种不能互相插入的插头。

d. 行灯变压器的外壳应有良好的接地线，高压侧应使用三线插头。

e. 在金属物体上工作，若使用非安全电压的行灯时，应选用额定剩余动作电流为 10mA 的无延时剩余电流保护装置。

二、“临时用电作业许可证”管理

①“临时用电作业许可证”办理

a. 临时用电责任人持有效“电工作业操作证”、施工/检修作业任务单等资料到供电单位申请办理“临时用电作业许可证”。

b. 供电单位相应责任人应对临时用电作业程序及安全措施确认后，签发“临时用电作业许可证”。

c. 临时用电单位责任人应向施工/检修作业人员进行作业程序和安全措施交底。

d. 临时用电结束后，临时用电单位应及时通知供电单位停电，供电单位停电并进行相应确认后，由临时用电单位拆除临时用电线路，临时用电许可证停止使用。

② 临时用电单位在用电过程中出现不安全行为，供电单位有权终止临时用电，临时用电失效。临时用电单位消除不安全因素后需重新办理“临时用电作业许可证”。

③“临时用电作业许可证”一式三联，第一联由签发人留存，第二联交配送电执行人，第三联由临时用电单位责任人持有。“临时用电作业许可证”保存期限为一年。

④ 在特殊场所如潮湿、易燃、易爆、受限空间内用电作业，除办理“临时用电作业许可证”外，还需到安全管理部门办理相关的特殊作业证。

特殊作业危害分析

高处作业、抽堵盲板、临时用电、受限空间作业过程中，常见的危害因素辨识与控制参考表 4-4 ～表 4-7。

表 4-4 高处作业工作危害分析

工作步骤	危害因素或潜在事件	主要后果	控制措施
确认作业内容、现场情况	工作高度过高、登高设备不符	坠落	选择登高设备时，应确保其完好，搭设高度满足现场实际工作需要
	作业人员穿戴的登高防护用品不符	坠落	作业人员必须戴安全帽，拴安全带（高挂低用），穿防滑鞋
	现场地面松软、不平、油腻、结冰	滑倒	登高设备不得直接搭设在松软不平的地面，油腻、结冰的地面应经过彻底清理后方可搭设
	周围杂乱，存在尖锐物品等	人身伤害	作业现场应清理干净，不得有尖锐物品

续表

工作步骤	危害因素或潜在事件	主要后果	控制措施
选择作业人员、监护人员	作业人员身体条件不符，患有高血压、心脏病、恐高症等职业禁忌症或健康状况不良	坠落	患有职业禁忌症和年老体弱、疲劳过度、视力不佳及其他健康状况不良者、酒后人员，不准高处作业
	作业人员不熟悉作业环境或不具备相关安全技能	人身伤害	作业人员、监护人员必须经安全教育，熟悉现场环境和施工安全要求，按“作业证”内容检查确认安全措施落实到位后，方可作业
	监护人员不懂得高处作业监护知识	延误救援 人身伤害	作业人员、监护人员必须经安全教育，熟悉现场环境和和施工安全要求，按“作业证”内容检查确认安全措施落实到位后，方可作业
搭设脚手架、梯子	与电气设备(线路)距离太近或未采取有效的绝缘措施	触电坠落	在电气设备(线路)旁高处作业符合安全距离要求。在采取地(零)电位或等(同)电位作业方式进行带电高处作业时，必须使用绝缘工具
	搭设脚手架、防护围栏存在缺陷	坠落	搭设的脚手架、防护围栏应符合相关安全规程
	梯子不够高，使用时滑动	高处坠落	① 搭设脚手架、梯子必须适宜工作高度，梯子要高出登高设施 0.8m，搭设角度要适宜，梯脚采用防滑措施； ② 必须开具登高作业票，由相关管理人员现场确认签字
登高作业	监护人站位不当或存在交叉作业	人身伤害	高处作业正下方严禁站人，与其他作业交叉进行时，必须按指定的路线上下，禁止上下垂直作业。若必须进行垂直作业，应采取可靠的隔离措施
	登高过程中人员坠落或工具、材料、零件高处坠落伤人	人身伤害	高处作业使用的工具、材料、零件必须装入工具袋，上下时手中不得持物。不准窜抛接工具、材料及其他物品。易滑动、易滚动的工具、材料堆放在脚手架上时，应采取措施防止坠落
	登石棉瓦、瓦櫄板等轻型材料作业	高处坠落	在石棉瓦、瓦櫄板等轻型材料上作业，应搭设并站在固定承重板上作业
	作业现场照明度不良	坠落	高处作业应有足够的照明
	无通信、联络工具或联络不畅	延误救援	30m 以上高处作业应配备通信、联络工具，指定专人负责联系，并将联络相关事宜填入“作业证”安全防范措施补充栏内
	大风、大雨等恶劣气象	坠落	如遇暴雨、大雾、六级以上大风等恶劣气象条件，应停止高处作业
	涉及动火、抽堵盲板等危险作业，未落实相应安全措施	人员伤亡	若涉及动火、抽堵盲板等危险作业时，应同时办理相关作业许可证
	作业条件发生重大变化	人员伤亡	若作业条件发生重大变化，应重新办理“作业证”
	监护人擅自离开作业现场	延误救援	作业监护人就熟悉现场和检查确认安全措施落实到位，具备相关安全知识和应急技能，与岗位保持联系，随时掌握现场工况变化，并坚守现场
恢复	未清理现场垃圾及工具	缺失器材	高处作业结束后，认真检查作业现场上下，不得遗留工具及其他物品
	使用应急器材、安全带等器材未复位	延误救援	作业人员应履行相关职责，将安全带等应急器材复位，清理作业现场

表 4-5　抽堵盲板作业工作危害分析

工作步骤	危害因素或潜在事件	主要后果	控制措施
确定设备、设施、管线内存在的物质、条件及周围环境	设备、设施、管线内存在可燃、有毒物料、气体	中毒、火灾	设备、设施、管线内的物料应经过蒸煮、吹扫干净
	设备、设施、管线内存在压力	人身伤害	① 拆装盲板前，应将管道压力泄至常压； ② 严禁在同一管道上同时进行两处及两处以上的抽堵盲板作业
选择作业人员及监护人员	作业人员、监护人员不熟悉与之相连的其他设备、设施、管线	遗漏断口	作业人员及监护人员必须是熟悉工艺线路、明白作业危害的人员
	作业人员、监护人员不熟悉设备、设施、管线内存在有害物质的危害，不懂得防护	人身伤害	作业人员、监护人员作业前应经过相关知识的培训
准备盲板、垫片	盲板有缺陷，大小、厚度、材质不合适，无手柄	遗漏断口	盲板材质要适宜，厚度应经强度计算，高压盲板应经探伤合格，盲板应有一个或两个手柄，便于辨识、抽堵
	垫片有缺陷，大小、厚度、材质不合适	不起作用	应选用与之相配的垫片
加装盲板	使用工具与螺栓不配套	人身伤害	选择与螺栓配套的扳手坚固螺栓时对角均匀用力紧固，防止垫片压偏
	未对角均匀用力紧固螺栓	损坏螺栓	选择与螺栓配套的扳手紧固螺栓时对角均匀用力紧固，防止垫片压偏
	危险作业组合，未落实相应安全措施	人身伤害	涉及危险作业组合时，应落实相应安全措施开具相应作业票证
	作业条件发生重大变化	人员伤亡	作业条件发生重大变化，应重新办理“作业证”
	遗漏需加盲板位置	串料火灾	抽堵多个盲板时，应按盲板位置图及盲板编号，由作业负责人统一指挥，每个抽堵盲板处应设标牌表明盲板位置
	监护人擅自离开作业现场	延误救援	作业时应有专人监护，作业结束前监护人不得离开作业现场，监护人应熟悉现场环境和检查确认安全措施落实到位，具备相关安全知识和应急技能，与岗位保持联系，随时掌握工况变化
	危险性较大的作业环境应急不足	延误救援	作业复杂、危险性大的场所，除监护人外，其他相关部门人员应到现场，做好应急准备
	盲板抽堵作业时作业人员正对拆卸口处	人身伤害	作业人员严禁正对危险有害物质(能量)可能突出的方向，根据设备、设施、管线内的物料性质做好个人防护
	作业人员未穿戴相应的劳动保护用品	人身伤害	根据设备、设施、管线内的物料性质做好个人防护
拆卸盲板	使用工具与螺栓不配套	损坏螺栓	选择与螺栓配套的扳手紧固螺栓时对角均匀用力拆卸、紧固螺栓
	拆盲板时遗漏	损坏设备	按盲板位置图及盲板编号，由作业负责人统一指挥，拆卸完后按照盲板编号检查有无遗漏
	涉及危险作业组合，未落实相应安全措施	人员伤亡	涉及危险作业组合时，应落实相应安全措施并开具相应作业票证
	作业条件发生重大变化	人员伤亡	作业条件发生重大变化，应重新办理“作业证”
恢复	未清理现场垃圾及收回盲板、工具	缺失器材	作业结束后，认真检查作业现场，不得遗留工具及其他物品
	使用灭火、应急等器材未复位	延误救援	作业人员应履行相关职责，将灭火、应急器材等复位，清理作业现场

表 4-6　临时用电作业工作危害分析

工作步骤	危害因素或潜在事件	主要后果	控制措施
确认作业内容、现场情况	作业现场存在可燃物料，线路产生电火花	火灾	使用线路应根据作业现场情况达到相应防爆等级
	受限空间内作业使用电压过高	触电	设备内照明电压应小于 36V，在潮湿容器、狭小容器内作业应小于等于 12V
选择作业人员、监护人员	作业人员无电工证	违章	作业人员必须取得电工证
	监护人员不懂得用电监护知识	延误救援	监护人应熟悉现场环境和检查确认安全措施落实到位，具备相关安全知识和应急技能，与岗位保持联系，随时掌握工况变化，并坚守现场
准备临时用电线路	损坏用电设备	触电	① 必须开具临时用电作业票，由相关管理人员现场确认签字； ② 用电设备、线路容量、负荷应符合要求； ③ 所有临时用电线路，不得采用裸线
	雷雨天气配电盘、配电箱短路	触电	现场临时用电配电盘、配电箱应有防雷雨措施
拉接线路	线路穿越设备区或道路	触电 损坏设备	① 临时用电线路架空高度在装置内不低于 2.5m，在道路不低于 5m； ② 临时用电线路架空线，不得在树上或脚手架上架设； ③ 涉及地下电缆线路应设有走向标志和安全标志，电缆埋设深度大于 0.7m
接用电设备	设备漏电	触电	① 临时用电设施应有漏电保护器； ② 移动工具、手持工具应一机一闸一保护
用电作业	作业条件发生重大变化	触电	若作业条件发生重大变化，应重新办理“作业证”
	涉及危险作业组合，未落实相应安全措施	人员伤亡	若涉及动火、高处、抽堵盲板等作业时，应同时办理相关作业许可证
	监护人员擅自离开作业现场	延误救援	监护人员应密切观察作业人员，以便出现异常时能及时救援
恢复	未清理现场垃圾及工具	缺失器材	结束作业后，认真检查作业现场，不得遗留工具及其他物品
	使用的灭火器、应急等器材未复位	延误救援	作业人员应履行相关职责，将灭火器、应急器材复位，清理作业现场

表 4-7　受限空间作业工作危害分析

工作步骤	危害因素或潜在事件	主要后果	控制措施
确认设备、设施内存在的有害物质、内部结构及与其他设备、设施连接情况，作业区域周围情况	受限空间内存在可燃、有毒液体或气体	中毒窒息	受限空间经过蒸煮、置换、吹扫，分析合格
	设备、设施内存在带搅拌的设备	人员伤亡	办理设备停电手续，应切断设备动力电源，挂“禁止合闸”警示牌，上锁，专人监护
	设备、设施与其他可燃、有毒害设备、设施相连	中毒窒息	与该设备连接的物料、蒸汽管线使用盲板隔断，并办理《作业证》，拆除相关管线
	受限空间出口不畅通，阻碍作业人员进出	延误逃生	受限空间出口应清理干净，禁止在出口处放任何东西，如设备工具等
	受限空间周围存在其他危险作业释放可燃、毒害物料、气体等	中毒窒息	受限空间周围禁止从事释放可燃、毒害物料、气体的作业

续表

工作步骤	危害因素或潜在事件	主要后果	控制措施
选择作业人员、监护人员	作业人员身体条件不符	人身伤害	作业人员应经过定期体检，能适应相关工作
	监护人员不懂得受限空间内监护知识	延误救援、盲目施救	监护人应熟悉现场环境和检查确认安全措施落实到位，具备相关安全知识和应急技能，与岗位保持联系，随时掌握工况变化，并坚守现场
设置检修用设备	设施、器具有脱落的危险	人身伤害	作业时使用的设施、器具应固定牢固
	电气设施电压过高、导线裸露	触电	① 设备内照明电压应小于等于36V，在潮湿容器、狭小容器中作业应小于等于12V； ② 使用超过安全电压的手持电动工具，必须按规定配备漏电保护器
安装梯子	梯子滑倒	人身伤害	将梯子牢固地固定在人孔顶部或其他固定部件上
受限空间入口处放置设备	设备掉落、倒下	人身伤害	设备进出口通道，不得有阻碍人员进出的障碍物
准备进入	罐内存在可燃、有毒害液体或气体	中毒窒息	① 置换完毕后，取样分析至合格； ② 设备内氧含里达18%～21%； ③ 打开设备通风孔进行自然通风，或采用强制通风； ④ 作业前30min内，必须对设备内气体采样分析，合格后方可进入设备，采样点应有代表性
	作业人员未穿戴相应的劳动保护用品	人身伤害 中毒窒息	在缺氧、有毒环境中佩戴隔离式防毒面具，在可燃易爆环境中，使用防爆型低压灯具及工具，不准穿戴化纤织物
	重大危险作业，监护人员数量配备不足	延误救援	① 重大作业应增加监护人员数量，以便出现异常情况能及时救援； ② 必须开具进入受限空间作业票，由相关管理人员现场确认签字； ③ 外部监护人员观察、指导入罐作业人员，在紧急情况下能将操作人员自罐内营救出来
进入	从梯子上滑落	人身伤害	进入时应扶好慢下，上下梯子时手中禁止拿其他东西
	暴露于危险的作业环境中	中毒窒息	按有关标准，配备个体防护器具
受限空间作业	发生化学反应，生成烟雾或散发空气污染物	中毒	作业时禁止使用与设备内起反应的物料清理
	使用工具引起伤害	人身伤害	使用的工具应符合工作实际需要，拆卸螺栓应缓慢用力
	受限空间内温度不适宜工作人员进入工作	身体不适	采用管道空气送风，通风前必须对管道内介质和风源进行分析确认，严禁通入氧气补氧
	长时间在受限空间内工作	身体不适	长时间工作作业人员应交叉轮流作业
	监护人员擅自离开监护岗位	延误救援	进入设备前，监护人应同作业人员检查安全措施，统一联系信号，监护人随时与设备内作业人员取得联系，不得脱离岗位，监护人用安全绳拴住作业人员进行作业
	空间有毒物质浓度超标	中毒窒息	作业中加强定时监测，情况异常立即停止作业
	涉及危险作业组合，未落实相应安全措施	人员伤亡	若涉及动火、高处、抽堵盲板等危险作业时，应同时办理相关作业许可证
	施工条件发生重大变化	人员伤亡	① 若施工条件发生重大变化，应重新办理"作业证"； ② 设备内温度需适宜人员作业

续表

工作步骤	危害因素或潜在事件	主要后果	控制措施
恢复	未清理受限空间内垃圾及工具	损坏设备	设备内作业结束后，认真检查设备内外，不得遗留工具及其他物品
	用的灭火、应急器材未复位	火灾 延误救援	作业人员应履行相关职责，将灭火、应急器材复位，清理作业现场

技能训练 1　乙酸乙酯物料精馏装置计划性检修

任务描述

乙酸乙酯精馏装置（图 4-2）浮阀塔已连续运行 2 年，近期发现塔板效率有所降低，初步判断是因为浮阀损坏、脱落，此外，根据设备检修计划，精馏装置到了年度大修时间，应停车检修。某公司小张是精馏生产车间一名班长，要求小张团队制定计划性停车检修方案，完成浮阀塔停车检修，更换浮阀，消除设备缺陷，以防止故障的发生。浮阀塔使用的是 F1Q-4B 型浮阀，材质 0Cr18Ni9，符合 JB/T 1118—2001 标准。

图 4-2　乙酸乙酯精馏装置

检修计划制定

1. 办理检修作业许可证

办理检修作业许可证，明确作业人、作业负责人、监护人、作业内容、作业时间，逐项落实作业必要条件及补充措施，履行签字审批手续。

检修作业许可证样式参见附录六。

2. 公共管线作业条件确认

根据精馏实训装置工艺流程图，化工装置可提供的消防蒸汽管线压力为 0.7MPa，吹扫蒸汽线压力为 1.0MPa，吹扫氮气线压力为 0.6MPa。GB 30871—2014《化学品生产单位特殊作业安全规范》规定：作业时，作业点压力应降为常压 0.1MPa。为防止介质温度较高、造成烫伤意外事故，塔内作业温度可规定低于41℃后才可入塔。公共管线作业条件见表4-8。

表4-8 公共管线作业条件

序号	公共管线作业条件
1	消防蒸汽线压力PG105≥0.7MPa
2	吹扫蒸汽线压力PG106≥1.0MPa
3	吹扫氮气线压力PG107≥0.6MPa
4	原料线入口管线压力PG101≤0.1MPa
5	过热蒸汽管线温度TG103≤41℃

原料线入口管线压力表PG101位于塔中段，需登高才能看到压力表PG101的读数，属于高处作业，应满足高处作业安全要求。此外，盲板抽堵作业和汽提塔内作业都属于高处作业，高处作业许可证在此处一起办理。

办理高处作业许可证，明确作业人、作业负责人、监护人、作业内容、作业时间，逐项落实作业必要条件及补充措施，履行签字审批手续。

高处作业许可证样式参见附录二。

3. 工艺管线的吹扫置换

（1）原料线入口管线吹扫　装置原料线入口管线上设置有氮气吹扫接口，且管线内物料温度较低，适合采用氮气对管道进行吹扫，管道里的乙酸乙酯物质将被吹入塔设备。吹扫前，要确保原料线入口管线从吹扫接口到塔入口管路畅通。为避免吹扫氮气对离心泵、调节阀等重要设备的损坏，离心泵和调节阀主路全部关闭，打开旁通管路吹扫。原料线入口管线吹扫中，吹扫蒸汽管线处于关闭状态。原料线入口管线吹扫置换见表4-9。

表4-9 原料线入口管线吹扫置换

原料线入口管线吹扫置换	沿着管线逐个检查并关闭阀门GV-101、阀门GV-102、阀门GV-103、阀门GV-104、阀门GV-105、阀门GV-106、阀门BV-206(上面)，阀门GV-203、阀门GV-107、阀门GV-108(上面)、盲板MB-102(上面)处于打开状态。其中，阀门BV-206、阀门GV-108、盲板MB-102需要登高检查，属于高处作业
	打开氮气吹扫阀门BV-204进行吹扫，直到取样口气体检测合格
	关闭BV-204

（2）回流管线吹扫　装置回流管线内物料温度较高，采用常温的氮气可能引起物料结晶“堵管”，适合采用蒸汽吹扫，管道里乙酸乙酯物质将被吹入塔内。吹扫前，要确保回流管线从吹扫接口到塔入口管路畅通。为避免吹扫对调节阀的损坏，调节阀主路关闭，打开旁通管路吹扫。回流管线吹扫置换见表4-10。

表4-10 回流管线吹扫置换

回流管线吹扫置换	沿着管线逐个检查并打开盲板MB-103、阀门GV-109、阀门GV-112、阀门GV-113、阀门GV-114、阀门GV-115、阀门MB-104，阀门GV-110、阀门GV-111关闭状态。其中，盲板MB-103、阀门GV-109需要登高检查，属于高处作业。高处作业必须在监护人的监护下作业
	打开吹扫蒸汽吹扫阀门BV-206进行吹扫，直到取样口气体检测合格
	关闭BV-206

4. 盲板抽堵作业

工艺管线经吹扫置换，已符合管道拆卸作业条件的，可以进行盲板抽堵作业，进一步隔离塔设备。本装置需要抽堵四块盲板，分别是MB-102、MB-103、MB-104、MB-105，其中，盲板MB-102、MB-103属于高处作业，应同时符合高处作业安全要求。高处作业应使用脚手架。

（1）办理盲板抽堵作业许可证　办理盲板抽堵作业许可证，明确作业人、作业负责人、监护人、作业内容、作业时间，逐项落实作业必要条件及补充措施，履行签字审批手续。

根据精馏实训装置工艺流程图（图2-10），盲板MB-102所在管线的工艺条件分别现场查看压力表PG101、温度表TG101确认；盲板MB-103、盲板MB-104所在管线的工艺条件分别现场查看压力表PG102、温度表TG102确认；盲板MB-105所在管线的工艺条件分别现场查看压力表PG103、温度表TG103确认。

盲板抽堵作业许可证样式参见附录五。

（2）选择个人防护用品和工具　选用的个人防护用品和工具见表4-11。

表4-11　个人防护用品和工具

序号	项目	名称及规格	数量
1	作业工具	M24铜制防爆扳手	4把
		撬棍	1根
		工具箱	1个
		工具袋	2个
2	个人防护用品	防静电服	2套
		防静电手套	2副
		安全带	2套
3	消防器材	干粉灭火器	1个
		消防蒸汽	1套
4	安全警示标志	MB-102盲板警示牌 MB-103盲板警示牌 MB-104盲板警示牌 MB-105盲板警示牌	4个

（3）盲板抽堵作业　打开消防蒸汽阀门GV-119，使用橡胶软管接引消防蒸汽到作业现场，预防初期火灾。作业工具一次性拿到现场。

盲板抽堵的顺序是关闭阀门，盲板抽堵，挂盲板警示牌。

（4）归还工具　盲板抽堵作业完成后，归还作业工具，个人防护用品可以不用归还，检修作业全部完成后一起归还。

5. 汽提塔低压水冲洗

塔设备内的油垢和沉积物可采用低压水冲洗清除。洗塔后，塔内的气体通过放空管线排放。这些油垢和残渣如铲除不彻底，即使在动火前分析设备内可燃气体含量合格，动火时由于油垢、残渣受热分解出易燃气体，也可能导致着火爆炸。汽提塔低压水冲洗见表4-12。

表 4-12　汽提塔低压水冲洗

汽提塔低压水冲洗	打开 BV-201 引新鲜水冲洗
	关闭 BV-201
	打开 BV-202 放空
	关闭 BV-202

6. 受限空间作业

更换塔板的浮阀是受限空间作业，属于危险作业，应办理受限空间许可证，满足受限空间作业安全要求。此外，中段塔板浮阀更换属于高处作业，应同时满足高处作业安全要求。高处作业使用脚手架。塔内照明需要临时用电，应办理临时用电许可证，满足临时用电安全要求。

（1）选择个人防护用品和工具　选用的个人防护用品和工具见表 4-13。

表 4-13　个人防护用品和工具

序号	项目	名称及规格	数量
1	作业工具	M24 铜制防爆扳手	4 把
		M17 铜制防爆扳手	4 把
		老虎钳	2 把
		工具箱	1 个
		工具袋	2 个
		36V 防爆灯	1 个
2	个人防护用品	防静电服	2 套
		防静电手套	2 副
		防护眼镜	2 副
		过滤式防毒半面罩	2 个
		安全带	2 套
3	消防器材	干粉灭火器	1 个
		消防蒸汽	1 套
		救生绳	1 根
		清水	1 桶
4	备品配件	浮阀	4 个
5	检测仪表	气体检测仪	1 个
6	安全警示标志	现场警戒线	1 盒
		“严禁进入”警示牌	1 个
		“受限空间进入需许可”警示牌	1 个

（2）现场警戒　现场拉警戒线，设置“严禁进入”警示牌，警示此处正进行特殊作业，非工作人员禁止进入。

（3）打开人孔，通风置换　使用 M24 防爆扳手打开人孔进行自然通风，必要时，采用强制通风。人孔上安装“受限空间进入需许可”警示牌，非作业人员禁止入内。

（4）办理受限空间作业许可证和临时用电许可证　根据 HG 30011—2013《生产区域受

限空间作业安全规范》，考虑过滤式防毒半面罩的防护作用，受限空间作业气体环境检测合格条件为：氧含量18%～21%，乙酸<0.2%（体积分数），有毒气体<25×10^{-6}（体积分数）。

办理受限空间作业许可证，明确作业人、作业负责人、监护人、作业内容、作业时间，逐项落实作业必要条件及补充措施，履行签字审批手续。

受限空间作业许可证样式参见附录三。

根据HG/T 30018—2013《化工电气安全工作规程》，汽提塔内临时照明用防爆灯采用安全电压36V。

办理临时用电作业许可证，明确作业人、作业负责人、监护人、作业内容、作业时间，逐项落实作业必要条件及补充措施，履行签字审批手续。

临时用电作业许可证样式参见附录四。

（5）入塔作业　选择36V插座，防爆灯接通电源。安全绳一端连接到安全带D型环处，一端固定在塔外，以便监护人施救。

穿防静电服，佩戴防静电手套、过滤式防毒半面罩、防护眼镜，使用工具袋携带M17防爆扳手、浮阀、老虎钳。入塔时，防爆灯不要放到塔盘上。进入塔内后，安全带挂钩挂在挂点上，锁死卡扣。防爆灯挂在高处（塔内有挂点）。监护人塔外监护作业。

入塔后，使用M17防爆扳手拆卸塔盘，用老虎钳更换浮阀，最后装回塔盘。出塔后，塔内不得遗留工具。

（6）安装人孔　使用M24防爆铜扳手安装人孔。

（7）归还个人防护用品和工具　检修作业完成后，归还所有个人防护用品、消防器材和作业工具。清理现场。

技能训练考核标准分析

本项目技能训练，需要从企业真实职业活动对从业人员操作技能要求的本质入手，以乙酸乙酯物料精馏塔浮阀更换操作的技术内涵为基本原则，采用模块化结构，按照操作步骤的要求，编制具体操作技能考核评分表（表4-14）。

通过标准和规范的制定实施，要求学生必须在规定的时间内，规范化完成精馏塔浮阀更换操作，正确合理地处理实训数据，形成正确的安全生产习惯，树立良好的职业素养。

教师在实践教学中也需要强化工作规范，加强操作示范与辅导相结合的技能操作训练，加强对训练进度和中间效果的监测与科学评估，客观、公正、科学、合理地评价学生，及时调整和优化教学内容及教学方法，保证技能训练的质量。

表4-14　操作技能考核评分表

序号	考核项目	考核内容	分值	得分
1	许可证的办理	检修作业许可证的填写和办理	2分	
		高处作业许可证的填写和办理	2分	
		盲板抽堵作业许可证的填写和办理	2分	
		受限空间作业许可证的填写和办理	2分	
		临时用电作业许可证的填写和办理	2分	

续表

序号	考核项目	考核内容		分值	得分
2	公共管线作业条件确认	原料线入口管线压力 PG101≤0.1MPa		1分	
		过热蒸汽管线温度 TG103≤41℃		1分	
		消防蒸汽线压力 PG105≥0.7MPa		1分	
		吹扫蒸汽线压力 PG106≥1.0MPa		1分	
		吹扫氮气线压力 PG107≥0.6MPa		1分	
3	原料入口管线吹扫置换	GV-101、GV-102、GV-103、GV-104、GV-105、GV-106、BV-206 处于关闭状态。GV-203、GV-107、GV-108、MB-102 处于打开状态		2分	
		打开 BV-204,吹扫		1分	
		关闭 BV-204		1分	
4	回流管线吹扫置换	MB-103、GV-109、GV-112、GV-113、GV-114、GV-115、MB-104 打开状态。GV-110、GV-111 关闭状态		2分	
		打开 BV-206,吹扫		1分	
		关闭 BV-206		1分	
5	盲板抽堵作业	作业工具、防护用品、消防器材	防爆扳手、防静电服、防静电手套、干粉灭火器,消防蒸汽、安全带、工具袋、撬棍、盲板警示牌	5分	
		抽堵盲板 MB-102	关闭阀门、抽堵盲板、添加盲板警示牌	5分	
		抽堵盲板 MB-103	关闭阀门、抽堵盲板、添加盲板警示牌	5分	
		抽堵盲板 MB-104	关闭阀门、抽堵盲板、添加盲板警示牌	5分	
		抽堵盲板 MB-105	关闭阀门、抽堵盲板、添加盲板警示牌	5分	
		归还工具、防护用品、消防器材		2分	
6	汽提塔低压水冲洗	打开 BV-201,引水冲洗		1分	
		关闭 BV-201		1分	
		打开 BV-202,塔放空		1分	
		关闭 BV-202		1分	
7	受限空间作业	布置现场警戒线,设置"严禁进入"警示牌		2分	
		打开人孔,设置"受限空间进入需许可"警示牌,新鲜空气的置换		2分	
		防静电服、防静电手套、安全带、工具箱、工具袋、浮阀、钳子、过滤式防毒面具、防护眼镜、消防蒸汽、干粉灭火器、清水、救生绳、防爆灯(安全电压 36V)、气体检测仪、防爆扳手		5分	
		塔盘的拆卸和安装、浮阀的更换		15分	
		人孔的安装		3分	
		归还工具、防护用品、消防器材		3分	

续表

序号	考核项目	考核内容	分值	得分
8	安全文明生产	个人防护用品穿戴符合安全生产与文明操作要求	3分	
		保持现场环境整齐、清洁、有序	2分	
		正确操作设备、使用工具	2分	
		沟通交流恰当，文明礼貌、尊重他人	2分	
		记录及时、完整、规范、真实、准确	2分	
		安全生产，如发生人为的操作安全事故、设备人为损坏、伤人等情况，安全文明生产不得分		
9	团队协作	团队合作能力	2分	
		自主参与程度	1分	
		是否为班长	1分	

技能训练组织

（1）学生分组，按照任务要求，在规定的时间内完成精馏塔浮阀更换。

（2）学生参照评分标准进行检查评价并查找不足。

（3）教师按照评分标准进行考核评价。

（4）师生总结评价，改进不足，将来在学习或工作中做得更好。

精馏塔浮阀更换操作

1. 办理检修作业许可证和高处作业许可证

检修作业许可证见表4-15，高处作业许可证见表4-16。

表4-15　检修作业许可证

<table>
<tr><td colspan="6">检修作业许可证</td></tr>
<tr><td colspan="6">许可证编号：×××××××××</td></tr>
<tr><td colspan="6">在生产区的一般作业检修作业，必须首先办理本许可证</td></tr>
<tr><td colspan="2">作业单位</td><td colspan="4">××班组</td></tr>
<tr><td colspan="2">设备名称(位号)</td><td colspan="4">汽提塔(T-101)</td></tr>
<tr><td colspan="2">作业人：××××</td><td colspan="2">作业负责人：班长签字</td><td colspan="2">监护人：内操签字</td></tr>
<tr><td colspan="2">作业内容</td><td colspan="4">(1)汽提塔(T-101)塔盘浮阀的检修(塔盘浮阀更换)。
(2)回流管线直管段动火切割与更换</td></tr>
<tr><td colspan="2">作业时间</td><td colspan="4">××年××月××日××时××分至××年××月××日××时××分</td></tr>
<tr><td colspan="6">如作业条件、工作范围等发生异常变化，必须立即停止作业，本许可同时作废</td></tr>
<tr><td colspan="6">以下所有工作与施工油罐的注意事项必须签字后方可作业</td></tr>
<tr><td colspan="2">作业必要条件</td><td>确认人</td><td rowspan="2">下列作业必须办理特殊作业许可证</td><td rowspan="2" colspan="2">确认人</td></tr>
<tr><td>1</td><td>通知装置负责人和作业区域(岗位)操作人员</td><td>班长签字</td></tr>
<tr><td>2</td><td>切断设备电源，挂“禁止合闸”的标志牌，并上锁</td><td>班长签字</td><td>动火作业</td><td colspan="2">班长签字</td></tr>
</table>

续表

	作业必要条件	确认人	下列作业必须办理特殊作业许可证	确认人
3	作业单位与装置进行联络和协调的负责人姓名	班长签字	受限空间作业	班长签字
4	设备(管线)处于运行状态或内有物料时，要有专项安全措施	班长签字	临时用电作业	班长签字
5	采用蒸汽置换，必须制定并遵守专项安全措施	班长签字	高处作业	班长签字
6	机泵设备检修必须：(1)停电；(2)挂牌；(3)排空	班长签字	盲板抽堵作业	班长签字
7	关闭入口阀门	班长签字	其他要求	
8	指定装置的机动车辆必须限速并有阻火器	班长签字	本次计划检修中，必须办理上述所有特殊作业许可证	
9	必须有作业时产生的废物处理措施	班长签字		
设备内有以下物质：焦油/酸/碱/蒸汽/冷凝/水/煤气/其他：乙酸乙酯(易燃易爆)				

作业许可证签发	
维修班长意见： 签字：	工艺班长意见： 签字：班长签字
车间主任意见： 签字：	分厂领导意见： 签字：
完工验收：　年　月　日　时　分	签字：

表 4-16　高处作业许可证

高处作业许可证					
许可证编号：××××××××					
在 30m 以上的特级高处作业，必须由主管领导和安全部门审核签发					
申请作业单位	××班组				
作业名称	汽提塔(T-101)塔盘浮阀的检修			作业级别	一级
作业人	班长签字和外操签字				
作业负责人	班长签字	监护人	内操签字	填写人	班长签字
作业内容	高处仪表阀门检查，阀门操作，盲板抽堵作业，汽提塔内作业				
作业时间	××年××月××日××时××分至××年××月××日××时××分				
如果作业条件、工作范围等发生异常变化，必须立即停止工作，本许可证作废					
以下所有注意事项必须确认签字					

	作业必要条件	确认人
1	患有高血压、心脏病、贫血病、癫痫病等不适合于高处作业人员，不得从事高处作业	班长签字
2	高处作业人员着装符合要求，戴好安全帽，衣着灵便，禁止穿硬底和带钉易滑鞋	班长签字
3	作业人员佩戴安全带，严禁用绳子捆在腰部代替安全带	班长签字
4	作业人员携带安全带，随身携带的工具、零件、材料等必须装入工具袋	班长签字
5	领近地区有排放有毒、有害气体及粉尘超标烟囱及设备的场所，严禁高处作业	班长签字
6	六级风以上和雷电、暴雨、大雾等恶劣气候条件下，禁止进行露天高处作业	班长签字

续表

	作业必要条件	确认人
7	高处作业场所与架空电线保持规定的安全距离（高处作业人员距普通电线 1m 以上，普通高压线 2.5m 以上，并要防止运送来的导体碰到电线）	班长签字
8	现场搭设的脚手架、防护围栏符合安全规程	班长签字
9	垂直分层作业中间有隔离措施	班长签字
10	梯子或绳梯符合安全规程规定	班长签字
11	在石棉瓦等不承重物上作业应搭设固定承重板，并站在承重板上	班长签字
12	高处作业应有充足的照明，安装临时灯、防爆灯	班长签字
13	特级高处作业配备有通信工具	班长签字
14	其他措施：佩戴过滤式呼吸器、空气呼吸器	班长签字
补充措施：盲板抽堵作业中，必须佩戴相关的个人防护用品		班长签字

许可证的签发		
作业负责人意见：同意 签字：班长签字	作业所在单位负责人意见： 签字：	
现场负责人意见： 签字：	分厂单位领导意见： 签字：	
安全监管部门意见：	签字：	
完工验收	年　月　日　时　分	签字：

注：(1) 本票最长有效期 7 天，一个施工点一票。
(2) 作业负责人负责将本票向所有涉及作业人员解释，所有人员必须在本票上面签字。
(3) 此票一式三联，作业负责人随身携带一份，签发人、安全人员各一份。
(4) 特级：30m 以上；三级：>15～30m；二级：>5～15m；一级：2～5m。

2. 公共管线作业条件确认

公共管线作业条件确认见表 4-17。

表 4-17　公共管线作业条件确认

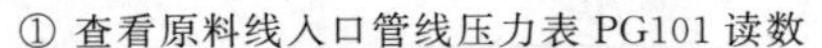

① 查看原料线入口管线压力表 PG101 读数

② 查看过热蒸汽管线温度表 TG103 读数

续表

<table>
<tr><td>③ 查看吹扫氮气线压力表 PG107 读数

</td><td>④ 查看消防蒸汽线压力表 PG105 读数

</td></tr>
<tr><td colspan="2">⑤ 查看吹扫蒸汽线压力表 PG106 读数

</td></tr>
</table>

3. 工艺管线的吹扫置换

工艺管线的吹扫置换见表 4-18。

表 4-18　工艺管线的吹扫置换

(1)原料线入口管线吹扫

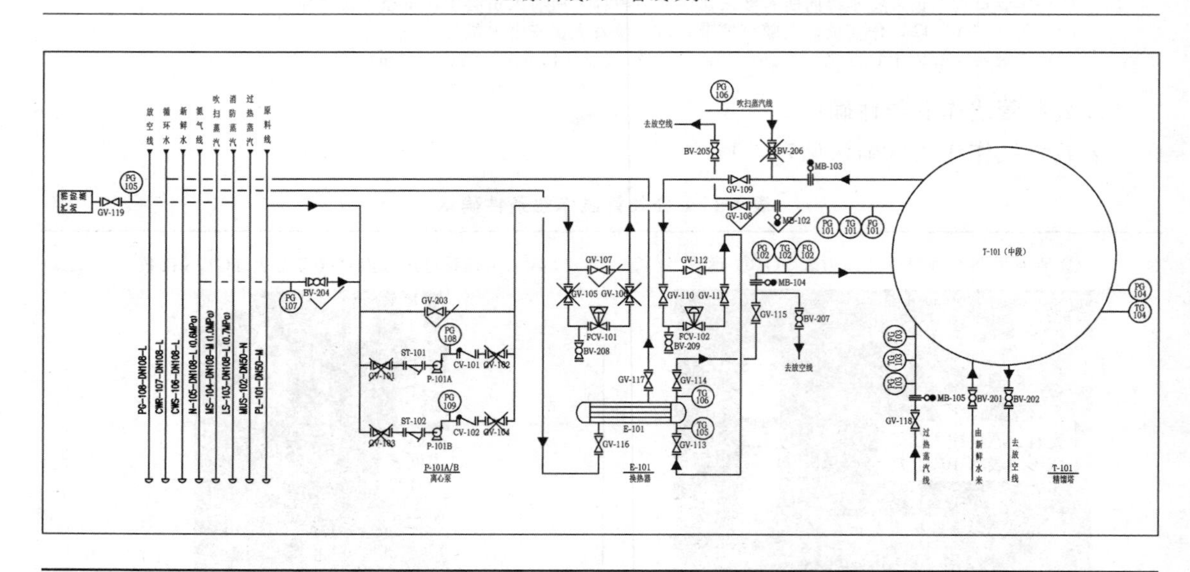

续表

① 截止阀 GV-101、GV-103 关闭状态

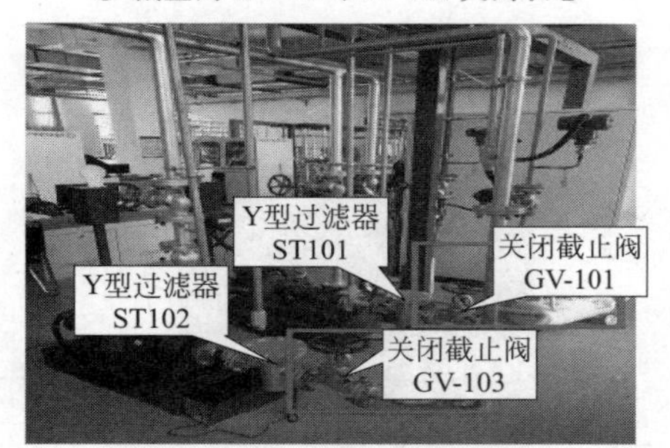

② 截止阀 GV-102、GV-104 关闭状态；截止阀 GV-203 打开状态

③ 截止阀 GV-105、GV-106 关闭状态，GV-107 打通状态

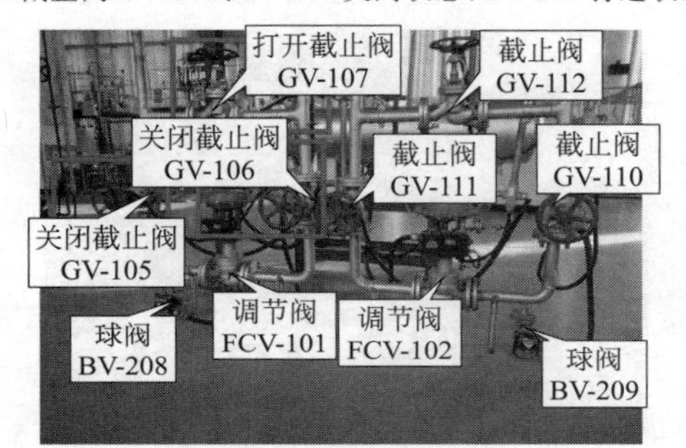

④ 截止阀 GV-108 打开状态，盲板 MB-102 打通状态

⑤ 球阀 BV-206 关闭状态

⑥ 打开球阀 BV-204 吹扫置换

（2）回流管线吹扫

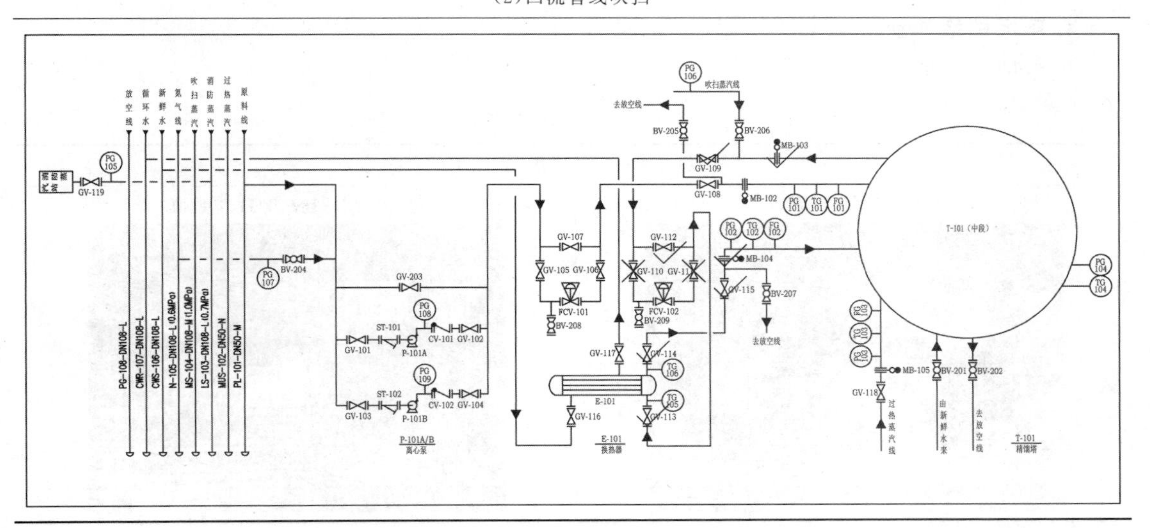

续表

① 截止阀 GV-110、GV-111 关闭状态，截止阀 GV-112 打开状态	② 截止阀 GV-113、GV-114 打开状态
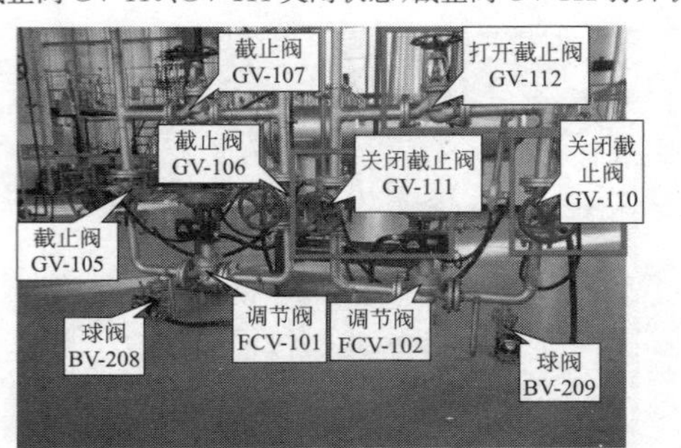	
③ 截止阀 GV-115 打开状态，盲板 MB-104 打通状态	④ 截止阀 GV-109 打开状态，盲板 MB-103 打通状态
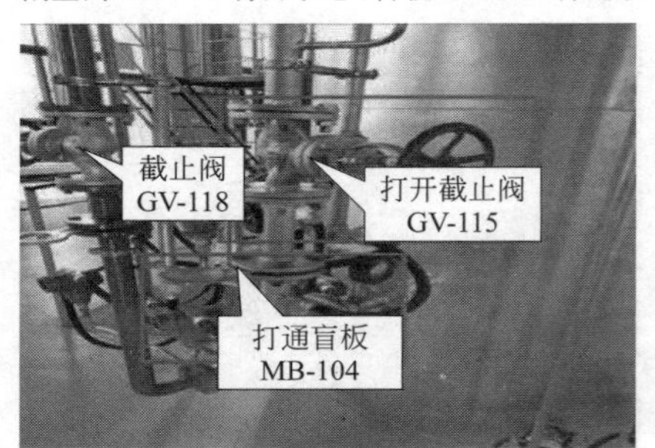	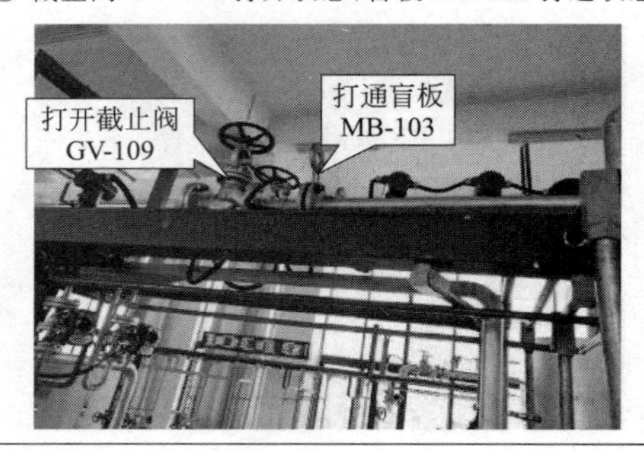

⑤ 打开球阀 BV-206 进行蒸汽吹扫

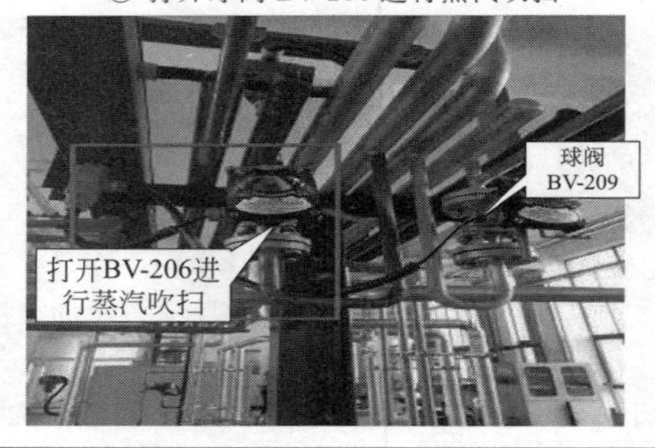

4. 盲板抽堵作业

盲板抽堵作业见表 4-19。

表 4-19　盲板抽堵作业

(1)办理盲板抽堵作业许可证

① 填写作业票	② 记录 PG101、TG101 数值
	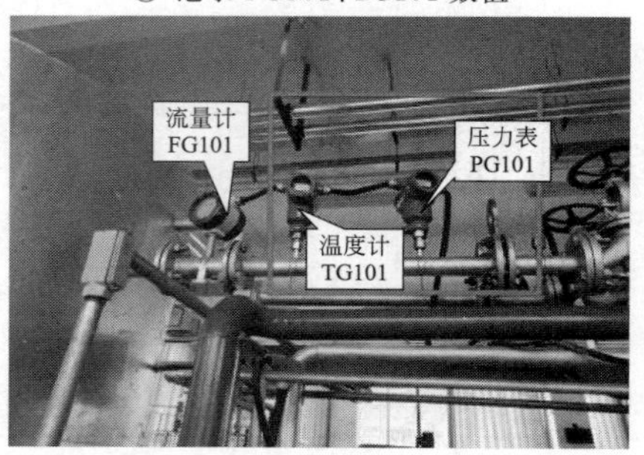

续表

③ 记录 PG102、TG102 数值	④ 记录 PG103、TG103

(2)选择盲板抽堵作业工具	
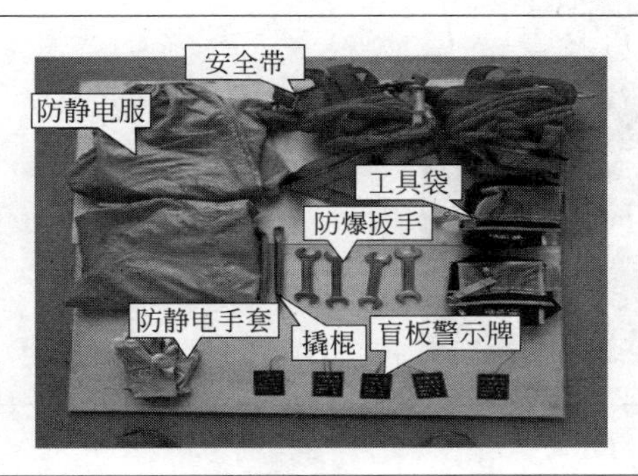	
(3)盲板抽堵	
① 抽堵盲板 MB-102	

续表

② 抽堵盲板 MB-103

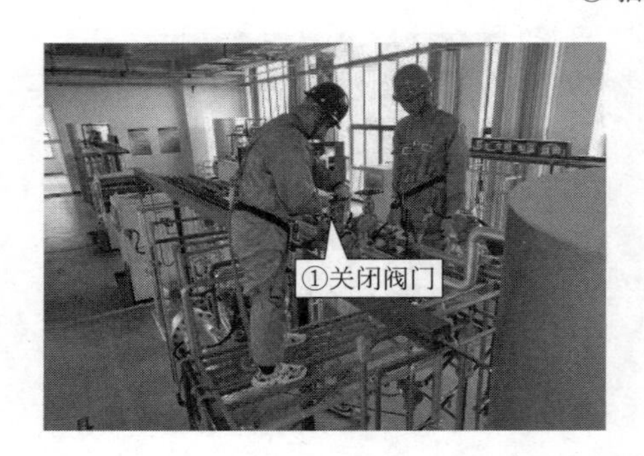

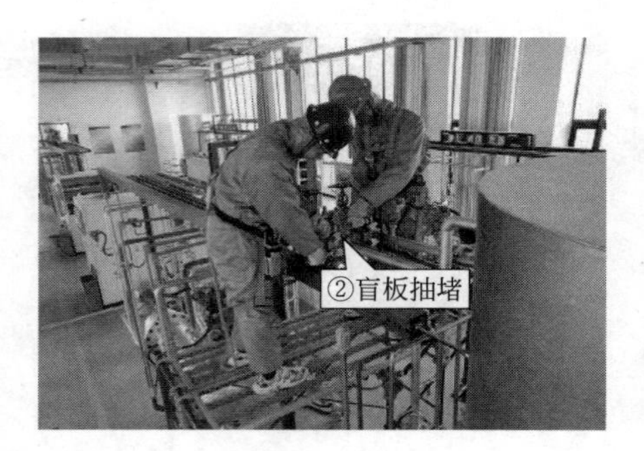

③ 抽堵盲板 MB-104

续表

④ 抽堵盲板 MB-105

(4)归还工具

盲板抽堵作业许可证见表 4-20。

表 4-20 盲板抽堵作业许可证

<table>
<tr><td colspan="12">盲板抽堵作业许可证</td></tr>
<tr><td colspan="12">作业证编号:××××××××</td></tr>
<tr><td colspan="2">申请作业单位</td><td colspan="4">××班组</td><td colspan="2">申请人</td><td colspan="4">班长签字</td></tr>
<tr><td rowspan="2">管道名称</td><td rowspan="2">介质</td><td rowspan="2">温度</td><td rowspan="2">压力</td><td colspan="2">盲板</td><td colspan="2">实施时间</td><td colspan="2">作业人</td><td colspan="2">监护人</td></tr>
<tr><td>编号</td><td>规格</td><td>堵</td><td>抽</td><td>堵</td><td>抽</td><td>堵</td><td>抽</td></tr>
<tr><td rowspan="2">原料入口管线</td><td rowspan="2">乙酸乙酯</td><td rowspan="2">现场仪表</td><td rowspan="2">现场仪表</td><td rowspan="2">MB-102</td><td rowspan="2">DN40</td><td rowspan="2">8:33</td><td rowspan="2"></td><td>班长签字</td><td></td><td rowspan="2">内操签字</td><td rowspan="2"></td></tr>
<tr><td>外操签字</td><td></td></tr>
<tr><td rowspan="2">回流管线</td><td rowspan="2">乙酸乙酯</td><td rowspan="2">现场仪表</td><td rowspan="2">现场仪表</td><td rowspan="2">MB-103</td><td rowspan="2">DN40</td><td rowspan="2">8:36</td><td rowspan="2"></td><td>班长签字</td><td></td><td rowspan="2">内操签字</td><td rowspan="2"></td></tr>
<tr><td>外操签字</td><td></td></tr>
<tr><td rowspan="2">回流管线</td><td rowspan="2">乙酸乙酯</td><td rowspan="2">现场仪表</td><td rowspan="2">现场仪表</td><td rowspan="2">MB-104</td><td rowspan="2">DN40</td><td rowspan="2">8:39</td><td rowspan="2"></td><td>班长签字</td><td></td><td rowspan="2">内操签字</td><td rowspan="2"></td></tr>
<tr><td>外操签字</td><td></td></tr>
</table>

续表

管道名称	介质	温度	压力	盲板		实施时间		作业人		监护人	
				编号	规格	堵	抽	堵	抽	堵	抽
过热蒸汽管线	过热蒸汽	现场仪表	现场仪表	MB-105	DN40	8:42		班长签字 外操签字		内操签字	
作业单位负责人											
涉及的其他特殊作业											

序号	安全措施	确认人
1	在有毒介质的管道、设备上作业时，尽可能降低系统压力，作业点应为常压	班长签字
2	在有毒介质的管道、设备上作业时，作业人员穿戴适合的防护用具	班长签字
3	易燃易爆场所，作业人员穿防静电服工作服、工作鞋；作业时使用防爆灯具和防爆工具	班长签字
4	易燃易爆场所，距作业地点30m内无其他动火作业	班长签字
5	在强腐蚀性介质的管道、设备上作业时，作业人员已采取防止酸碱灼伤的措施	班长签字
6	介质温度较高、可能造成烫伤的情况下，作业人员已采取防烫伤措施	班长签字
7	同一管道上不同时进行两处以上的盲板抽堵作业	班长签字
8	其他安全措施：(1)MB-102、MB-103为高处作业，必须佩戴安全带。 (2)管道内介质为乙酸乙酯，需佩戴个人防护用品	班长签字

生产车间(分厂)意见：

签字：　　年　月　日　时　分

作业单位意见：

签字：　　年　月　日　时　分

审批单位意见：

签字：　　年　月　日　时　分

盲板抽堵作业单位确认情况：

签字：　　年　月　日　时　分

5. 低压水冲洗和放空

低压水冲洗和放空见表4-21。

表4-21　低压水冲洗和放空

① 打开BV-201引新鲜水洗塔	② 打开BV-202放空
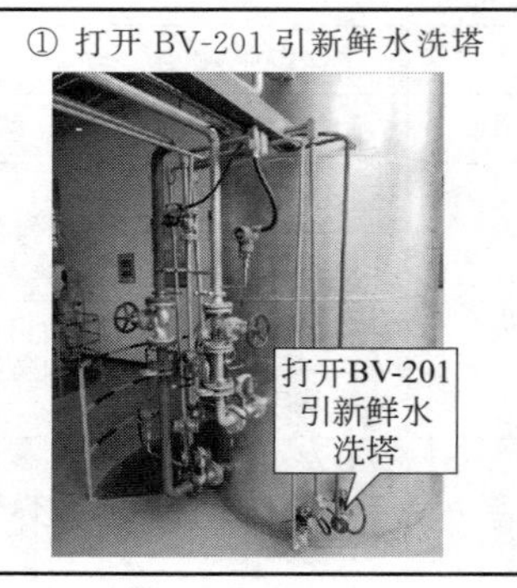	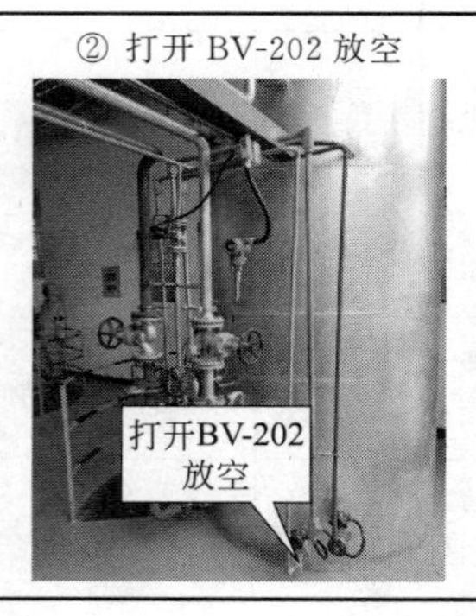

6. 受限空间作业

受限空间作业见表 4-22。

表 4-22 受限空间作业

(1)选用受限空间作业工具、现场警戒

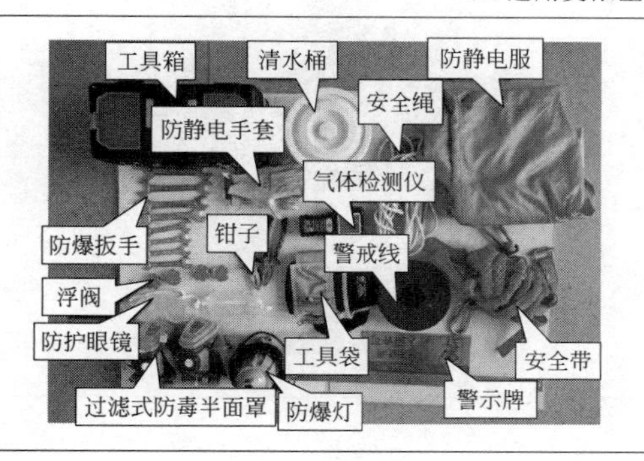

(2)打开人孔通风置换

(3)办理受限空间作业许可证、临时用电许可证

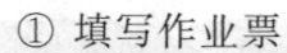

① 填写作业票

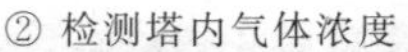

② 检测塔内气体浓度

③ 作业票上记录测量数据

续表

<table>
<tr><th colspan="2">(4)入塔作业</th></tr>
<tr><td>① 防爆灯接电

</td><td>② 安全绳的使用

</td></tr>
<tr><td>③ 入塔作业

</td><td>④ 挂防爆灯、安全带
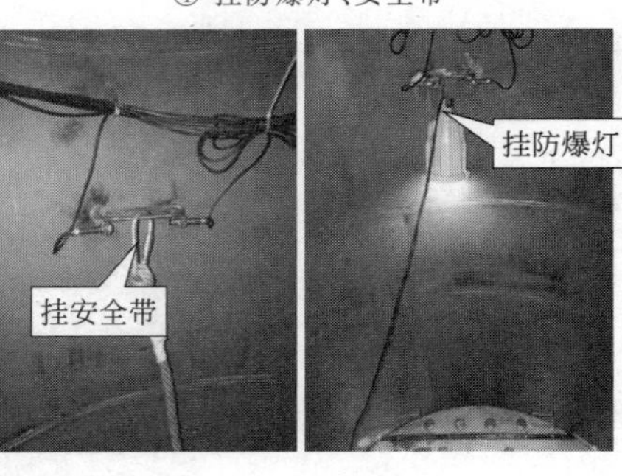
</td></tr>
<tr><td>⑤ 拆卸塔板
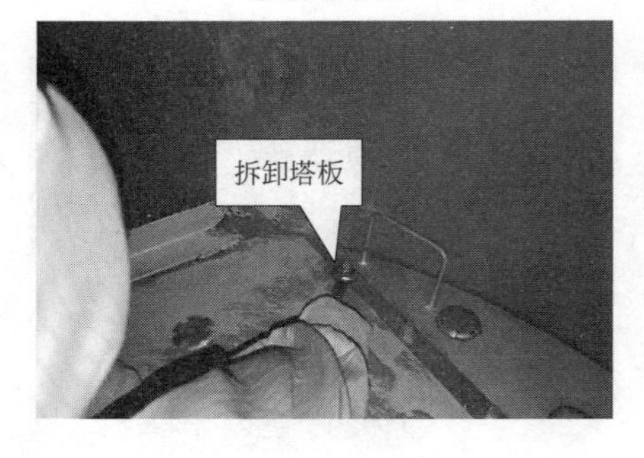
</td><td>⑥ 更换浮阀
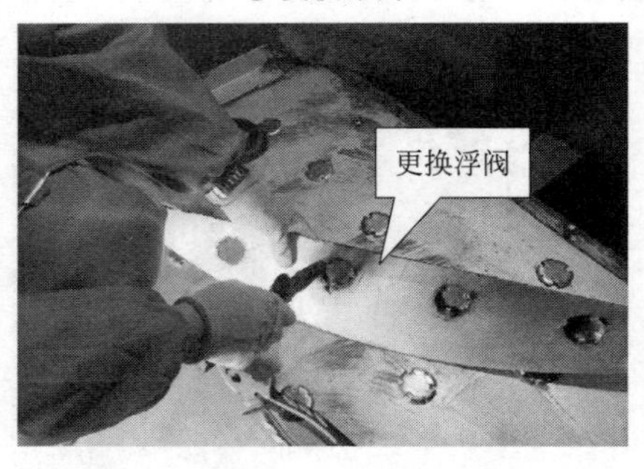
</td></tr>
<tr><td>⑦ 安装塔板

</td><td>⑧ 监护人塔外监护

</td></tr>
</table>

续表

(5)关闭人孔
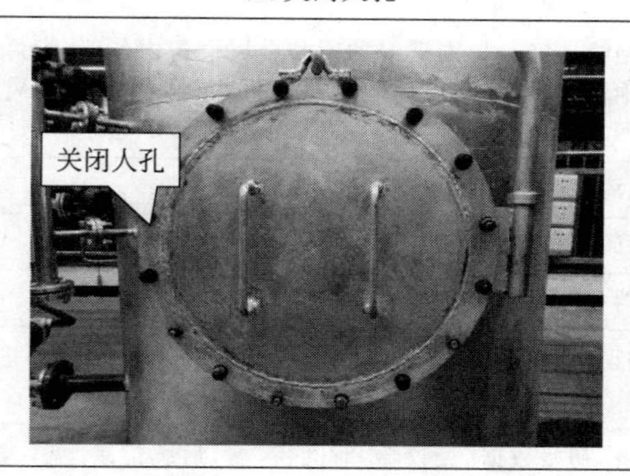
(6)归还个人防护用品和工具

受限空间作业许可证见表4-23。

表4-23 受限空间作业许可证

受限空间作业许可证			
		许可证编号:××××××××	
申请单位	××班组		
设备名称(位号)	汽提塔(T-101)	作业人	外操签字
作业内容	汽提塔(T-101)塔盘浮阀更换		
监护人	内操签字	作业负责人	班长签字
作业票签发人			
作业证有效时间	××年××月××日××时××分至××年××月××日××时××分		
以下所有内容必须有相关的安全、技术等人员进行签字确认,如果作业条件、工作内容等发生异常变化,必须立即停止作业,本作业票失效			
作业条件			确认人
1.作业前对设备进人作业的危险性进行分析,对作业人员进行应急、救护等安全技术交底			班长签字
2.所有与设备有联系的阀门、管线加盲板隔离,所加盲板列出清单,落实拆装责任人			班长签字
3.设备经过置换、吹扫、蒸煮			班长签字
4.设备打开通风孔自然通风2h以上,温度适宜人员作业,必要时采用强制通风或佩戴空气呼吸器,但设备内部动火缺氧时,严禁用通氧方法补氧			班长签字
5.相关设备进行处理,待搅拌机设备切断电源,挂“禁止合闸”标志牌,上锁或专人看护			班长签字

续表

作业条件	确认人
6.使用照明要用安全电压，电线绝缘良好。特别潮湿场所和金属设备内作业，行灯电压应在12V以下。使用手持工具应有漏电保护装置。(①36V；②24V；③12V)(36V处打对号)	班长签字
7.检查设备内部，具备作业条件，清罐时采用防爆工具	班长签字
8.设备周围区域及入口内外无障碍物，以确保工作及进出安全	班长签字
9.作业人员劳保着装规范，防护器材佩戴齐全	班长签字
10.盛装过可燃有毒液体、气体的设备，要进行气体含量分析，浓度不得超过标准，并附上分析报告	班长签字
11.已检测确认设备可燃气体浓度，初始数据[见仪器]时间：××，后续记录[见仪器]时间：××	班长签字
12.已检测确认设备内氧气浓度，初始数据[见仪器]时间：××，后续记录[见仪器]时间：××	班长签字
13.已检测确认设备内没有毒气，初始数据[见仪器]时间：××，后续记录[见仪器]时间：××	班长签字
14.指出设备存在的其他危害因素，如内部附件或集液坑	班长签字
15.作业监护措施：消防器材(泡沫1个)、水管(清水桶)、救生绳(1条)、气防装备(过滤式防毒面具)及其他(防护眼镜)	班长签字
16.其他补充措施：(1)临时照明灯具使用防爆型灯具，并且使用安全电压36V。 (2)在拆卸塔盘时使用17#防爆扳手。 (3)汽提塔拆卸塔盘作业属于高处作业，需佩戴安全带	班长签字
监护人意见： 签字：内操签字	作业负责人意见： 签字：班长签字
设备单位意见： 签字：	生产单位负责人意见： 签字：
公司(直属单位)安全环保部门意见： 签字：	公司(直属单位)领导审批： 签字：
完工验收：　年　月　日　时　分　签字：	

临时用电许可证见表4-24。

表4-24　临时用电许可证

临时用电许可证			
		许可证编号：××××××××	
申请作业单位	××班组	作业名称	汽提塔(T-101)塔盘浮阀更换
用电设备及功率	9W防爆灯	作业地点	汽提塔(T-101)
监护人	内操签字	责任人	班长签字
作业时间	××年××月××日××时××分至××年××月××日××时××分		
序号	主要安全措施		确认人
1	安装临时线路人员持有电工作业操作证		班长签字

续表

序号	主要安全措施	确认人
2	在防爆场所使用的临时电源、电气元件达到相应的防爆等级要求	班长签字
3	临时用电线路架空高度在装置内不低于 2.5m，道路不低于 5m	班长签字
4	临时用电线路架空进线不得采用裸线，不得在脚手架上架设	班长签字
5	临时用电设施安有漏电保护器，移动工具、手持工具应一机一闸保护	班长签字
6	用电设备、线路容量、负载符合要求	班长签字
7	补充措施：汽提塔内临时照明用电设备为受限空间作业用电，采用安全电压 36V，且照明设备为防爆灯具	班长签字

作业许可证的签发		
临时用电负责人意见： 签字：	供电单位意见： 签字：	生产单位意见： 签字：

技能训练 2　氰化钠物料精馏装置计划性检修

任务描述

氰化钠精馏装置（图 4-3）浮阀塔已连续运行 2 年，近期发现塔板效率有所降低，初步判断是浮阀损坏、脱落，此外，根据设备检修计划，精馏装置到了年度大修时间，应停车检修。某公司小张是精馏生产车间一名班长，要求小张团队制定计划性停车检修方案，完成浮阀塔停车检修，更换浮阀，消除设备缺陷，以防止故障的发生。浮阀塔使用的是 F1Q-4B 型浮阀，材质 0Cr18Ni9，符合 JB/T 1118—2001 标准。

图 4-3　氰化钠精馏装置

检修计划制定

1. 办理检修作业许可证

办理检修作业许可证，明确作业人、作业负责人、监护人、作业内容、作业时间，逐项落实作业必要条件及补充措施，履行签字审批手续。

检修作业许可证样式参见附录六。

2. 公共管线作业条件确认

根据精馏实训装置工艺流程图，化工装置可提供的消防蒸汽管线压力为 0.7MPa，吹扫蒸汽线压力为 1.0MPa，吹扫氮气线压力为 0.6MPa。GB 30871—2014《化学品生产单位特殊作业安全规范》规定：作业时，作业点压力应降为常压 0.1MPa。为防止介质温度较高、造成烫伤意外事故，塔内作业温度可规定低于 41℃后才可入塔。公共管线作业条件见表 4-25。

表 4-25　公共管线作业条件

序号	公共管线作业条件
1	消防蒸汽线压力 PG105≥0.7MPa
2	吹扫蒸汽线压力 PG106≥1.0MPa
3	吹扫氮气线压力 PG107≥0.6MPa
4	原料线入口管线压力 PG101≤0.1MPa
5	过热蒸汽管线温度 TG103≤41℃

原料线入口管线压力表 PG101 位于塔中段，需登高才能看到压力表 PG101 的读数，属于高处作业，应满足高处作业安全要求。此外，盲板抽堵作业和汽提塔内作业都属于高处作业，高处作业许可证在此处一起办理。

办理高处作业许可证，明确作业人、作业负责人、监护人、作业内容、作业时间，逐项落实作业必要条件及补充措施，履行签字审批手续。

高处作业许可证样式参见附录二。

3. 工艺管线的吹扫置换

(1) 原料线入口管线吹扫　装置原料线入口管线上设置有氮气吹扫接口，且管线内物料温度较低，适合采用氮气对管道进行吹扫，管道里的氰化钠物质将被吹入塔设备。吹扫前，要确保原料线入口管线从吹扫接口到塔入口管路畅通。为避免吹扫氮气对离心泵、调节阀等重要设备的损坏，离心泵和调节阀主路全部关闭，打开旁通管路吹扫。原料线入口管线吹扫中，吹扫蒸汽管线处于关闭状态。原料线入口管线吹扫置换见表 4-26。

表 4-26　原料线入口管线吹扫置换

原料线入口管线吹扫置换	沿着管线逐个检查并操作阀门 GV-101、阀门 GV-102、阀门 GV-103、阀门 GV-104、阀门 GV-105、阀门 GV-106、阀门 BV-206(上面)处于关闭状态，阀门 GV-203、阀门 GV-107、阀门 GV-108(上面)、盲板 MB-102(上面)处于打开状态。其中，阀门 BV-206、阀门 GV-108、盲板 MB-102 需要登高检查，属于高处作业
	打开氮气吹扫阀门 BV-204 进行吹扫，直到取样口气体检测合格
	关闭 BV-204

（2）回流管线吹扫　装置回流管线内物料温度较高，采用常温的氮气可能引起物料结晶“堵管”，适合采用蒸汽吹扫，管道里氰化钠物质将被吹入塔内。吹扫前，要确保回流管线从吹扫接口到塔入口管路畅通。为避免吹扫对调节阀的损坏，调节阀主路关闭，打开旁通管路吹扫。回流管线吹扫置换见表 4-27。

表 4-27　回流管线吹扫置换

回流管线吹扫置换	沿着管线逐个检查并操作盲板 MB-103、阀门 GV-109、阀门 GV-112、阀门 GV-113、阀门 GV-114、阀门 GV-115、阀门 MB-104 处于打开状态，阀门 GV-110、阀门 GV-111 处于关闭状态。其中，盲板 MB-103、阀门 GV-109 需要登高检查，属于高处作业。高处作业必须在监护人的监护下作业
	打开吹扫蒸汽吹扫阀门 BV-206 进行吹扫，直到取样口气体检测合格
	关闭 BV-206

4. 盲板抽堵作业

工艺管线经吹扫置换，已符合管道拆卸作业条件，可以进行盲板抽堵作业，进一步隔离塔设备。本装置需要抽堵四块盲板，分别是 MB-102、MB-103、MB-104、MB-105，其中，盲板 MB-102、MB-103 属于高处作业，应同时符合高处作业安全要求。高处作业使用脚手架。

（1）办理盲板抽堵作业许可证　办理盲板抽堵作业许可证，明确作业人、作业负责人、监护人、作业内容、作业时间，逐项落实作业必要条件及补充措施，履行签字审批手续。

根据精馏实训装置工艺流程图，盲板 MB-102 所在管线的工艺条件分别现场查看压力表 PG101、温度表 TG101 确认；盲板 MB-103、盲板 MB-104 所在管线的工艺条件分别现场查看压力表 PG102、温度表 TG102 确认；盲板 MB-105 所在管线的工艺条件分别现场查看压力表 PG103、温度表 TG103 确认。

盲板抽堵作业许可证样式参见附录五。

（2）选择个人防护用品和工具　选用的个人防护用品和工具见表 4-28。

表 4-28　个人防护用品和工具

序号	项目	名称及规格	数量
1	作业工具	M24 普通扳手	4 把
		撬棍	1 根
		工具箱	1 个
		工具袋	2 个
2	个人防护用品	轻型防化服	2 套
		化学防护手套	2 副
		化学防护眼镜	2 副
		过滤式防毒面具	2 副
		安全带	2 套
3	消防器材	泡沫灭火器	1 个
4	安全警示标志	MB-102 盲板警示牌 MB-103 盲板警示牌 MB-104 盲板警示牌 MB-105 盲板警示牌	5 个

（3）盲板抽堵作业　作业工具一次性拿到现场。盲板抽堵的顺序是关闭阀门，盲板抽堵，挂盲板警示牌。

（4）归还工具　盲板抽堵作业完成后，归还作业工具，个人防护用品可以不用归还，检修作业全部完成后一起归还。

5. 汽提塔低压水冲洗

塔设备内的油垢和沉积物可采用低压水冲洗清除。洗塔后，塔内的气体通过放空管线排放。这些油垢和残渣如铲除不彻底，即使在动火前分析设备内可燃气体含量合格，动火时由于油垢、残渣受热分解出易燃气体，也可能导致着火爆炸。汽提塔低压水冲洗见表 4-29。

表 4-29　汽提塔低压水冲洗

汽提塔低压水冲洗	打开 BV-201 引新鲜水冲洗
	关闭 BV-201
	打开 BV-202 放空
	关闭 BV-202

6. 受限空间作业

更换塔板的浮阀是受限空间作业，属于危险作业，应办理受限空间许可证，满足受限空间作业安全要求。此外，中段塔板浮阀更换属于高处作业，应同时满足高处作业安全要求。高处作业使用脚手架。塔内照明需要临时用电，应办理临时用电许可证，满足临时用电安全要求。

（1）选择个人防护用品和工具　选用的个人防护用品和工具见表 4-30。

表 4-30　个人防护用品和工具

序号	项目	名称及规格	数量
1	作业工具	M24 普通扳手	4 把
		M17 铜制防爆扳手	4 把
		老虎钳	2 把
		工具箱	1 个
		工具袋	2 个
		36V 防爆灯	1 个
2	个人防护用品	轻型防化服	2 套
		化学防护手套	2 副
		防护眼镜	2 副
		过滤式防毒半面罩	2 个
		安全带	2 套
3	消防器材	泡沫灭火器	1 个
		救生绳	1 根
		清水	1 桶
4	备品配件	浮阀	4 个
5	检测仪表	气体检测仪	1 个

续表

序号	项目	名称及规格	数量
6	安全警示标志	现场警戒线	1盒
		“严禁进入”警示牌	1个
		“受限空间进入需许可”警示牌	1个

（2）现场警戒　现场拉警戒线，设置“严禁进入”警示牌，警示此处正进行特殊作业，非工作人员禁止进入。

（3）打开人孔，通风置换　使用M24普通扳手打开人孔进行自然通风，必要时，采用强制通风。人孔上安装“受限空间进入需许可”警示牌，非作业人员禁止入内。

（4）办理受限空间作业许可证和临时用电许可证　根据HG 30011—2013《生产区域受限空间作业安全规范》，考虑过滤式防毒半面罩的防护作用，受限空间作业气体环境检测合格条件：氧含量18%～21%，乙酸<0.2%（体积分数），有毒气体$<25\times10^{-6}$（体积分数）。

办理受限空间作业许可证，明确作业人、作业负责人、监护人、作业内容、作业时间，逐项落实作业必要条件及补充措施，履行签字审批手续。

受限空间作业许可证样式参见附录三。

根据HG/T 30018—2013《化工电气安全工作规程》，汽提塔内临时照明用防爆灯采用安全电压36V。

办理临时用电作业许可证，明确作业人、作业负责人、监护人、作业内容、作业时间，逐项落实作业必要条件及补充措施，履行签字审批手续。

临时用电作业许可证样式参见附录四。

（5）入塔作业　选择36V插座，防爆灯接通电源。安全绳一端连接到安全带D型环处，一端固定在塔外，以便监护人施救。

穿防静电服，佩戴防静电手套、过滤式防毒半面罩、防护眼镜，使用工具袋携带M17防爆扳手、浮阀、老虎钳。入塔时，防爆灯不要放到塔盘上。进入塔内后，安全带挂钩挂在挂点上，锁死卡扣。防爆灯挂在高处（塔内有挂点）。监护人塔外监护作业。

入塔后，使用M17防爆扳手拆卸塔盘，用老虎钳更换浮阀，最后装回塔盘。出塔后，塔内不得遗留工具。

（6）安装人孔　使用M24普通扳手安装人孔。

（7）归还个人防护用品和工具　检修作业完成后，归还所有个人防护用品、消防器材和作业工具。清理现场。

技能训练考核标准分析

本项目技能训练，需要从企业真实职业活动对从业人员操作技能要求的本质入手，以有毒物料精馏塔浮阀更换操作的技术内涵为基本原则，采用模块化结构，按照操作步骤的要求，编制具体操作技能考核评分表（表4-31）。

通过标准和规范的制定实施，要求学生必须在规定的时间内，规范化完成精馏塔浮阀更换操作，正确合理地处理实训数据，形成正确的安全生产习惯，树立良好的职业素养。

教师在实践教学中也需要强化工作规范，加强操作示范与辅导相结合的技能操作训练，加强对训练进度和中间效果的监测与科学评估，客观、公正、科学、合理地评价学生，及时调整和优化教学内容及教学方法，保证技能训练的质量。

表 4-31 操作技能考核评分表

<table>
<tr><th>序号</th><th>考核项目</th><th colspan="2">考核内容</th><th>分值</th><th>得分</th></tr>
<tr><td rowspan="5">1</td><td rowspan="5">许可证的办理</td><td colspan="2">检修作业许可证的填写和办理</td><td>2分</td><td></td></tr>
<tr><td colspan="2">高处作业许可证的填写和办理</td><td>2分</td><td></td></tr>
<tr><td colspan="2">盲板抽堵作业许可证的填写和办理</td><td>2分</td><td></td></tr>
<tr><td colspan="2">受限空间作业许可证的填写和办理</td><td>2分</td><td></td></tr>
<tr><td colspan="2">临时用电作业许可证的填写和办理</td><td>2分</td><td></td></tr>
<tr><td rowspan="5">2</td><td rowspan="5">公共管线作业条件确认</td><td colspan="2">原料线入口管线压力 PG101≤0.1MPa</td><td>1分</td><td></td></tr>
<tr><td colspan="2">过热蒸汽管线温度 TG103≤41℃</td><td>1分</td><td></td></tr>
<tr><td colspan="2">消防蒸汽线压力 PG105≥0.7MPa</td><td>1分</td><td></td></tr>
<tr><td colspan="2">吹扫蒸汽线压力 PG106≥1.0MPa</td><td>1分</td><td></td></tr>
<tr><td colspan="2">吹扫氮气线压力 PG107≥0.6MPa</td><td>1分</td><td></td></tr>
<tr><td rowspan="3">3</td><td rowspan="3">原料入口管线吹扫置换</td><td colspan="2">GV-101、GV-102、GV-103、GV-104、GV-105、GV-106、BV-206 处于关闭状态。GV-203、GV-107、GV-108、MB-102 处于打开状态</td><td>2分</td><td></td></tr>
<tr><td colspan="2">打开 BV-204,吹扫</td><td>1分</td><td></td></tr>
<tr><td colspan="2">关闭 BV-204</td><td>1分</td><td></td></tr>
<tr><td rowspan="3">4</td><td rowspan="3">回流管线吹扫置换</td><td colspan="2">MB-103、GV-109、GV-112、GV-113、GV-114、GV-115、MB-104 处于打开状态。GV-110、GV-111 处于关闭状态</td><td>2分</td><td></td></tr>
<tr><td colspan="2">打开 BV-206,吹扫</td><td>1分</td><td></td></tr>
<tr><td colspan="2">关闭 BV-206</td><td>1分</td><td></td></tr>
<tr><td rowspan="6">5</td><td rowspan="6">盲板抽堵作业</td><td>作业工具、防护用品、消防器材</td><td>普通扳手、轻型防化服、化学防护手套、泡沫灭火器、化学防护眼镜、过滤式防毒面具、安全带、工具袋、撬棍、盲板警示牌</td><td>5分</td><td></td></tr>
<tr><td>抽堵盲板 MB-102</td><td>关闭阀门、抽堵盲板、添加盲板警示牌</td><td>5分</td><td></td></tr>
<tr><td>抽堵盲板 MB-103</td><td>关闭阀门、抽堵盲板、添加盲板警示牌</td><td>5分</td><td></td></tr>
<tr><td>抽堵盲板 MB-104</td><td>关闭阀门、抽堵盲板、添加盲板警示牌</td><td>5分</td><td></td></tr>
<tr><td>抽堵盲板 MB-105</td><td>关闭阀门、抽堵盲板、添加盲板警示牌</td><td>5分</td><td></td></tr>
<tr><td colspan="2">归还工具、防护用品、消防器材</td><td>2分</td><td></td></tr>
<tr><td rowspan="4">6</td><td rowspan="4">汽提塔低压水冲洗</td><td colspan="2">打开 BV-201,引水冲洗</td><td>1分</td><td></td></tr>
<tr><td colspan="2">关闭 BV-201</td><td>1分</td><td></td></tr>
<tr><td colspan="2">打开 BV-202,塔放空</td><td>1分</td><td></td></tr>
<tr><td colspan="2">关闭 BV-202</td><td>1分</td><td></td></tr>
</table>

续表

序号	考核项目	考核内容	分值	得分
7	受限空间作业	布置现场警戒线，设置“严禁进入”警示牌	2分	
		打开人孔，设置“受限空间进入需许可”警示牌，新鲜空气的置换	2分	
		轻型化学防护服、化学防护手套、安全带、工具箱、工具袋、浮阀、钳子、过滤式防毒面具、化学防护眼镜、泡沫灭火器、清水、救生绳、照防爆灯（安全电压36V）、气体检测仪、普通扳手、防爆扳手	5分	
		塔盘的拆卸和安装、浮阀的更换	15分	
		人孔的安装	3分	
		归还工具、防护用品、消防器材	3分	
8	安全文明生产	个人防护用品穿戴符合安全生产与文明操作要求	3分	
		保持现场环境整齐、清洁、有序	2分	
		正确操作设备、使用工具	2分	
		沟通交流恰当，文明礼貌、尊重他人	2分	
		记录及时、完整、规范、真实、准确	2分	
		安全生产，如发生人为的操作安全事故、设备人为损坏、伤人等情况，安全文明生产不得分		
9	团队协作	团队合作能力	2分	
		自主参与程度	1分	
		是否为班长	1分	

技能训练组织

（1）学生分组，按照任务要求，在规定的时间内完成精馏塔浮阀更换。

（2）学生参照评分标准进行检查评价并查找不足。

（3）教师按照评分标准进行考核评价。

（4）师生总结评价，改进不足，将来在学习或工作中做得更好。

精馏塔浮阀更换操作

1. 办理检修作业许可证和高处作业许可证

检修作业许可证见表4-32，高处作业许可证见表4-33。

表4-32　检修作业许可证

检修作业许可证	
许可证编号：××××××××	
在生产区的一般作业检修作业，必须首先办理本许可证	
作业单位	××班组
设备名称（位号）	汽提塔（T-101）

续表

<table>
<tr><td colspan="2">作业人：××××</td><td colspan="2">作业负责人：班长签字</td><td colspan="2">监护人：内操签字</td></tr>
<tr><td colspan="2">作业内容</td><td colspan="4">(1)汽提塔(T-101)塔盘浮阀的检修(塔盘浮阀更换)。
(2)回流管线直管段动火切割与更换</td></tr>
<tr><td colspan="2">作业时间</td><td colspan="4">××年××月××日××时××分至××年××月××日××时××分</td></tr>
<tr><td colspan="6">如作业条件、工作范围等发生异常变化，必须立即停止作业，本许可同时作废</td></tr>
<tr><td colspan="6">以下所有工作与施工油罐的注意事项必须签字后方可作业</td></tr>
<tr><td colspan="2">作业必要条件</td><td>确认人</td><td rowspan="2">下列作业必须办理特殊作业许可证</td><td rowspan="2" colspan="2">确认人</td></tr>
<tr><td>1</td><td>通知装置负责人和作业区域(岗位)操作人员</td><td>班长签字</td></tr>
<tr><td>2</td><td>切断设备电源，挂“禁止合闸”的标志牌，并上锁</td><td>班长签字</td><td>动火作业</td><td colspan="2">班长签字</td></tr>
<tr><td>3</td><td>作业单位与装置进行联络和协调的负责人姓名</td><td>班长签字</td><td>受限空间作业</td><td colspan="2">班长签字</td></tr>
<tr><td>4</td><td>设备(管线)处于运行状态或内有物料时，要有专项安全措施</td><td>班长签字</td><td>临时用电作业</td><td colspan="2">班长签字</td></tr>
<tr><td>5</td><td>采用蒸汽置换，必须制定并遵守专项安全措施</td><td>班长签字</td><td>高处作业</td><td colspan="2">班长签字</td></tr>
<tr><td>6</td><td>机泵设备检修必须：(1)停电；(2)挂牌；(3)排空</td><td>班长签字</td><td>盲板抽堵作业</td><td colspan="2">班长签字</td></tr>
<tr><td>7</td><td>关闭入口阀门</td><td>班长签字</td><td colspan="3">其他要求</td></tr>
<tr><td>8</td><td>指定装置的机动车辆必须限速并有阻火器</td><td>班长签字</td><td colspan="3" rowspan="3">本次计划检修中，必须办理上述所有特殊作业许可证</td></tr>
<tr><td>9</td><td>必须有作业时产生的废物处理措施</td><td>班长签字</td></tr>
<tr><td colspan="2">设备内有以下物质：焦油/酸/碱/蒸汽/冷凝/水/煤气/其他：氰化钠(有毒有害)</td><td></td></tr>
<tr><td colspan="6">作业许可证签发</td></tr>
<tr><td colspan="3">维修班长意见：

签字：</td><td colspan="3">工艺班长意见：

签字：班长签字</td></tr>
<tr><td colspan="3">车间主任意见：

签字：</td><td colspan="3">分厂领导意见：

签字：</td></tr>
<tr><td colspan="3">完工验收：　年　月　日　时　分</td><td colspan="3">签字：</td></tr>
</table>

表 4-33　高处作业许可证

<table>
<tr><td colspan="6">高处作业许可证</td></tr>
<tr><td colspan="6">许可证编号：××××××××</td></tr>
<tr><td colspan="6">在 30m 以上的特级高处作业，必须由主管领导和安全部门审核签发</td></tr>
<tr><td>申请作业单位</td><td colspan="5">××班组</td></tr>
<tr><td>作业名称</td><td colspan="3">汽提塔(T-101)塔盘浮阀的检修</td><td>作业级别</td><td>一级</td></tr>
<tr><td>作业人</td><td colspan="5">班长签字和外操签字</td></tr>
<tr><td>作业负责人</td><td>班长签字</td><td>监护人</td><td>内操签字</td><td>填写人</td><td>班长签字</td></tr>
<tr><td>作业内容</td><td colspan="5">高处仪表阀门检查，阀门操作，盲板抽堵作业，汽提塔内作业</td></tr>
</table>

续表

<table>
<tr><td colspan="2">作业时间</td><td colspan="2">××年××月××日××时××分至××年××月××日××时××分</td></tr>
<tr><td colspan="4">如果作业条件、工作范围等发生异常变化，必须立即停止工作，本许可证作废</td></tr>
<tr><td colspan="4">以下所有注意事项必须确认签字</td></tr>
<tr><td colspan="3">作业必要条件</td><td>确认人</td></tr>
<tr><td>1</td><td colspan="2">患有高血压、心脏病、贫血病、癫痫病等不适合于高处作业人员，不得从事高处作业</td><td>班长签字</td></tr>
<tr><td>2</td><td colspan="2">高处作业人员着装符合要求，戴好安全帽，衣着灵便，禁止穿硬底和带钉易滑鞋</td><td>班长签字</td></tr>
<tr><td>3</td><td colspan="2">作业人员佩戴安全带，严禁用绳子捆在腰部代替安全带</td><td>班长签字</td></tr>
<tr><td>4</td><td colspan="2">作业人员携带安全带，随身携带的工具、零件、材料等必须装入工具袋</td><td>班长签字</td></tr>
<tr><td>5</td><td colspan="2">领近地区有排放有毒、有害气体及粉尘超标烟囱及设备的场所，严禁高处作业</td><td>班长签字</td></tr>
<tr><td>6</td><td colspan="2">六级风以上和雷电、暴雨、大雾等恶劣气候条件下，禁止进行露天高处作业</td><td>班长签字</td></tr>
<tr><td>7</td><td colspan="2">高处作业场所与架空电线保持规定的安全距离（高处作业人员距普通电线 1m 以上，普通高压线 2.5m 以上，并要防止运送来的导体碰到电线）</td><td>班长签字</td></tr>
<tr><td>8</td><td colspan="2">现场搭设的脚手架、防护围栏符合安全规程</td><td>班长签字</td></tr>
<tr><td>9</td><td colspan="2">垂直分层作业中间有隔离措施</td><td>班长签字</td></tr>
<tr><td>10</td><td colspan="2">梯子或绳梯符合安全规程规定</td><td>班长签字</td></tr>
<tr><td>11</td><td colspan="2">在石棉瓦等不承重物上作业应搭设固定承重板，并站在承重板上</td><td>班长签字</td></tr>
<tr><td>12</td><td colspan="2">高处作业应有充足的照明，安装临时灯、防爆灯</td><td>班长签字</td></tr>
<tr><td>13</td><td colspan="2">特级高处作业配备有通信工具</td><td>班长签字</td></tr>
<tr><td>14</td><td colspan="2">其他措施：佩戴过滤式呼吸器、空气呼吸器</td><td>班长签字</td></tr>
<tr><td colspan="3">补充措施：盲板抽堵作业中，必须佩戴相关的个人防护用品</td><td>班长签字</td></tr>
<tr><td colspan="4">许可证的签发</td></tr>
<tr><td colspan="2">作业负责人意见：

签字：班长签字</td><td colspan="2">作业所在单位负责人意见：

签字：</td></tr>
<tr><td colspan="2">现场负责人意见：

签字：</td><td colspan="2">分厂单位领导意见：

签字：</td></tr>
<tr><td colspan="4">安全监管部门意见：　　签字：</td></tr>
<tr><td>完工验收</td><td colspan="2">年　月　日　时　分</td><td>签字：</td></tr>
</table>

注：1. 本票最长有效期 7 天，一个施工点一票。
2. 作业负责人负责将本票向所有涉及作业人员解释，所有人员必须在本票上面签字。
3. 此票一式三联，作业负责人随身携带一份，签发人、安全人员各一份。
4. 特级：30m 以上；三级：>15～30m；二级：>5～15m；一级：2～5m。

2. 公共管线作业条件确认

公共管线作业条件确认见表 4-34。

表 4-34　公共管线作业条件确认

① 查看原料线入口管线压力表 PG101 读数  	② 查看过热蒸汽管线温度表 TG103 读数 
③ 查看吹扫氮气线压力表 PG107 读数  	④ 查看消防蒸汽线压力表 PG105 读数 
⑤ 查看吹扫蒸汽线压力表 PG106 读数  	

3. 工艺管线的吹扫置换

工艺管线的吹扫置换见表 4-35。

表 4-35　工艺管线的吹扫置换

<table>
<tr><td colspan="2">(1)原料线入口管线吹扫</td></tr>
<tr><td colspan="2">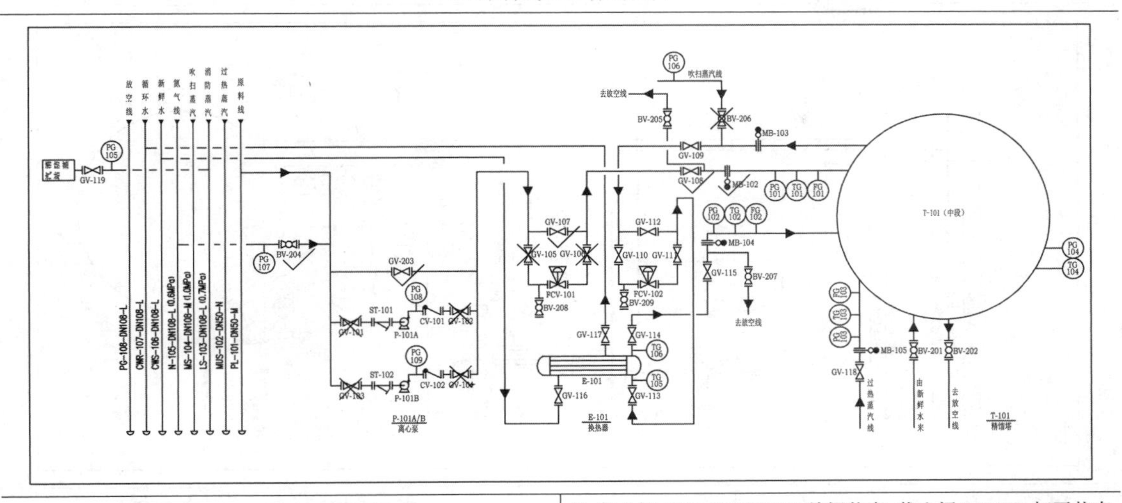</td></tr>
<tr><td>① 截止阀 GV-101、GV-103 关闭状态

</td>
<td>② 截止阀 GV-102、GV-104 关闭状态；截止阀 GV-203 打开状态
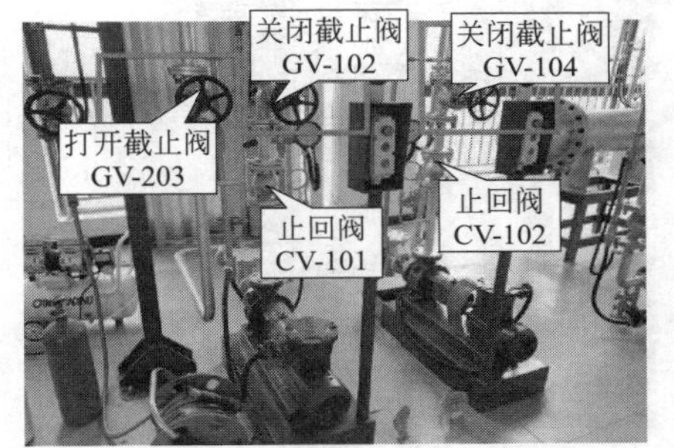
</td></tr>
<tr><td>③ 截止阀 GV-105、GV-106、GV-107 关闭状态
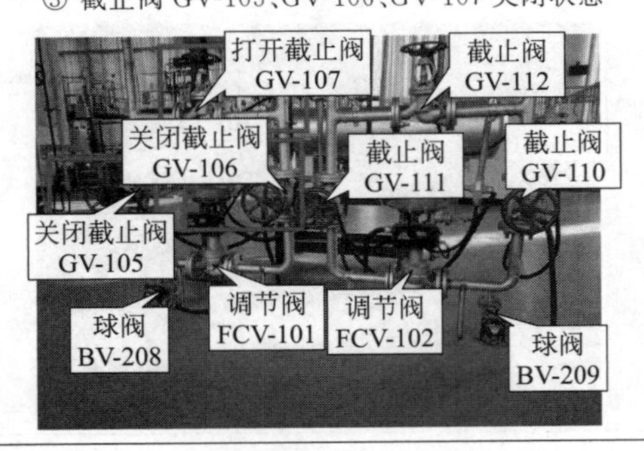
</td>
<td>④ 截止阀 GV-108 打开状态，盲板 MB-102 打通状态

</td></tr>
<tr><td>⑤ 球阀 BV-206 关闭状态

</td>
<td>⑥ 打开球阀 BV-204 吹扫置换

</td></tr>
</table>

续表

(2)回流管线吹扫	
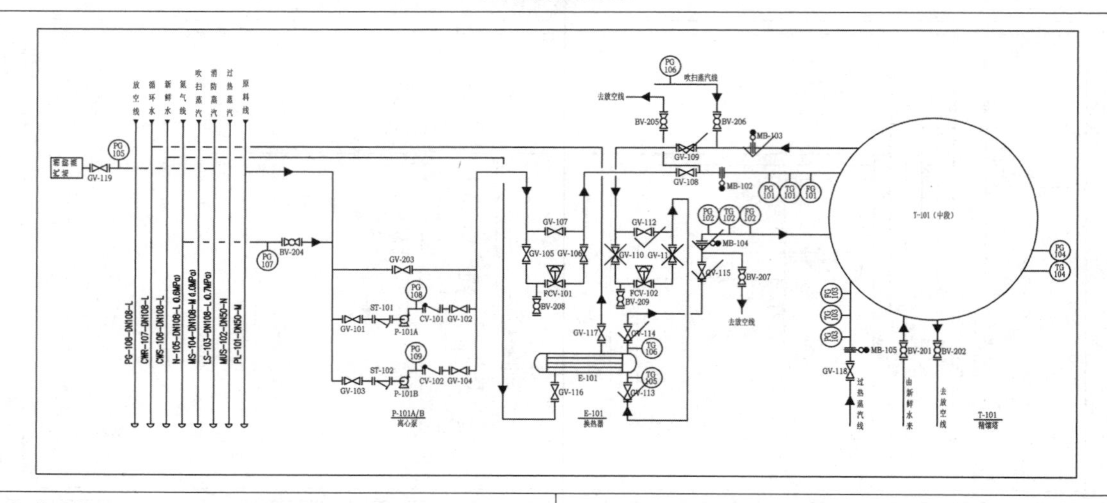	
① 截止阀 GV-110、GV-111 关闭状态，截止阀 GV-112 打开状态	② 截止阀 GV-113、GV-114 关闭状态
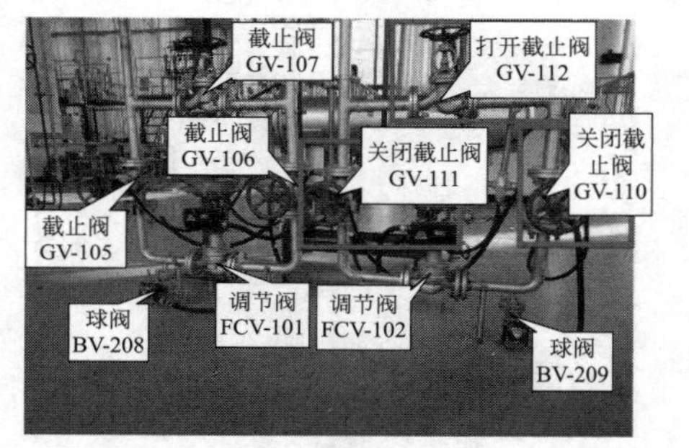	
③ 截止阀 GV-115 打开状态，盲板 MB-104 打通状态	④ 截止阀 GV-109 打开状态，盲板 MB-103 打通状态
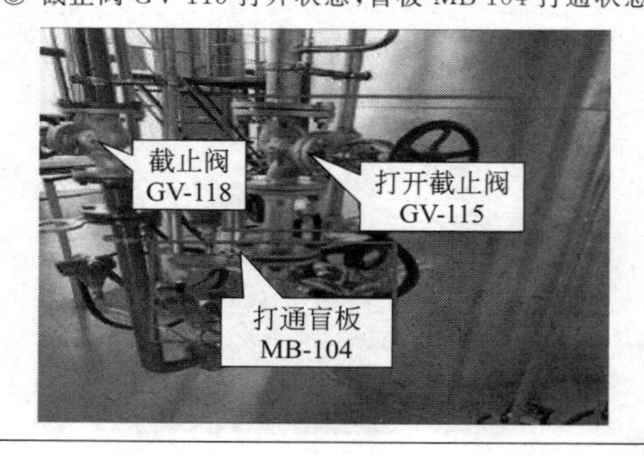	
⑤ 打开球阀 BV-206 进行蒸汽吹扫	
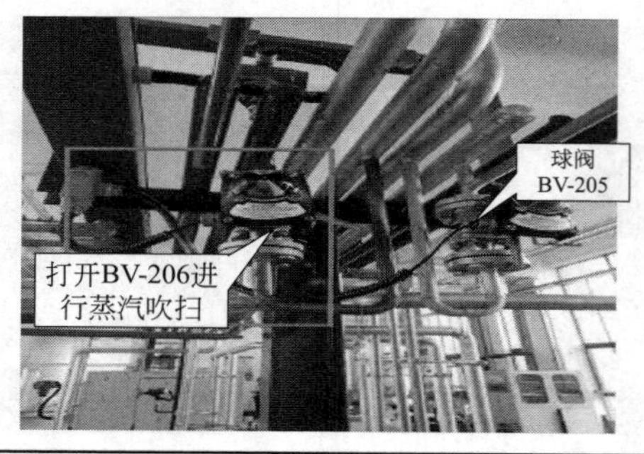	

4. 盲板抽堵作业

盲板抽堵作业见表 4-36。

表 4-36　盲板抽堵作业

<table>
<tr><td colspan="2">(1)办理盲板抽堵作业许可证</td></tr>
<tr><td>① 填写作业票
</td><td>② 记录 PG101、TG101 数值
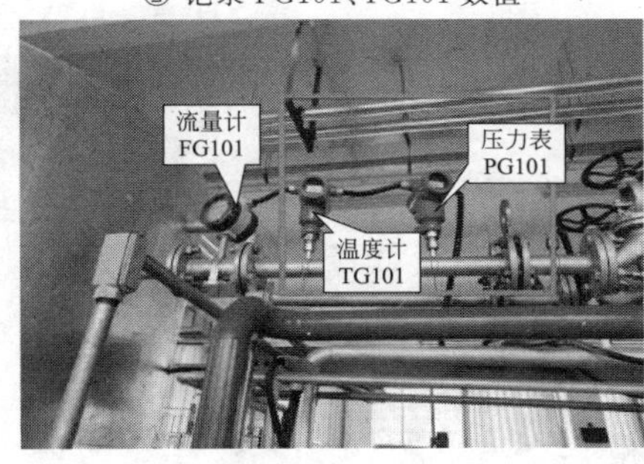
</td></tr>
<tr><td>③ 记录 PG102、TG102 数值
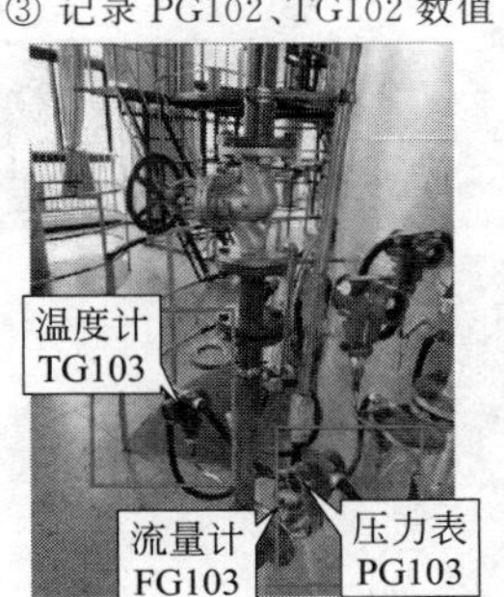
</td><td>④ 记录 PG103、TG103

</td></tr>
<tr><td colspan="2">(2)选择盲板抽堵作业工具</td></tr>
<tr><td>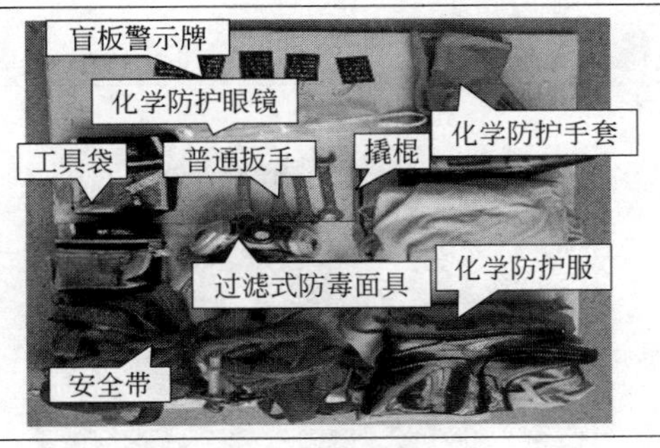
</td><td>
</td></tr>
<tr><td colspan="2">(3)盲板抽堵</td></tr>
<tr><td colspan="2">① 抽堵盲板 MB-102</td></tr>
<tr><td>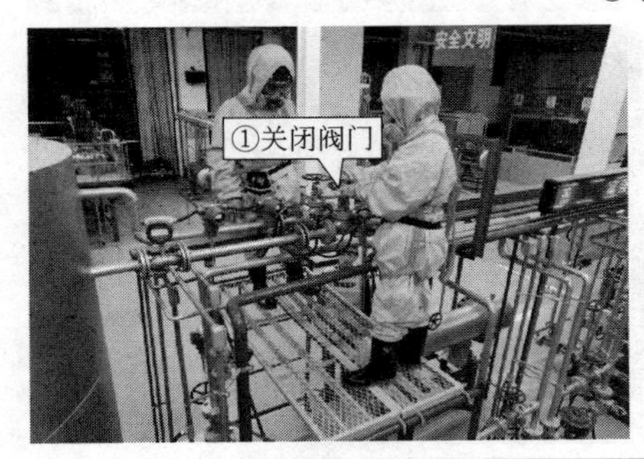
</td><td>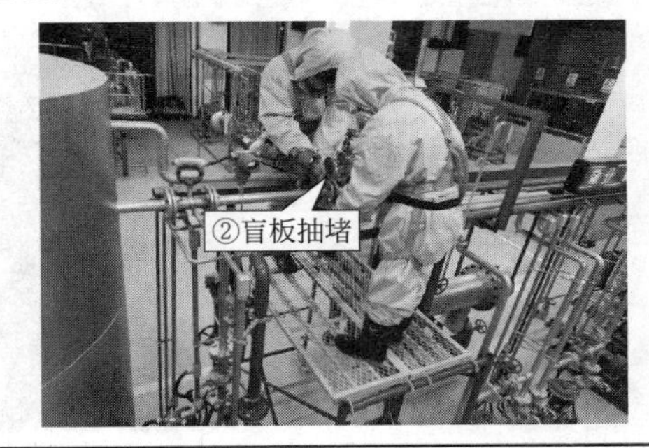
</td></tr>
</table>

续表

② 抽堵盲板 MB-103

③ 抽堵盲板 MB-104

续表

④ 抽堵盲板 MB-105

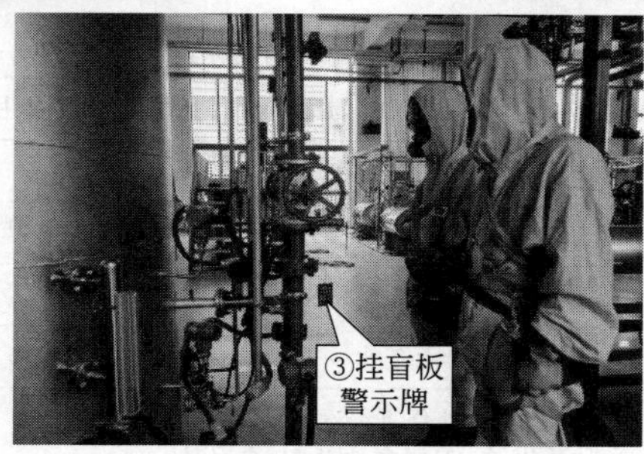

(4)归还工具

盲板抽堵作业许可证见表 4-37。

表 4-37　盲板抽堵作业许可证

盲板抽堵作业许可证											
							作业证编号：××××××××				
申请作业单位		××班组				申请人		班长签字			
管道名称	介质	温度	压力	盲板		实施时间		作业人		监护人	
				编号	规格	堵	抽	堵	抽	堵	抽
原料入口管线	氰化钠	现场仪表	现场仪表	MB-102	DN40	8:33		班长签字		内操签字	
								外操签字			
回流管线	氰化钠	现场仪表	现场仪表	MB-103	DN40	8:36		班长签字		内操签字	
								外操签字			
回流管线	氰化钠	现场仪表	现场仪表	MB-104	DN40	8:39		班长签字		内操签字	
								外操签字			

续表

<table>
<tr><td rowspan="2">管道名称</td><td rowspan="2">介质</td><td rowspan="2">温度</td><td rowspan="2">压力</td><td colspan="2">盲板</td><td colspan="2">实施时间</td><td colspan="2">作业人</td><td colspan="2">监护人</td></tr>
<tr><td>编号</td><td>规格</td><td>堵</td><td>抽</td><td>堵</td><td>抽</td><td>堵</td><td>抽</td></tr>
<tr><td rowspan="2">过热蒸汽管线</td><td rowspan="2">过热蒸汽</td><td rowspan="2">现场仪表</td><td rowspan="2">现场仪表</td><td rowspan="2">MB-105</td><td rowspan="2">DN40</td><td rowspan="2">8:42</td><td rowspan="2"></td><td>班长签字</td><td></td><td rowspan="2">内操签字</td><td rowspan="2"></td></tr>
<tr><td>外操签字</td><td></td></tr>
<tr><td colspan="2">作业单位负责人</td><td colspan="10"></td></tr>
<tr><td colspan="2">涉及的其他特殊作业</td><td colspan="10"></td></tr>
<tr><td>序号</td><td colspan="9">安全措施</td><td colspan="2">确认人</td></tr>
<tr><td>1</td><td colspan="9">在有毒介质的管道、设备上作业时，尽可能降低系统压力，作业点应为常压</td><td colspan="2">班长签字</td></tr>
<tr><td>2</td><td colspan="9">在有毒介质的管道、设备上作业时，作业人员穿戴适合的防护用具</td><td colspan="2">班长签字</td></tr>
<tr><td>3</td><td colspan="9">易燃易爆场所，作业人员穿防静电服工作服、工作鞋；作业时使用防爆灯具和防爆工具</td><td colspan="2">班长签字</td></tr>
<tr><td>4</td><td colspan="9">易燃易爆场所，距作业地点 30m 内无其他动火作业</td><td colspan="2">班长签字</td></tr>
<tr><td>5</td><td colspan="9">在强腐蚀性介质的管道、设备上作业时，作业人员已采取防止酸碱灼伤的措施</td><td colspan="2">班长签字</td></tr>
<tr><td>6</td><td colspan="9">介质温度较高、可能造成烫伤的情况下，作业人员已采取防烫伤措施</td><td colspan="2">班长签字</td></tr>
<tr><td>7</td><td colspan="9">同一管道上不同时进行两处以上的盲板抽堵作业</td><td colspan="2">班长签字</td></tr>
<tr><td>8</td><td colspan="9">其他安全措施：(1)MB-102、MB-103 为高处作业，必须佩戴安全带。
(2)管道内介质为氰化钠，需佩戴个人防护用品</td><td colspan="2">班长签字</td></tr>
<tr><td colspan="12">生产车间(分厂)意见：
签字：　　　年　月　日　时　分</td></tr>
<tr><td colspan="12">作业单位意见：
签字：　　　年　月　日　时　分</td></tr>
<tr><td colspan="12">审批单位意见：
签字：　　　年　月　日　时　分</td></tr>
<tr><td colspan="12">盲板抽堵作业单位确认情况：
签字：　　　年　月　日　时　分</td></tr>
</table>

5. 低压水冲洗和放空

低压水冲洗和放空见表 4-38。

表 4-38　低压水冲洗和放空

<table>
<tr><td>① 打开 BV-201 引新鲜水洗塔</td><td>② 打开 BV-202 放空</td></tr>
<tr><td>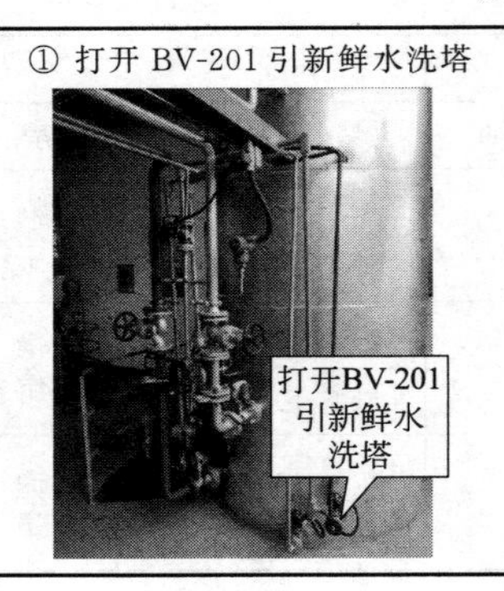
</td><td>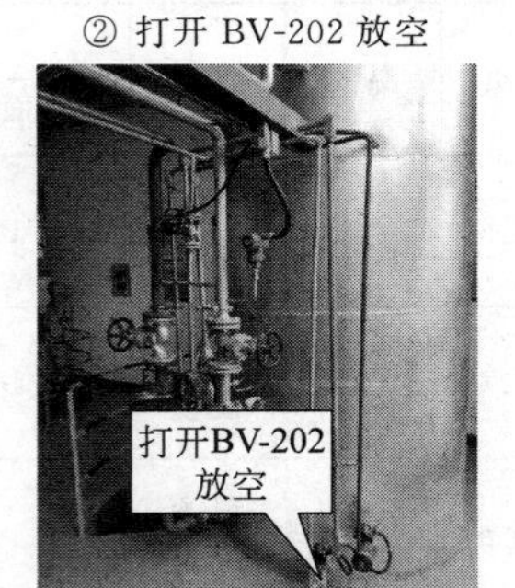
</td></tr>
</table>

6. 受限空间作业

受限空间作业见表 4-39。

表 4-39　受限空间作业

(1)选用受限空间作业工具、现场警戒

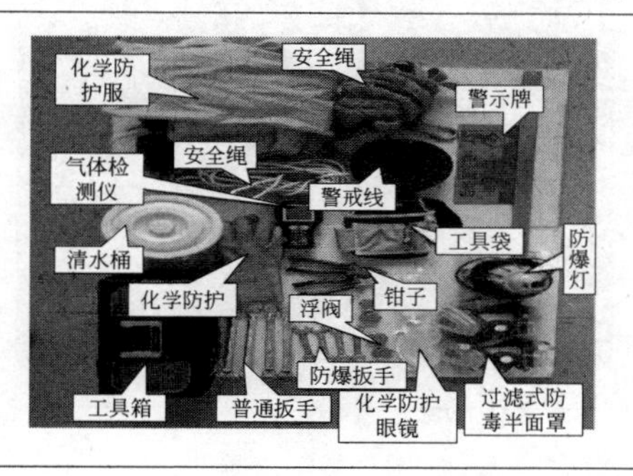

(2)打开人孔通风置换

(3)办理受限空间作业许可证、临时用电许可证

① 填写作业票

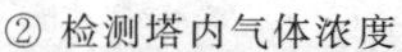
② 检测塔内气体浓度

③ 作业票上记录测量数据

续表

(4)入塔作业

① 防爆灯接电

② 安全绳的使用

③ 入塔作业

④ 挂防爆灯、安全带

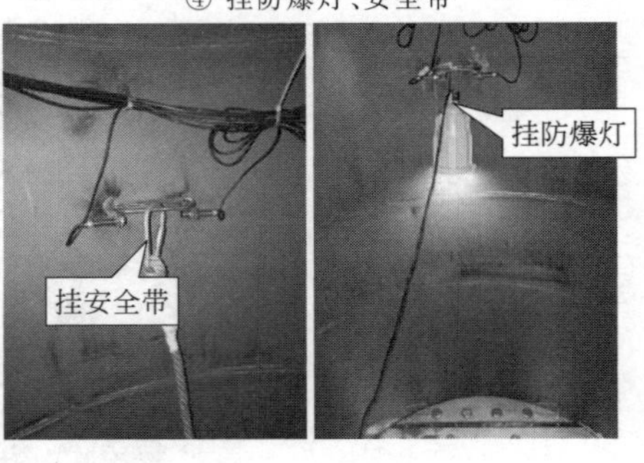

⑤ 拆卸塔板

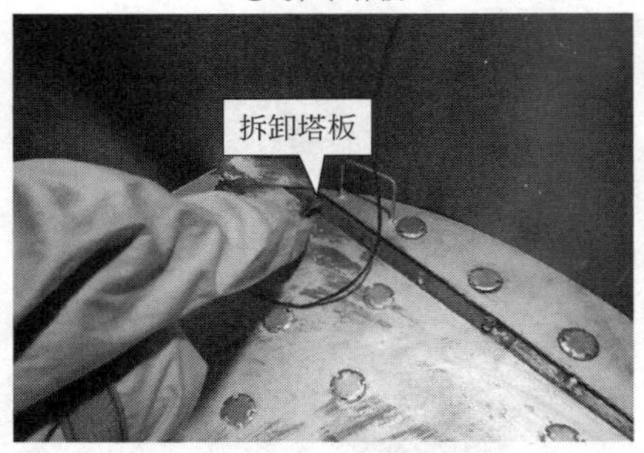

⑥ 更换浮阀

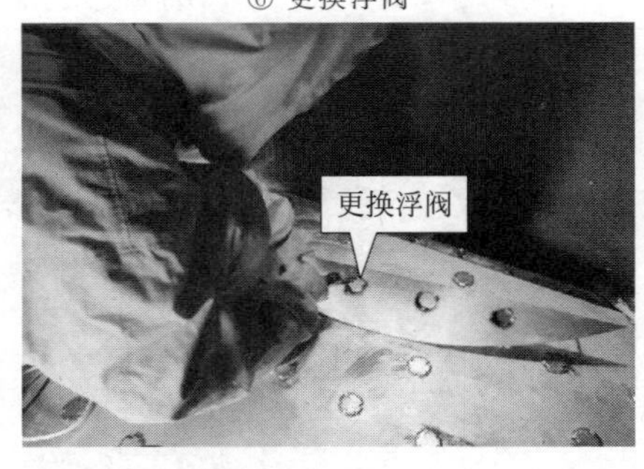

⑦ 安装塔板

⑧ 监护人塔外监护

续表

(5)关闭人孔	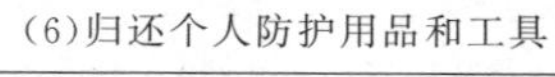(6)归还个人防护用品和工具
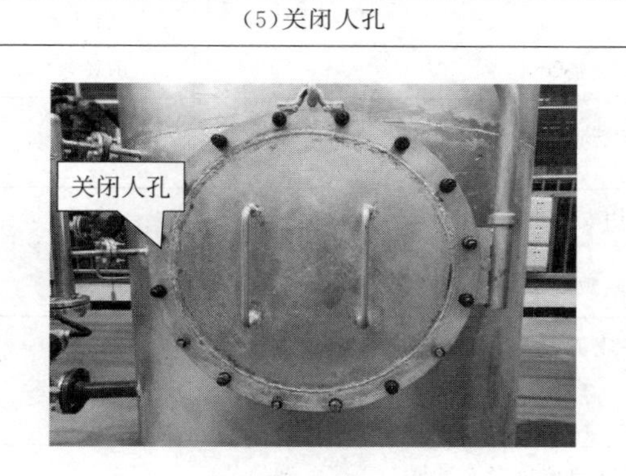	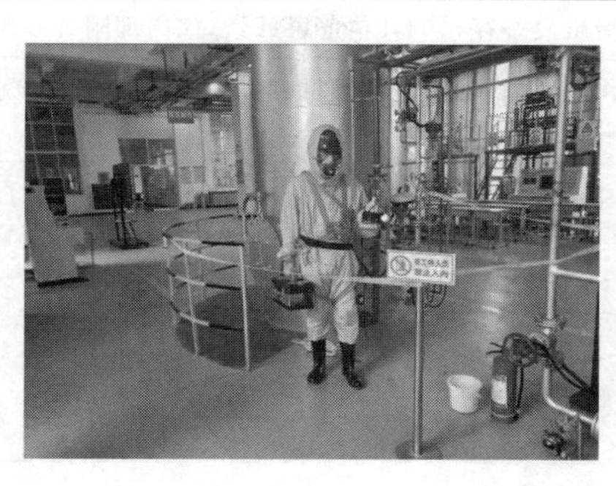

受限空间作业许可证见表 4-40。

表 4-40　受限空间作业许可证

受限空间作业许可证			
		许可证编号:×××××××××	
申请单位	××班组		
设备名称(位号)	汽提塔(T-101)	作业人	外操签字
作业内容	汽提塔(T-101)塔盘浮阀更换		
监护人	内操签字	作业负责人	班长签字
作业票签发人			
作业证有效时间	××年××月××日××时××分至××年××月××日××时××分		
以下所有内容必须有相关的安全、技术等人员进行签字确认,如果作业条件、工作内容等发生异常变化,必须立即停止作业,本作业票失效			

作业条件	确认人
1.作业前对设备进入作业的危险性进行分析,对作业人员进行应急、救护等安全技术交底	班长签字
2.所有与设备有联系的阀门、管线加盲板隔离,所加盲板列出清单,落实拆装责任人	班长签字
3.设备经过置换、吹扫、蒸煮	班长签字
4.设备打开通风孔自然通风 2h 以上,温度适宜人员作业,必要时采用强制通风或佩戴空气呼吸器,但设备内部动火缺氧时,严禁用通氧方法补氧	班长签字
5.相关设备进行处理,待搅拌机设备切断电源,挂“禁止合闸”标志牌,上锁或专人看护	班长签字
6.使用照明要用安全电压,电线绝缘良好。特别潮湿场所和金属设备内作业,行灯电压应在 12V 以下。使用手持工具应有漏电保护装置。(①36V;②24V;③12V)(36V 处打对号)	班长签字
7.检查设备内部,具备作业条件,清罐时采用防爆工具	班长签字
8.设备周围区域及入口内外无障碍物,以确保工作及进出安全	班长签字
9.作业人员劳保着装规范,防护器材佩戴齐全	班长签字
10.盛装过可燃有毒液体、气体的设备,要进行气体含量分析,浓度不得超过标准,并附上分析报告	班长签字
11.已检测确认设备可燃气体浓度,初始数据[见仪器]时间:××,后续记录[见仪器]时间:××	班长签字
12.已检测确认设备内氧气浓度,初始数据[见仪器]时间:××,后续记录[见仪器]时间:××	班长签字
13.已检测确认设备内没有毒气,初始数据[见仪器]时间:××,后续记录[见仪器]时间:××	班长签字

续表

作业条件		确认人
14.指出设备存在的其他危害因素,如内部附件或集液坑		班长签字
15.作业监护措施:消防器材(泡沫1个)、水管(清水桶)、救生绳(1条)、气防装备(过滤式防毒面具)及其他(防护眼镜)		班长签字
16.其他补充措施:(1)临时照明灯具使用防爆型灯具,并且使用安全电压36V。 (2)在拆卸塔盘时使用17#防爆扳手。 (3)汽提塔拆卸塔盘作业属于高处作业,需佩戴安全带		班长签字
监护人意见: 签字:内操签字	作业负责人意见: 签字:班长签字	
设备单位意见: 签字:	生产单位负责人意见: 签字:	
公司(直属单位)安全环保部门意见: 签字:	公司(直属单位)领导审批: 签字:	
完工验收: 年 月 日 时 分 签字:		

临时用电许可证见表4-41。

表4-41 临时用电许可证

临时用电许可证			
许可证编号:××××××××			
申请作业单位	××班组	作业名称	汽提塔(T-101)塔盘浮阀更换
用电设备及功率	9W防爆灯	作业地点	汽提塔(T-101)
监护人	内操签字	责任人	班长签字
作业时间	××年××月××日××时××分至××年××月××日××时××分		

序号	主要安全措施	确认人
1	安装临时线路人员持有电工作业操作证	班长签字
2	在防爆场所使用的临时电源、电气元件达到相应的防爆等级要求	班长签字
3	临时用电线路架空高度在装置内不低于2.5m,道路不低于5m	班长签字
4	临时用电线路架空进线不得采用裸线,不得在脚手架上架设	班长签字
5	临时用电设施安有漏电保护器,移动工具、手持工具应一机一闸保护	班长签字
6	用电设备、线路容量、负载符合要求	班长签字
7	补充措施:汽提塔内临时照明用电设备为受限空间作业用电,采用安全电压36V,且照明设备为防爆灯具	班长签字

作业许可证的签发		
临时用电负责人意见: 签字:	供电单位意见: 签字:	生产单位意见: 签字:

模块五

动火作业

学习目标

1. 能力目标

（1）能够确认动火作业条件，办理动火作业许可证。

（2）能够在现场布置动火作业。

2. 素质目标

（1）通过规范学生的着装、现场卫生、工具使用等，培养学生文明操作和安全意识。

（2）通过信息收集、小组讨论、练习、考核等教学活动，培养学生的语言表达能力、团队协作意识和吃苦耐劳的精神。

3. 知识目标

（1）熟悉动火作业的安全技术要求。

（2）掌握气瓶安全色、动火作业现场管理知识。

任务实施

子任务一　动火作业

1. 作业分级

① 动火作业分为特殊动火作业、一级动火作业和二级动火作业。

② 特殊动火作业。在生产运行状态下的易燃易爆生产装置、输送管道、储罐和容器等部位上及其他特殊危险场所进行的动火作业；带压不置换动火作业按特殊动火作业管理。

③ 一级动火作业。在易燃易爆场所进行的除特殊动火作业以外的动火作业。厂区管廊上的动火作业按一级动火作业管理。

④ 二级动火作业。

a. 除特殊动火作业和一级动火作业以外的禁火区的动火作业。

b. 凡生产装置或系统全部停车，装置经清洗、置换、取样分析合格并采取安全隔离措施后，可根据其火灾、爆炸危险性大小，经厂安全（防火）部门批准，动火作业可按二级动火作业管理。

c. 遇节日、假日或其他特殊情况时，动火作业应升级管理。

2. 动火作业安全防火基本要求

① 动火作业应办理作业证，“一级动火作业许可证”（以下简称“作业证”）参见附录一，进入受限空间和高处等动火作业时，还应执行受限空间和高处作业的规定。

② 动火作业应有专人监火，动火作业前应清除动火现场及周围的易燃物品，或采取其他有效的安全防火措施，配备足够适用的消防器材。

③ 凡在盛有或盛过危险化学品的容器、设备和管道等生产和储存装置及处于建筑设计防火规范规定的甲和乙类区域的生产设备上动火作业，应将其与生产系统彻底隔离，并进行清洗和置换，取样分析合格后可动火作业；因条件限制无法进行清洗和置换而确需动火作业

时，按特殊动火作业要求执行。

④ 凡处于 GB 50016 规定的甲和乙类区域的动火作业，地面如有可燃物、空洞、窨井、地沟和水封等，应检查分析，距用火点 15m 以内的，应采取清理或封盖等措施；对于用火点周围有可能泄漏易燃和可燃物料的设备，应采取有效的空间隔离措施。

⑤ 拆除管线的动火作业，应先查明其内部介质及其走向，并制定相应的安全防火措施。

⑥ 在生产、使用和储存氧气的设备上进行动火作业，氧含量不得超过 21%。

⑦ 五级风以上（含五级风）天气，原则上禁止露天动火作业。因生产需要确需动火作业时，动火作业应升级管理。

⑧ 在铁路沿线（25m 以内）进行动火作业时，遇装有危险化学品的火车通过或停留时，应立即停止作业。

⑨ 凡在有可燃物构件的凉水塔、脱气塔和水洗塔等内部进行动火作业时，应采取防火隔绝措施。

⑩ 动火期间距动火点 30m 内不得排放各类可燃气体；距动火点 15m 内不得排放各类可燃液体；不得在动火点 10m 范围内及用火点下方同时进行可燃溶剂清洗或喷漆等作业。

⑪ 动火作业前，应检查电焊、气焊和手持电动工具等动火工器具本质安全程度，保证安全可靠。

⑫ 使用气焊和气割动火作业时，溶解乙炔瓶应直立放置；氧气瓶与乙炔气瓶间距不应小于 5m，二者与动火作业地点间距不应小于 10m，并不得在烈日下曝晒。

⑬ 电焊和气焊工作者应经过有关操作及安全技术教育，专门考试合格并能遵守电焊和气焊安全操作规程及有关本厂各项安全规章制度，否则严禁从事电焊和气焊工作。

⑭ 动火地点根据情况应准备良好的灭火工具和完善的防火措施。动火完成后，应检查现场，熄灭残余火星，切断电源。在确认无问题后方可离开动火现场。

⑮ 动火作业完毕，动火人和监火人以及参与动火作业的人员应清理现场，监火人确认无残留火种后方可离开。

3. 特殊动火作业的安全防火要求

在符合动火作业安全防火基本要求的同时还应符合以下规定。

① 在生产不稳定的情况下不得进行带压不置换动火作业。

② 应事先制定安全施工方案，落实安全防火措施，必要时可请专职消防队到现场监护。

③ 动火作业前，生产车间（分厂）应通知企业生产调度部门及有关单位，使之在异常情况下能及时采取相应的应急措施。

④ 动火作业过程中，应使系统保持正压，严禁负压动火作业。

⑤ 动火作业现场的通排风应良好，以便使泄漏的气体能顺畅排走。

4. 动火分析及合格标准

① 动火作业前应进行安全分析，动火分析的取样点要有代表性。

② 在较大的设备内动火作业，应采取上、中和下取样；在较长的物料管线上动火，应在彻底隔绝区域内分段取样；在设备外部动火作业，应进行环境分析，且分析范围距离动火点不小于 10m。

③ 取样与动火间隔不得超过 30min，如超过此间隔或动火作业中断时间超过 30min，应重新取样分析。特殊动火作业期间还应随时进行监测。

④ 使用便携式可燃气体检测仪或其他类似手段进行分析时，检测设备应经标准气体样品标定合格。

⑤ 动火分析合格判定，当被测气体或蒸气的爆炸下限大于等于4%时，其被测浓度应不大于0.5%（体积分数）；当被测气体或蒸气的爆炸下限小于4%时，其被测浓度应不大于0.2%（体积分数）。

5.“作业证”的管理

① 特殊动火、一级动火和二级动火的“作业证”应以明显标记加以区分。

② 办证人应按“作业证”的项目逐项填写，不得空项。

③ 办理好“作业证”后，动火作业负责人应到现场检查动火作业安全措施落实情况，确认安全措施可靠并向动火人和监火人交代安全注意事项后，方可批准开始作业。

④“作业证”实行一个动火点和一张动火证的动火作业管理。

⑤“作业证”不得随意涂改和转让，不得异地使用或扩大使用范围。

⑥“作业证”一式三联，作业证由办理部门、动火作业人和监火人各执一份，动火作业证办理部门的作业证应存档备查，保存期至少为一年。

⑦ 特殊动火作业和一级动火作业的“作业证”有效期不超过8h。二级动火作业的“作业证”有效期不超过72h，每日动火前应进行动火分析。动火作业超过有效期限，应重新办理“作业证”。

子任务二　识别气瓶安全色

为了迅速识别气瓶内盛装的介质，《气瓶颜色标志》GB 7144—2016 对气瓶颜色和气瓶字样的颜色作了规定。常用的气瓶颜色标志见表5-1。

表 5-1　气瓶颜色标志

序号	充装气体	化学式(或符号)	体色	字样	字色
1	空气	Air	黑	空气	白
2	氩	Ar	银灰	氩	深绿
3	一氧化氮	NO	白	一氧化氮	黑
4	氮	N_2	黑	氮	白
5	氧	O_2	淡(酞)蓝	氧	黑
6	二氟化氧	OF_2	白	二氟化氧	大红
7	一氧化碳	CO	银灰	一氧化碳	大红
8	氢	H_2	淡绿	氢	大红
9	甲烷	CH_4	棕	甲烷	白
10	天然气	CNG	棕	天然气	白
11	二氧化碳	CO_2	铝白	液化二氧化碳	黑
12	乙烷	C_2H_6	棕	液化乙烷	白
13	乙烯	C_2H_4	棕	液化乙烯	淡黄
14	溴三氟甲烷	$CBrF_3$	铝白	液化溴三氟甲烷 R-13B1	黑

续表

序号	充装气体	化学式(或符号)	体色	字样	字色
15	氯	Cl_2	深绿	液氯	白
16	七氟丙烷	CF_3CHFCF_3	铝白	液化七氟丙烷 R-227e	黑
17	六氟丙烷	C_3F_6	银灰	液化六氟丙烷 R-1216	黑
18	溴化氢	HBr	银灰	液化溴化氢	黑
19	氟化氢	HF	银灰	液化氟化氢	黑
20	二氧化氮	NO_2	白	液化二氧化氮	黑
21	二氧化硫	SO_2	银灰	液化二氧化硫	黑
22	氨	NH_3	淡黄	液氨	黑
23	正丁烷	C_4H_{10}	白	液化正丁烷	白
24	环丙烷	C_3H_6	棕	液化环丙烷	白
25	硫化氢	H_2S	白	液化硫化氢	大红
26	异丁烷	C_4H_{10}	棕	液化异丁烷	白
27	异丁烯	C_4H_8	棕	液化异丁烯	淡黄
28	丙烷	C_3H_8	棕	液化丙烷	白
29	丙烯	C_3H_6	棕	液化丙烯	淡黄
30	液化石油气	工业用	棕	液化石油气	白
		民用	银灰	液化石油气	大红
31	环氧乙烷	CH_2OCH_2	银灰	液化环氧乙烷	大红
32	氯乙烯	C_2H_3Cl	银灰	液化氯乙烯	大红
33	乙炔	C_2H_2	白	乙炔不可近火	大红

特殊作业危害分析

动火作业过程中，常见的危害因素辨识与控制参考表5-2。

表5-2 动火作业工作危害分析

工作步骤	危害因素或潜在事件	主要后果	控制措施
确定设备、设施内存在的物质及与其他设备设施连接情况，动火区域周围情况	设备、设施内存在可燃、有毒物料或气体	火灾、爆炸	将动火设备、管道内的物料清洗、置换，经分析合格
	动火设备、设施与其他存在可燃、有毒物料的设备、设施相连	火灾、爆炸	(1)储罐动火，清除可燃物，盛满清水或惰性气体保护。 (2)设备内通氮气、水蒸气 保护。 (3)切断与动火设备相连通的设备管道并加盲板可靠隔断、挂牌，并办理盲板抽堵作业许可证
	动火区周围存在可燃物	火灾	清除动火点周围可燃物
	周围的下水井、地漏、地沟、电缆沟未采取可靠的隔离措施	火灾、爆炸	(1)动火附近的下水井、地漏、地沟、电缆沟等清除可燃物后予以封闭。 (2)电缆沟动火，应清除沟内可燃气体、液体，必要时将沟两端隔绝。 (3)室内动火，应将门窗打开，周围设备应遮盖，密封下水漏斗

续表

工作步骤	危害因素或潜在事件	主要后果	控制措施
选择作业人、监护人员	作业人员身体条件不符，作业人员无焊工等相关作业证	人身伤害	焊工等必须经过有关部门培训合格取得作业证件
	监护人员不懂得动火监护知识	人身伤害	监护人应熟悉现场环境和检查确认安全措施落实到位，具备相关安全知识和应急技能，与岗位保持联系，随时掌握工况变化，并坚守现场
设置动火设备	私自拉接临时线路	触电	临时用电线路必须由取得电工证的电工拉接，线路穿越道路必须加套管或架空，架空高度不低于4m，开具临时用电作业证
	电焊机回路未直接接在焊件上	引燃其他设备	电焊回路应搭接在焊件上，不得与其他设备搭接，禁止穿越下水道(井)
	使用的设备、线路存在缺陷	触电	动火作业前，应检查电、气焊工具，保证安全可靠，不准“带病”使用
	与动火设备安全距离不足、气瓶间距不足	气瓶爆炸	(1)氧气瓶、溶解乙炔气瓶间距不小于5m，二者与动火地点之间的距离均不小于10m。 (2)气瓶不准在烈日下曝晒，溶解乙炔气瓶禁止卧放
准备动火	作业人员未穿戴相应的劳动保护用品	人身伤害	作业人员必须穿戴相应的劳动保护用品方可作业
	监护人未在现场监护	人身伤害	监护人不在现场禁止动火作业
	灭火、应急器材未配置到位	不能及时灭火	动火现场务必有灭火工具(如蒸汽管、水管、灭火器、砂子、铁锨等)
	未对动火设备、设施、区域进行检测	火灾、爆炸	(1)动火前应经过动火分析合格，取样与动火间隔时间不得超过30min，如超过此间隔或动火作业中断时间超过30min，必须重新取样分析。 (2)采样点应有代表性，特殊动火的分析样品应保留至动火结束。 (3)动火过程中，中断动火时，现场不得留有余火，重新动火前应认真检查现场条件是否有变化，如有变化，不得动火。 (4)必须开具动火作业票，由相关管理人员现场确认签字
动火	涉及危险作业组合、未落实相应安全措施	火灾	(1)落实相应安全措施，若涉及下釜、高处、盲板抽堵、管道设备检修作业等危险作业时，应同时办理相关作业许可证。 (2)高处动火应采取措施，防止火花飞溅，注意火星飞溅方向，用水冲淋火星落点
	作业过程中，可燃、有毒物料外泄	爆炸	动火过程中，遇有跑料、串料和可燃气体，应立即停止动火
	监护人擅自离开监护现场	延误救援	监护人必须坚守作业现场，随时扑灭飞溅的火花，发现异常立即通知动火人停止作业，联系有关人员采取措施
	大范围动火作业监护人数量配备不足	延误救援	如涉及作业范围较广应配备多名监护人
	作业条件发生重大变化	火灾爆炸	若施工条件发生重大变化，应重新办理动火作业证

续表

工作步骤	危害因素或潜在事件	主要后果	控制措施
恢复	未确认现场有无残留火种	火灾	动火结束后，相关管理人员、作业人员及监护人员应检查确认无残留火种后方可离开
	使用的灭火、应急器材未复位	火灾、延误救援	作业人员应履行相关职责，将灭火、应急器材复位
	未清理作业现场	缺失器材	作业完成后清理作业现场

任务描述 

图 5-1　乙酸乙酯物料精馏装置回流管线

乙酸乙酯物料精馏装置回流管线（图 5-1）直管段因本身制造缺陷，且长时间受到物料腐蚀作用，管线穿孔，引起了泄漏。事后，操作人员采用哈夫节堵住了泄漏。某公司小王是精馏生成车间的一名外操人员，装置停车检修期间，要求小王利用气割方法更换此管段。

动火计划制定

气割作业属于动火作业，乙酸乙酯具有易燃易爆性，在易燃易爆场所进行的动火作业，属于一级动火作业。动火作业是危险作业，需要办理动火作业许可证，并满足动火作业安全要求。

1. 选择消防器材和工具

选择的消防器材和工具见表 5-3。

表 5-3　消防器材和工具

序号	项目	名称及规格	数量
1	作业工具	氧气瓶	1 瓶
		溶解乙炔气瓶	1 瓶
		距离标尺	3 个
2	消防器材	干粉灭火器	1 个
		消防蒸汽	1 套
		消防沙	1 袋
3	检测仪表	气体检测仪	1 个
4	安全警示标志	现场警戒线	1 盒
		“严禁进入”警示牌	1 个

2. 现场警戒

现场拉警戒线，设置“严禁进入”警示牌，警示此处正进行特殊作业，非工作人员禁止进入。

3. 办理动火作业许可证

查乙酸乙酯气体性质（参见附录八），乙酸乙酯的爆炸下限为 2.2%，根据 HG 30010—2013《生产区域动火作业安全规范》要求，确定动火作业条件，见表 5-4。

表 5-4　动火作业条件

动火条件 1	乙酸乙酯气体浓度≤0.2%
动火条件 2	气瓶之间距离至少 5m,气瓶与动火点间距离至少 10m

办理一级动火作业许可证，明确作业人、作业负责人、监护人、作业内容、作业时间，逐项落实作业必要条件及补充措施，履行签字审批手续。

一级动火作业许可证样式参见附录一。

4. 动火作业

动火作业许可证审批后，按照安全规程对回流管线直管段进行气割和焊接作业。动火作业监护人必须在现场。

5. 现场清理

清理现场，消除安全隐患，归还所有器材和工具。

技能训练考核标准分析

本项目技能训练，需要从企业真实职业活动对从业人员操作技能要求的本质入手，以动火作业操作的技术内涵为基本原则，采用模块化结构，按照操作步骤的要求，编制具体操作技能考核评分表（表 5-5）。

通过标准和规范的制定实施，要求学生必须在规定的时间内，规范化完成动火作业操作，正确合理地处理实训数据，形成正确的安全生产习惯，树立良好的职业素养。

教师在实践教学中也需要强化工作规范，加强操作示范与辅导相结合的技能操作训练，加强对训练进度和中间效果的监测与科学评估，客观、公正、科学、合理地评价学生，及时调整和优化教学内容及教学方法，保证技能训练的质量。

表 5-5　操作技能考核评分表

序号	考核项目	考核内容	分值	得分
1	许可证的办理	一级动火作业证的填写和办理	10 分	
		动火条件:气瓶之间距离 5m,气瓶与动火点距离 10m	10 分	
		动火条件:乙酸乙酯气体浓度≤0.2%(体积分数)	10 分	
2	一级动火作业	布置现场警戒线,设置“严禁进入”警示牌	10 分	
		干粉灭火器、消防沙、消防蒸汽、气体检测仪	5 分	
		归还工具、防护用品、消防器材	10 分	
3	安全文明生产	个人防护用品穿戴符合安全生产与文明操作要求	5 分	
		保持现场环境整齐、清洁、有序	10 分	
		正确操作设备、使用工具	5 分	
		沟通交流恰当,文明礼貌、尊重他人	5 分	
		记录及时、完整、规范、真实、准确	5 分	
		安全生产,如发生人为的操作安全事故、设备人为损坏、伤人等情况,安全文明生产不得分		

续表

序号	考核项目	考核内容	分值	得分
4	团队协作	团队合作能力	5 分	
		自主参与程度	5 分	
		是否为班长	5 分	

技能训练组织 

（1）学生分组，按照任务要求，在规定的时间内完成动火作业。
（2）学生参照评分标准进行检查评价并查找不足。
（3）教师按照评分标准进行考核评价。
（4）师生总结评价，改进不足，将来在学习或工作中做得更好。

技能训练组织 

动火作业操作见表 5-6。一级动火作业许可证见表 5-7。

表 5-6　动火作业操作

① 选用作业工具

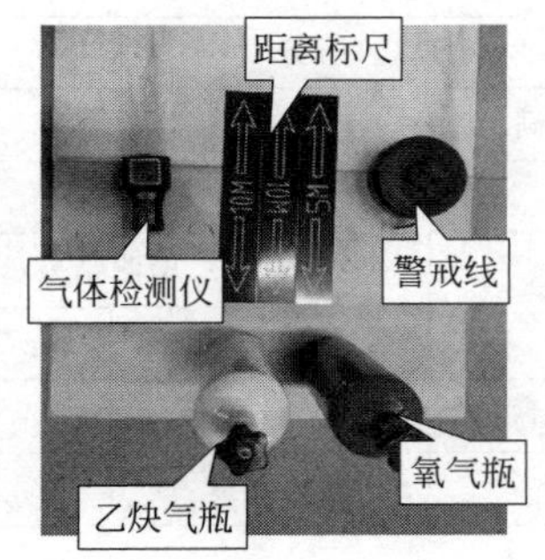

② 现场警戒

③ 办理动火作业许可证

续表

④ 动火作业	⑤ 现场清理
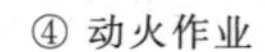	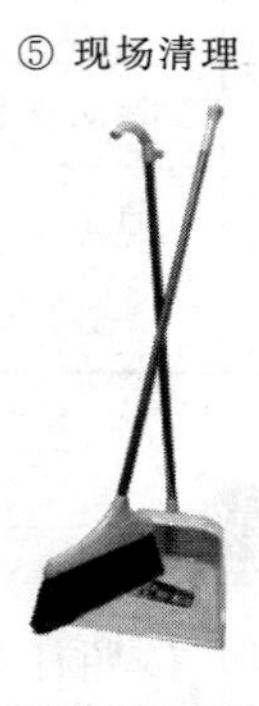

表 5-7　一级动火作业许可证

一级动火作业许可证					
作业证编号：×××××××××					
申请作业单位	××班组				
申请人	班长签字	动火人	外操签字	监护人	内操签字
动火作业部位及内容：回流管线直管段固定位置管线的动火切割、管线更换					
动火作业时间	××年××月××日××时××分至××年××月××日××时分				
作业证签发条件(必须在作业之前满足)					
动火点周围气体采样分析					
分析人	地点	日期	检测结果		
			可燃气体浓度	有毒气体浓度	
班长签字	回流管线直管段	××年××月××日××时××分	见仪器	见仪器	
		年　月　日　时　分			
		年　月　日　时　分			
作业证签发条件(必须在作业之前满足)					

序号	动火安全措施	确认人
1	动火设备内部的物料清理干净，蒸汽吹扫或水洗合格，达到用火条件	班长签字
2	断开与动火设备相连的所有管线，加盲板(5)块	班长签字
3	动火点周围(最小半径 15m)的下水井、地漏、地沟、电缆沟等已清除易燃物，并已覆盖、铺砂、水封	班长签字
4	罐区动火点同一围墙内和防火间距内的油罐不得脱水作业	班长签字
5	高空动火作业必须采取防火花飞溅措施，大于 5 级风时禁止动火作业	班长签字
6	清除动火点周围可燃、易燃物	班长签字
7	电焊回路线应接在焊件上，不得穿过下水井或其他设备搭建	班长签字
8	乙炔瓶(禁止卧放)、氧气瓶与动火点的距离不得少于(10)m	班长签字
9	动火现场备消防蒸汽管(1)根，(干粉或泡沫)灭火器(1)个，防火毯(　)块，铁锹(　)把	班长签字

续表

<table>
<tr><td>序号</td><td colspan="4">动火安全措施</td><td>确认人</td></tr>
<tr><td>10</td><td colspan="4">其他安全措施：消防沙</td><td>班长签字</td></tr>
<tr><td colspan="3">动火申请单位意见：
签字：</td><td colspan="3">分厂意见：
签字：</td></tr>
<tr><td colspan="3">安全监督单位意见：
签字：</td><td colspan="3">分管安全副总(总工)意见：
签字：</td></tr>
<tr><td>动火结束验收</td><td></td><td>验收人</td><td></td><td>日期</td><td></td></tr>
</table>

附录

附录一　一级动火作业许可证

一级动火作业许可证

作业证编号：

申请作业单位					
申请人		动火人		监护人	

动火作业部位及内容：

动火作业时间	年　月　日　时　分至　年　月　日　时　分

作业证签发条件(必须在作业之前满足)

动火点周围气体采样分析

分析人	地点	日期	检测结果	
			可燃气体浓度	有毒气体浓度
		年　月　日　时　分		
		年　月　日　时　分		
		年　月　日　时　分		

作业证签发条件(必须在作业之前满足)

序号	动火安全措施	确认人
1	动火设备内部的物料清理干净，蒸汽吹扫或水洗合格，达到用火条件	
2	断开与动火设备相连的所有管线，加盲板(　)块	
3	动火点周围(最小半径15m)的下水井、地漏、地沟、电缆沟等已清除易燃物，并已覆盖、铺砂、水封	
4	罐区动火点同一围墙内和防火间距内的油罐不得脱水作业	
5	高空动火作业必须采取防火花飞溅措施，大于5级风时禁止动火作业	
6	清除动火点周围可燃、易燃物	
7	电焊回路线应接在焊件上，把线不得穿过下水井或其他设备搭建	
8	乙炔瓶(禁止卧放)、氧气瓶与动火点的距离不得少于(　)m	
9	动火现场备消防蒸汽管(　)根，(　　)灭火器(　)个，防火毯(　)块，铁锹(　)把	
10	其他安全措施：	

动火申请单位意见： 签字：	分厂意见： 签字：
安全监督单位意见： 签字：	分管安全副总(总工)意见： 签字：

动火结束验收		验收人		日期	

附录二　高处作业许可证

高处作业许可证					
许可证编号：					
在30m以上的特级高处作业，必须由主管领导和安全部门审核签发					
申请作业单位					
作业名称				作业级别	
作业人					
作业负责人		监护人		填写人	
作业内容					
作业时间	年　月　日　时　分至　年　月　日　时　分				
如果作业条件、工作范围等发生异常变化，必须立即停止工作，本许可证作废					
以下所有注意事项必须确认签字					

	作业必要条件	确认人
1	患有高血压、心脏病、贫血病、癫痫病等不适合于高处作业人员，不得从事高处作业	
2	高处作业人员着装符合要求，戴好安全帽，衣着灵便，禁止穿硬底和带钉易滑鞋	
3	作业人员佩戴安全带，严禁用绳子捆在腰部代替安全带	
4	作业人员携带安全带，随身携带的工具、零件、材料等必须装入工具袋	
5	领近地区有排放有毒、有害气体及粉尘超标烟囱及设备的场所，严禁高处作业	
6	六级风以上和雷电、暴雨、大雾等恶劣气候条件下，禁止进行露天高处作业	
7	高处作业场所离架空电线保持规定的安全距离（高处作业人员距普通电线1m以上，普通高压线2.5m以上，并要防止运送来的导体碰到电线）	
8	现场搭设的脚手架、防护围栏符合安全规程	
9	垂直分层作业中间有隔离措施	
10	梯子或绳梯符合安全规程规定	
11	在石棉瓦等不承重物上作业应搭设固定承重板，并站在承重板上	
12	高处作业应有充足的照明，安装临时灯、防爆灯	
13	特级高处作业配备有通信工具	
14	其他措施：佩戴过滤式呼吸器、空气呼吸器	
补充措施：		

许可证的签发		
作业负责人意见： 签字：	作业所在单位负责人意见： 签字：	
现场负责人意见： 签字：	分厂单位领导意见： 签字：	
安全监管部门意见：	签字：	
完工验收	年　月　日　时　分	签字：

注：1.本票最长有效期7天，一个施工点一票。
2.作业负责人负责将本票向所有涉及作业人员解释，所有人员必须在本票上面签字。
3.此票一式三联，作业负责人随身携带一份，签发人、安全人员各一份。
4.特级：30m以上；三级：＞15～30m；二级：＞5～15m；一级：2～5m。

附录三 受限空间作业许可证

受限空间作业许可证			
		许可证编号：	
申请单位			
设备名称（位号）		作业人	
作业内容			
监护人		作业负责人	
作业票签发人			
作业证有效时间	年 月 日 时 分至 年 月 日 时 分		

以下所有内容必须有相关的安全、技术等人员进行签字确认，如果作业条件、工作内容等发生异常变化，必须立即停止作业，本作业票失效

作业条件	确认人
1. 作业前对设备进入作业的危险性进行分析，对作业人员进行应急、救护等安全技术交底	
2. 所有与设备有联系的阀门、管线加盲板隔离，所加盲板列出清单，落实拆装责任人	
3. 设备经过置换、吹扫、蒸煮	
4. 设备打开通风孔自然通风 2h 以上，温度适宜人员作业，必要时采用强制通风或佩戴空气呼吸器，但设备内部动火缺氧时，严禁用通氧方法补氧	
5. 相关设备进行处理，待搅拌机设备切断电源，挂"禁止合闸"标志牌，上锁或专人看护	
6. 使用照明要用安全电压，电线绝缘良好。特别潮湿场所和金属设备内作业，行灯电压应在 12V 以下。使用手持工具应有漏电保护装置。（①36V；②24V；③12V）	
7. 检查设备内部，具备作业条件，清罐时采用防爆工具	
8. 设备周围区域及入口内外无障碍物，以确保工作及进出安全	
9. 作业人员劳保着装规范，防护器材佩戴齐全	
10. 盛装过可燃有毒液体、气体的设备，要进行气体含量分析，浓度不得超过标准，并附上分析报告	
11. 已检测确认设备可燃气体浓度，初始数据[ ]时间： ，后续记录[ ]时间：	
12. 已检测确认设备内氧气浓度，初始数据[ ]时间： ，后续记录[ ]时间：	
13. 已检测确认设备内没有毒气，初始数据[ ]时间： ，后续记录[ ]时间：	
14. 指出设备存在的其他危害因素，如内部附件或集液坑	
15. 作业监护措施：消防器材（ ）、水管（ ）、救生绳（ ）条、气防装备（ ）及其他（ ）	
16. 其他补充措施：	

监护人意见： 签字：	作业负责人意见： 签字：

续表

受限空间作业许可证	
设备单位意见： 签字：	生产单位负责人意见： 签字：
公司(直属单位)安全环保部门意见： 签字：	公司(直属单位)领导审批： 签字：
完工验收：　年　月　日　时　分　签字：	

附录四 临时用电作业许可证

<table>
<tr><td colspan="6">临时用电作业许可证</td></tr>
<tr><td colspan="6">许可证编号：</td></tr>
<tr><td colspan="2">申请作业单位</td><td></td><td>作业名称</td><td colspan="2"></td></tr>
<tr><td colspan="2">用电设备及功率</td><td></td><td>作业地点</td><td colspan="2"></td></tr>
<tr><td colspan="2">监护人</td><td></td><td>责任人</td><td colspan="2"></td></tr>
<tr><td colspan="2">作业时间</td><td colspan="4">年 月 日 时 分至 年 月 日 时 分</td></tr>
<tr><td>序号</td><td colspan="4">主要安全措施</td><td>确认人</td></tr>
<tr><td>1</td><td colspan="4">安装临时线路人员持有电工作业操作证</td><td></td></tr>
<tr><td>2</td><td colspan="4">在防爆场所使用的临时电源、电气元件达到相应的防爆等级要求</td><td></td></tr>
<tr><td>3</td><td colspan="4">临时用电线路架空高度在装置内不低于 2.5m，道路不低于 5m</td><td></td></tr>
<tr><td>4</td><td colspan="4">临时用电线路架空进线不得采用裸线，不得在脚手架上架设</td><td></td></tr>
<tr><td>5</td><td colspan="4">临时用电设施安有漏电保护器，移动工具、手持工具应一机一闸保护</td><td></td></tr>
<tr><td>6</td><td colspan="4">用电设备、线路容量、负载符合要求</td><td></td></tr>
<tr><td>7</td><td colspan="4">补充措施：</td><td></td></tr>
<tr><td colspan="6">作业许可证的签发</td></tr>
<tr><td colspan="2">临时用电负责人意见：
签字：</td><td colspan="2">供电单位意见：
签字：</td><td colspan="2">生产单位意见：
签字：</td></tr>
</table>

附录五　盲板抽堵作业许可证

盲板抽堵作业许可证

作业证编号：

申请作业单位						申请人					
管道名称	介质	温度	压力	盲板		实施时间		作业人		监护人	
				编号	规格	堵	抽	堵	抽	堵	抽
原料入口管线											
回流管线											
回流管线											
过热蒸汽管线											
作业单位负责人											
涉及的其他特殊作业											

序号	安全措施	确认人
1	在有毒介质的管道、设备上作业时，尽可能降低系统压力，作业点应为常压	
2	在有毒介质的管道、设备上作业时，作业人员穿戴适合的防护用具	
3	易燃易爆场所，作业人员穿防静电服工作服、工作鞋；作业时使用防爆灯具和防爆工具	
4	易燃易爆场所，距作业地点30m内无其他动火作业	
5	在强腐蚀性介质的管道、设备上作业时，作业人员已采取防止酸碱灼伤的措施	
6	介质温度较高、可能造成烫伤的情况下，作业人员已采取防烫伤措施	
7	同一管道上不同时进行两处以上的盲板抽堵作业	
8	其他安全措施：	

生产车间(分厂)意见：

签字：　　　　年　月　日　时　分

作业单位意见：

签字：　　　　年　月　日　时　分

审批单位意见：

签字：　　　　年　月　日　时　分

盲板抽堵作业单位确认情况：

签字：　　　　年　月　日　时　分

附录六　设备检修作业许可证

<table>
<tr><td colspan="5">设备检修作业许可证</td></tr>
<tr><td colspan="5">许可证编号：</td></tr>
<tr><td colspan="5">在生产区的一般作业检修作业，必须首先办理本许可证</td></tr>
<tr><td colspan="2">作业单位代码</td><td colspan="3"></td></tr>
<tr><td colspan="2">设备名称（位号）</td><td colspan="3"></td></tr>
<tr><td colspan="2">作业人：</td><td colspan="2">作业负责人：</td><td>监护人：</td></tr>
<tr><td colspan="2">作业内容</td><td colspan="3"></td></tr>
<tr><td colspan="2">作业时间</td><td colspan="3">年　月　日　时　分至　年　月　日　时　分</td></tr>
<tr><td colspan="5">如作业条件、工作范围等发生异常变化，必须立即停止作业，本许可同时作废</td></tr>
<tr><td colspan="5">以下所有工作与施工油罐的注意事项必须签字后方可作业</td></tr>
<tr><td colspan="2">作业必要条件</td><td>确认人</td><td rowspan="2">下列作业必须办理特殊作业许可证</td><td rowspan="2">确认人</td></tr>
<tr><td>1</td><td>通知装置负责人和作业区域（岗位）操作人员</td><td></td></tr>
<tr><td>2</td><td>切断设备电源，挂“禁止合闸”的标志牌，并上锁</td><td></td><td>动火作业</td><td></td></tr>
<tr><td>3</td><td>作业单位与装置进行联络和协调的负责人姓名</td><td></td><td>受限空间作业</td><td></td></tr>
<tr><td>4</td><td>设备（管线）处于运行状态或内有物料时，要有专项安全措施</td><td></td><td>临时用电作业</td><td></td></tr>
<tr><td>5</td><td>采用蒸汽置换，必须制定并遵守专项安全措施</td><td></td><td>高处作业</td><td></td></tr>
<tr><td>6</td><td>机泵设备检修必须：停电；挂牌；排空</td><td></td><td>盲板抽堵作业</td><td></td></tr>
<tr><td>7</td><td>关闭入口阀门</td><td></td><td colspan="2">其他要求</td></tr>
<tr><td>8</td><td>指定装置的机动车辆必须限速并有阻火器</td><td></td><td colspan="2" rowspan="3"></td></tr>
<tr><td>9</td><td>必须有作业时产生的废物处理措施</td><td></td></tr>
<tr><td colspan="2">设备内有以下物质：焦油/酸/碱/蒸汽/冷凝/水/煤气/其他：</td><td></td></tr>
<tr><td colspan="5">作业许可证签发</td></tr>
<tr><td colspan="2">维修班长意见：
签字：</td><td colspan="3">工艺班长意见：
签字：</td></tr>
<tr><td colspan="2">车间主任意见：
签字：</td><td colspan="3">分厂领导意见：
签字：</td></tr>
<tr><td colspan="2">完工验收：　年　月　日　时　分</td><td colspan="3">签字：</td></tr>
</table>

附录七 化工生产记录单

化工生产记录单			
生产代码		年 月 日	
班长		本班 人	
生产记事			
填写人		班长确认	

附录八　乙酸乙酯物化性质

乙酸乙酯
$C_4H_8O_2$

CAS登记号：141-78-6　　中文名称：乙酸乙酯；醋酸乙酯
RTECS号：AH5425000
UN编号：1173　　英文名称：Ethyl acetate；Acetic acid ethyl ester；Acetic ether
EC编号：607-022-00-5
原中国危险货物编号：32127
分子量：88.1　　化学式：$C_4H_8O_2/CH_3COOC_2H_5$

危害/接触类型	急性危害/症状	预防	急救/消防
火灾	高度易燃	禁止明火，禁止火花和禁止吸烟	水成膜泡沫，抗溶性泡沫，干粉，二氧化碳
爆炸	蒸气/空气混合物有爆炸性	密闭系统，通风，防爆型电气设备和照明	使用无火花的手工具。着火时喷雾状水保持料桶冷却
接触			
#吸入	咳嗽，头晕，瞌睡，头痛，恶心，咽喉疼痛，神志不清，虚弱	通风，局部排气通风或呼吸防护	新鲜空气，休息，必要时进行人工呼吸，给予医疗护理
#皮肤	皮肤干燥	防护手套，防护服	脱去污染的衣服，用大量水冲洗或淋浴，给予医疗护理
#眼睛	疼痛	护目镜	先用大量水冲洗几分钟(若可能易行，摘除隐形眼镜)，然后就医
#食入		工作时不得进食，饮水或吸烟	漱口，给予医疗护理
泄漏处置	撤离危险区域！尽可能将泄漏液收集在可密闭容器中。用砂土或惰性吸收剂吸收残液，并转移到安全场所。不要冲入下水道。个人防护用具：全套防护服包括自给式呼吸器		
包装与标志	欧盟危险性类别：F符号，Xi符号，R：11-36-66-67，S：2-16-23-29-33 联合国危险性类别：3 联合国包装类别：Ⅱ 中国危险性类别：第3类易燃液体 中国包装类别：Ⅱ		
应急响应	运输应急卡：TEC(R)-30S1173 美国消防协会法规：H1(健康危险性)；F3(火灾危险性)；R0(反应危险性)		
储存	耐火设备(条件)。与强氧化剂分开存放。阴凉场所。严格密封		
重要数据	物理状态、外观：无色液体，有特殊气味。 物理危险性：蒸气比空气重，可能沿地面移动，可能造成远处着火。 化学危险性：加热时可能引起激烈燃烧或爆炸。在紫外光、碱和酸作用下，该物质发生分解。与强氧化剂、碱或酸发生反应。浸蚀铝和塑料。 职业接触限值：阈限值：400ppm(时间加权平均值)(美国政府工业卫生学家会议，2004年)。最高容许浓度：400ppm，1500mg/m^3；最高限值种类：I(2)；妊娠风险等级：C(德国，2004年)。 接触途径：该物质可通过吸入其蒸气吸收到体内。 吸入危险性：20℃时，该物质蒸发可以相当快地达到空气中有害污染浓度。 短期接触的影响：该物质刺激眼睛、皮肤和呼吸道。可能对神经系统有影响。过多超过职业接触限值时，可能导致死亡。 长期或反复接触的影响：液体使皮肤脱脂		

续表

危害/接触类型	急性危害/症状	预防	急救/消防
物理性质	沸点:77℃ 熔点:−84℃ 相对密度(水=1):0.9 水中溶解度:易溶 蒸气压:20℃时,10kPa 蒸气相对密度(空气=1):3.0 闪点:−4℃(闭口杯) 自燃温度:427℃ 爆炸极限:空气中2.2%~11.5%(体积) 辛醇/水分配系数的对数值:0.73		
注解	饮用含酒精饮料会增进有害影响。商品名有:Acetidin和Vinegar naphtha		

附录九　氰化钠物化性质

氰化钠
NaCN

CAS登记号:143-33-9　　中文名称:氰化钠; 氢氰酸钠盐
RTECS号:VZ7525000
UN编号:1689　　英文名称:Sodium cyanide; Hydrocyanic acid sodium salt
EC编号:006-007-00-5
原中国危险货物编号:61001
分子量:49.01　　化学式:NaCN

危害/接触类型	急性危害/症状	预防	急救/消防
火灾	不可燃,但与水或潮湿空气接触时生成易燃气体。在火焰中释放出刺激性或有毒烟雾(或气体)		禁用含水灭火剂。禁止用水。禁用二氧化碳。周围环境着火时,使用泡沫和干粉灭火
爆炸			着火时,喷雾状水保持料桶等冷却,但避免该物质与水接触
接触		防止粉尘扩散! 严格作业环境管理	一切情况均向医生咨询
#吸入	咽喉痛,头痛,意识模糊,虚弱,气促,惊厥,神志不清	局部排气通风或呼吸防护	新鲜空气,休息。禁止口对口进行人工呼吸。由经过培训的人员给予吸氧。给予医疗护理
#皮肤	可能被吸收! 发红,疼痛(另见吸入)	防护手套,防护服	脱去污染的衣服,用大量水冲洗皮肤或淋浴,给予医疗护理
#眼睛	发红,疼痛(另见吸入)	护目镜,面罩,如为粉末,眼睛防护结合呼吸防护	先用大量水冲洗几分钟(如可能易行,摘除隐形眼镜),然后就医
#食入	灼烧感,恶心,呕吐,腹泻(另见吸入)	工作时不得进食,饮水或吸烟。进食前洗手	催吐(仅对清醒病人!)。催吐时戴防护手套。禁止口对口进行人工呼吸。由经过培训的人员给予吸氧。给予医疗护理。见注解
泄漏处置	撤离危险区域! 向专家咨询! 通风。将泄漏物清扫放入干燥、可密闭和有标签的容器中。小心用次氯酸钠溶液中和残余物,然后用大量水冲净,不要让该化学品进入环境。穿化学防护服,包括自给式呼吸器		
包装与标志	气密,不易破碎包装,将易破碎包装放在不易破碎的密闭容器中。不得与食品和饲料一起运输,污染海洋物质。 欧盟危险性类别:T+符号,N符号;标记:R:26/27/28-32-50/53,S:1/2-7-28-29-45-60-61 联合国危险性类别:6.1　联合国包装类别:Ⅰ 中国危险性类别:第6.1类 毒性物质　中国包装类别:Ⅰ		
应急响应	运输应急卡:TEC(R)-61S1689。 美国消防协会法规:H3(健康危险性);F0(火灾危险性);R0(反应危险性)		
储存	与强氧化剂、酸、食品和饲料、二氧化碳、水或含水产品分开存放,干燥,严格密封,保存在通风良好的室内		

续表

危害/接触类型	急性危害/症状	预防	急救/消防
重要数据	物理状态、外观：白色吸湿的晶体粉末，有特殊气味。干燥时无气味。 化学危险性：与酸接触时，该物质迅速分解。与水、湿气或二氧化碳接触时，缓慢分解生成氰化氢（见卡片＃0492）。其水溶液是一种中强碱。 职业接触限值：阈限值：5mg/m^3（以 CN^- 计）（上限值，经皮）（美国政府工业卫生学家会议，2003 年）。最高容许浓度：2mg/m^3（可吸入粉尘）；最高限值种类：Ⅱ(1)；皮肤吸收；妊娠风险等级：C(德国，2004 年)。 接触途径：该物质可通过吸入，经皮肤和食入吸收到体内。 吸入危险性：扩散时，可较快达到空气中颗粒物有害浓度。 短期接触的影响：该物质严重刺激眼睛、皮肤和呼吸道。该物质可能对细胞呼吸有影响，导致惊厥和神志不清，接触可能导致死亡，需进行医学观察。见注解。 长期或反复接触的影响：该物质可能对甲状腺有影响		
物理性质	沸点：1496℃ 熔点：563.7℃ 密度：1.6g/cm^3 水中溶解度：20℃时，58g/100mL		
环境数据	该物质对水生生物有极高毒性		
注解	工作接触的任何时刻都不应超过职业接触限值。该物质中毒时需采取必要的治疗措施。必须提供有指示说明的适当方法。不要将工作服带回家中。根据接触程度，建议定期进行医疗检查。在工作场所如果可能接触到氰化钠，不要单独一人工作		

参考文献

[1] 刘德志，孙士铸. 化工企业检修维修特种作业 [M]. 北京：化学工业出版社，2019.
[2] 王秀军. 作业安全分析（JSA）指南 [M]. 北京：中国石化出版社，2014.
[3] 夏艺，夏云凤. 个体防护装备技术 [M]. 北京：化学工业出版社，2008.
[4] 赵正宏. 应急救援个体防护装备 [M]. 北京：气象出版社，2017.
[5] 中国石油天然气集团公司安全环保与节能部. 工作前安全分析实用手册 [M]. 北京：石油工业出版社，2013.
[6] 胡忆沩，闫肃，杨杰. 中高压管道带压堵漏工程 [M]. 北京：化学工业出版社，2011.
[7] 王德堂，何伟平. 化工安全与环境保护 [M]. 2 版. 北京：化学工业出版社，2015.
[8] 齐向阳，刘尚明，栾丽娜. 化工安全与环保技术 [M]. 北京：化学工业出版社，2016.
[9] 倾明. 化工装备安全技术 [M]. 北京：中国石化出版社，2013.
[10] 张麦秋，李平辉. 化工生产安全技术 [M]. 2 版. 北京：化学工业出版社，2014.
[11] 刘景良. 化工安全技术 [M]. 北京：化学工业出版社，2008.
[12] 郑端文，刘振东. 消防安全技术 [M]. 北京：化学工业出版社，2011.
[13] 杨厚俊. 化工企业安全标志 [M]. 北京：化学工业出版社，2014.
[14] 任晓善，王治方，胡锡章. 化工机械维修手册（上卷）[M]. 北京：化学工业出版社，2004.